超·值·孕·育·大

从零开始学育儿：宝宝科学养育智慧百科

Conglingkaishixueyuer Baobao Kexueyangyu Zhihuibaike

安涛 编著

中国人口出版社
China Population Publishing House
全国百佳出版单位

图书在版编目(CIP)数据

从零开始学育儿：宝宝科学养育智慧百科 / 安涛
编著 . -- 北京：中国人口出版社，2014.6
（超值孕育大智慧）
ISBN 978-7-5101-2473-0

Ⅰ . ①从… Ⅱ . ①安… Ⅲ . ①婴幼儿－哺育 Ⅳ .
① TS976.31

中国版本图书馆 CIP 数据核字（2014）第 083097 号

从零开始学育儿：宝宝科学养育智慧百科

安 涛 编著

出版发行 中国人口出版社
印 刷 北京国彩印刷有限公司
开 本 787 毫米 ×1092 毫米 1/16
印 张 24
字 数 420 千
版 次 2014 年 6 月第 1 版
印 次 2014 年 6 月第 1 次印刷
书 号 ISBN 978-7-5101-2473-0
定 价 24.80 元

社 长 陶庆军
网 址 www.rkcbs.net
电子信箱 rkcbs@126.com
总编室电话 （010）83519392
发行部电话 （010）83534662
传 真 （010）83519401
地 址 北京市西城区广安门南街 80 号中加大厦
邮 编 100054

第1章 新生儿期 诞生～28天 “小怪物”光顾

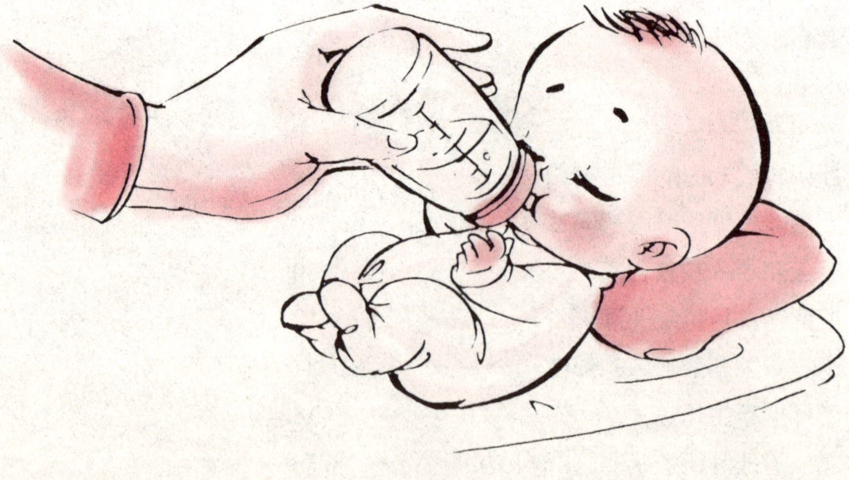

第2章 1～2个月宝宝 29～59天 咿咿呀呀，我也会“说话”

第3章 2～3个月宝宝 60～89天 多看、多听、多触摸这个世界

第4章 3～4个月宝宝 90～119天 我的世界丰富多彩

第5章 4～5个月宝宝 120～149天 宝宝爱抓握

第6章 5～6个月宝宝 150～179天 知道别人喊他名字啦

第8章 7～8个月宝宝 210～239天 小手越来越灵活啦

8～9个月宝宝 240～269天 能爬能扶啦

第10章 9～10个月宝宝 我能扶着床边走了
270～299天

第11章

10 ~ 11个月宝宝 300 ~ 329天 我需要更宽敞的“操场”

第12章 11～12个月宝宝 330～360天 蹒跚学步，扑向妈妈的怀抱

Chapter 2

幼儿篇

You Er Pian

(0~3 岁)

第1章 1~1.5岁幼儿 我长成 12～18个月 小淘气包啦

第2章 1.5～2岁幼儿 18～24个月 爱问"为什么"

第3章 2～3岁幼儿 24～36个月 爱运动的小小外交家

Chapter 1

婴儿篇

Ying Er Pian

（0~1岁）

育儿要点

- 怎么使产妈妈奶水充足
- 怎么给新生儿洗澡
- 怎么抚触婴儿
- 呵护宝宝娇嫩的小屁屁
- 解读宝宝的哭闹
- 如何帮宝宝建立规律的睡眠
- 上班族妈妈怎么喂奶
- 怎么增加辅食
- 警惕鹅口疮
- 宝宝感冒、便秘怎么办
- 如何应对宝宝秋季腹泻

第1章 新生儿期 诞生~28天

"小怪物"光顾

宝宝生长发育月月查

新生儿体格发育状况

体重	新生宝宝的平均体重为 3.0 ~ 3.3 千克，男宝宝比女宝宝略重些。新生宝宝出生后 1 周常会有体重减轻的现象，称为生理性体重下降。
身高	平均身长为 50 厘米，男宝宝比女宝宝略长。宝宝身高与遗传有关，当然，过高或过低还要请医生进行诊断。
头围	新生儿出生时平均头围为 33 ~ 35 厘米，随着新生儿体重的增加，头围也在增加。
胸围	男宝宝胸围约为 32.9 厘米，女宝宝胸围约为 32.6 厘米 。只要不低于 32.57 厘米的均值就视为正常。
头部	新生宝宝的头顶前中央的囟门呈长菱形，开放而平坦，有时可见搏动。父母要注意保护新生宝宝的囟门，不要让它受到碰撞。
腹部	新生宝宝的腹部柔软，较膨隆，不要让其磕着、碰着、着凉。洗澡时，可以用毛巾裹住宝宝的肚子后，再放入盆中进行其他部位的清洗。
四肢	新生宝宝一般双手握拳，四肢短小，并向体内弯曲。有些新生宝宝出生后会有双足内翻，两臂轻度外转等现象，这是正常的。
皮肤	全身皮肤柔软、红润，表面有少量胎脂。有些新生宝宝出生时浑身沾满黄白色的胎脂，这对皮肤有保护作用，无需擦掉或洗去。

新生儿智力发育状况

大动作能力

- 不能随意改变自己的身体位置，所做的动作不规则、不协调。
- 俯卧时，宝宝臀部抬高，双膝屈曲，脸一侧贴在床面，下颌偶尔可离开床面少许。

精细动作能力

- 宝宝的双手基本上呈握拳状态。当大人将手指或拨浪鼓的手柄放在宝宝的手心时，宝宝会紧握住。

认知能力

- 当宝宝仰卧时，可以在床上方放置一个可移动物体（彩色气球、玩具等），有的宝宝可以对其进行跟踪注视。
- 当眼睛受到光的刺激时，宝宝会眨眼、眯眼。
- 宝宝听到舒缓的音乐或其他平缓的声音时，会表现得比较安静，面部有微笑、皱眉等表情；反之，会受到惊吓，出现颤动、哭闹等行为。
- 宝宝开始辨认妈妈的脸、声音和触摸，并开始形成记忆。
- 当他哭闹时，妈妈的哄逗能让他停止哭闹。

新生儿的 11 种状态

过去人们认为新生儿只会睡、哭和吃奶，实际上新生儿除了以上特点外，还具有令人意想不到的能力。新生儿会看、能听、有嗅觉、味觉和灵敏的触觉。这些能力和新生儿的状态有十分密切的关系。

吸吮反射

把手指放在新生儿的口中，新生儿就会像吸奶一样用力进行吸吮。新生儿通过这样的反射动作来寻找乳头，从而获得足够的营养。

足底抓握反射

将手按在新生儿的足部时，新生儿的脚趾会出现弯曲现象，好像要将物体抓住一样。如果足底抓握反射长期存在，就会影响到宝宝将来爬行与走路的发育，一般在 6 个月大以后便会消失。

原始步行

支撑住新生儿的手臂，让新生儿的脚接触地面，微微向前倾时，新生儿就会有双脚左右交互行走的动作，就好像走路一样。这种原始步行的反射动作在宝宝 2 个月大后就会逐渐消失。

睡眠

新生儿通常每天需要 18 ~ 20 个小时的睡眠。新生儿的睡眠周期比较不稳定，当宝宝 2 ~ 3 个月大时，大部分宝宝的睡眠周期会和成人很接近，形成白天活动、夜晚睡眠的生活状态。如果新生儿有睡 1 ~ 2 个小时后醒来的状况也属于正常现象， 因为新生儿现在还不能分辨昼夜，所以会有日夜颠倒的现象。随着月龄的增加，宝宝的睡眠也会逐渐形成规律。

欲求表现

新生儿总是利用哭来表达自己的需求，新手爸妈在照顾新生儿的时候，难免会因不了解新生儿的需求而有些手足无措。随着对宝宝的了解，新手爸妈就可以很轻松地通过新生儿的哭声来了解其需求，并且让新生儿获得满足和安抚。

拉起反射

拉着新生儿的双手，并托起其上身时，在身体与底面呈 40°，然后观察新生儿的头、躯干和四肢，虽然新生儿的颈部还没有发育健全但是新生儿仍然有抬头的动作。这种拉起反射的动作会因人而异，所以头抬起的程度会因新生儿不同而有所不同。

摩洛式反射

当新生儿听到大的声响或是肢体突然被改变时，新生儿就会出现双手张开、空抓的动作。当宝宝出现这一动作时，父母应趁机观察其四肢是否对称。若没有，则要观察新生儿大脑的发育状况是否正常。

抓握反射

用手刺激新生儿的手掌，新生儿会有弯曲手指的动作，并且有握住物品的动作产生。

消化

由于新生儿的肠、胃等消化系统还没有发育完善，所以应该为新生儿提供母乳或婴儿配方奶。

新生儿偶有吐奶的现象发生，这是因为新生儿胃呈水平位。

体温

由于新生儿的体温调节功能还没有发育成熟，所以父母应该注意为新生儿提供一个恒温的环境，避免因温度的变化而造成宝宝的不适与危险。另外，也不要因为担心宝宝着凉而把宝宝包裹得过多，使宝宝体温上升过多，这样不利于宝宝的健康。

呼吸、心率

新生儿以腹式呼吸为主。每分钟 40 ~ 60 次。新生儿的呼吸浅表且不规律，有时会有片刻暂停，这是正常现象，不用担心。如果呼吸次数大于 60 次，或者低于 40 次，就应该及时看医生了。新生儿心率为每分钟 120 ~ 160 次。

喂养也要讲科学

母乳喂养

母乳喂养要“三早”

母乳喂养所提倡的“三早”是指新生儿出生后要早吸吮、早接触、早开奶，这是母乳喂养成功的保证。“三早”可在新生儿娩出半小时内开始进行。

当新生儿从母体娩出后，先剪断脐带，处理好脐带后将新生儿赤裸地放在妈妈胸前，让妈妈搂抱自己的宝宝，并让其开始吸吮。

尽早吸吮妈妈的乳头可及早建立泌乳反射和排乳反射，并增加妈妈体内泌乳激素和缩宫素的分泌，加快乳汁的分泌和排出，同时还能促进妈妈子宫收缩。

早开奶可以让宝宝尽早获得营养补充，避免新生儿低血糖的发生。这时的初乳含有较多的免疫物质和具有杀菌作用的物质溶酶菌等，可使宝宝少生病。最早的初乳含有脂肪，虽然量不多，但足以起到帮助胎便排出、降低胆红素、减少发生新生儿黄疸的作用。

刚开始喂奶时，宝宝每次只能吃 5 ~ 10 毫升母乳，妈妈的乳房也不胀。但性急的家人往往会因为怕宝宝吃不饱而轻易地决定给宝宝喂糖水或牛奶，生怕饿着宝宝。事实上，宝宝天性很懒，如果可以不费力地从奶瓶中吸到奶，就不肯再费力地去吸吮妈妈的乳头了。此时，最重要的是妈妈不要着急，只要用正确的姿势让宝宝多吸吮，过几天乳汁就可以大量分泌了。

新生儿期，宝宝各器官组织与系统发育均不够成熟，生活规律尚未形成，因此，必须格外耐心地哺喂。

就吃而言，新生儿期应该采取按需哺乳的方法：每当宝宝要吃奶或者是妈妈感到奶胀想喂奶时，都可以哺乳。这样做，新妈妈才会有足够的乳汁哺喂自己的宝宝。但按需哺乳不等于宝宝一哭就喂奶，尤其是出生 1 周后的宝宝，刚喂完奶 1 小时内宝宝哭闹的原因往往有很多。

母乳喂养是一门要学习的技能，是在不断学习和实践中逐渐完善的。要成功地实现母乳喂养还少不了家人的支持，所以当新妈妈进行母乳喂养的时候，家人一定要让新妈妈保持愉快的心情，这也有利于乳汁的分泌。另外，新妈妈的饮食营养也非常重要，既要注意品种丰富、营养，又不能太过油腻，以免影响新妈妈的消化和吸收。因为母乳喂养要持续1年的时间，所以有一个良好的开端更有助于新妈妈坚持下去，所以家长要和新妈妈一起努力。

母乳喂养好处多

现代医学证实，母乳是妈妈给予宝宝的最理想的天然食物，它不但维持了宝宝营养的均衡，是增强宝宝免疫力及抵抗疾病的最佳方式，而且还可以降低女性乳腺、卵巢肿瘤及缺铁性贫血等疾病的发生率，也是女性保持健康的体现。

更重要的是，母乳喂养能促进宝宝大脑和智力的健康发育。母乳喂养是母婴情感的纽带，也是宝宝要求食物、关爱与健康的保障。

母乳喂养的益处具体如下：

◎母乳营养成分丰富，含有适合宝宝生长发育所需要的各类营养要素，而且随着宝宝月龄的增长，母乳的营养成分比例也会随之改变而与宝宝的需要相适合。

◎母乳的温度适宜、清洁卫生、无菌，并可随时供给宝宝，不受时间、地点的限制，既经济又方便。乳房里的母乳不会变质，永远是新鲜的。而且宝宝越吸空，乳汁分泌就越多。

◎母乳喂养有助于母婴的感情交流。通过哺乳，宝宝能听到他在宫内已听过的妈妈的心跳声，感受到和妈妈的肌肤之亲，能闻到妈妈肌肤的香味，这对于稳定宝宝情绪和促进身心健康发育有很大好处。此外，妈妈自己喂奶还能及时照顾宝宝的寒暖、发现异常，以便及时处理。

◎母乳喂养有利于妈妈健康。母乳喂养不仅能促使产后子宫复原，还可降低乳腺癌和卵巢癌的发病率。

母乳喂养对宝宝、妈妈、家庭都有好处。

了解母乳的成分

专家提倡母乳喂养，因为母乳是最适合宝宝的食物，所以妈妈有必要了解一下母乳所含的成分，这样也可以为宝宝准确地添加辅食做准备。

蛋白质

母乳和牛奶最大的不同就是两者中乳清蛋白与酪蛋白的比例不同。

母乳中白蛋白和球蛋白的含量相对较多，遇胃酸所产生的凝块较牛乳中含有的大量酪蛋白所形成者为小，故易被消化吸收。

乳糖

母乳中乳糖的含量可以说是奶类中最高的，它对新生儿的大脑发育非常有益。

另外，母乳中所含的乙型乳糖能够间接抑制大肠杆菌的生长，而且乙型乳糖还有助于促进新生儿对钙的吸收。

脂肪

母乳中脂肪球的含量非常少，而且含有多种消化酶，加上新生儿吸吮乳汁时会分泌一种舌脂酶，有助于脂肪的消化和吸收。所以，母乳对于新生儿和早产儿来说更为有益。

母乳中所含的不饱和脂肪酸对新生儿的大脑和神经发育也非常有益。

矿物质

母乳中钙和磷的比例非常适合新生儿，且易于消化和吸收。对防治幼儿佝偻病有一定的作用。而牛奶中钙和磷的比例则不利于吸收。

微量元素

母乳中锌的吸收率很高，而牛奶则较低。母乳中铁的吸收率也比牛奶的高。另外，母乳中还含有丰富的铜，对保护新生儿的心血管系统非常有益。

哺乳前应该做好的准备工作

哺乳前应该做好的准备工作大致有以下几点：

◎**乳房的准备**。哺乳前，先洗净双手，再用毛巾蘸清水擦净乳头和乳晕，然后开始哺乳。

◎**哺乳用品的准备**。妈妈要选择一套吸汗、宽松的哺乳服，以及擦洗乳房的毛巾和水盆等专用品，而且母婴用品要分开使用，以免交叉感染。

◎**准备吸奶器**。当母乳过多时，在宝宝吃饱后，可将多余的乳汁吸出去。

母乳喂养的最佳时间

1989 年，世界卫生组织和联合国儿童基金会提出倡议：要帮助新妈妈们在产后半小时内开奶。据研究，在出生后 20 ~ 30 分钟内，新生儿的吸吮能力最强，如果未能及时得到吸吮刺激，将会影响以后的吸吮能力。所以，一般情况下，新生儿出生后半小时内就可进行哺乳，每次可持续半小时左右。

母乳喂养的正确步骤

第 1 步：哺乳前为婴儿换尿布，并用温开水擦净乳头。

第 2 步：将宝宝抱在怀里，将乳头和乳晕一并塞入宝宝嘴里，然后让宝宝的舌头从下向上裹住乳头与乳晕。

第 3 步：喂完奶后，把宝宝竖起来抱，让他靠在妈妈肩头，轻拍他的后背，让他打个嗝，避免吐奶。

母乳喂养的正确方法

开始哺乳时

1. 妈妈将一只手放在乳房下面，拇指与其余四指分开将整个乳房向上托起，调整好乳房的高度，使乳头靠近宝宝的嘴。

2. 让宝宝张大嘴，把整个乳晕都含在嘴里。

结束哺乳时

1. 当哺乳结束的时候，不要强行用力将乳头从宝宝口中拉出，正确的做法是将小指从宝宝的嘴角伸入，让宝宝轻轻张开嘴，乳头便会自然地从宝宝口中脱出。

2. 哺乳结束后，要将宝宝竖着抱起，由下而上空掌轻拍宝宝的后背，让他打个嗝，让宝宝把在吃奶时吸进去的空气排出来，否则容易发生吐奶。

宝宝有吸吮动作即可喂奶

母乳喂养不必拘泥于间隔 3 小时才能喂奶，只要宝宝肚子饿了就可以让他吃。宝宝哭闹时，首先检查是不是尿湿了。如果换了尿布以后仍然哭闹，可用手指轻轻触碰宝宝的嘴角，如果此时宝宝张开嘴并有吮吸的动作，就说明该喂奶了。

哺乳之前，要先用干净的纱布或独立包装的消毒棉等擦拭妈妈的手指和乳头周围。然后以宝宝易吮吸、妈妈又不累的姿势抱着宝宝就可以喂奶了。

初乳，宝宝不可错过的第一道营养大餐

有些妈妈受旧观念的影响，认为分娩后最初分泌的乳汁是“脏”的，或者认为初乳量少，颜色淡黄又不好看，不宜喂养宝宝。实际上，初乳颜色淡黄主要是由于含有大量的类胡萝卜素所致。初乳不仅不脏，反而最富有营养，而且含脂量特别少，却富含新生儿生长发育不可缺少的营养成分，如蛋白质、锌和多种微量元素等，更重要的是含有大量免疫物质，宝宝在吃后可增强其免疫力，提高其防御疾病的能力，从而保护新生儿免受病原体感染。

通常情况下，如果按时期与成分划分，产后 1 ~ 5 天为初乳，6 ~ 14 天为过渡乳，15 天 ~ 1 个月为成熟乳，在这 3 类乳汁中，初乳营养价值最高，这也是为什么母乳喂养的宝宝在出生后很少生病的原因。

4 种最舒服的喂奶姿势

说起喂奶的方法，可能很多妈妈的第一反应就是：这应该不是很难的事情，把宝宝抱在怀里，让宝宝吸吮乳汁就可以了。

可不要小看喂奶这个工作，如果姿势不当不仅妈妈会感到累，宝宝也会感到不舒服，所以找到最舒服的喂奶姿势对妈妈和宝宝来说都非常重要。下面介绍的喂奶姿势很不错，妈妈们不妨一试。

摇篮抱法

摇篮抱法是哺乳中最简单的一种抱法。妈妈用手臂的肘关节内侧支撑住宝宝的头部，使宝宝的腹部紧贴住妈妈的身体，然后妈妈再用另一只手托着乳房进行喂哺。

摇篮抱法是最简单的一种抱法，新妈妈们不妨学习一下。

交叉摇篮抱法

交叉摇篮抱法比较适合早产儿，吮吸能力弱含乳头有困难的新生儿也比较适合用这种抱法。这种抱法中宝宝的位置与摇篮抱法中一样。但是不同的是，妈妈不仅要把宝宝的头部放在肘关节内侧，还要用另一只手来扶住宝宝的头部。这样妈妈就可以更好地控制宝宝头部的方向，哺乳起来会比较方便。

足球抱法

足球抱法比较适合乳房较大或乳头内陷、扁平的新妈妈。将宝宝放在妈妈身体一侧，妈妈用同侧的前臂支撑住宝宝的背部，再用另一只手扶住宝宝的颈和头，然后再进行哺乳。

侧卧抱法

侧卧抱法适合剖宫产的妈妈，这种抱法能避免宝宝压迫到妈妈的伤口。妈妈在床上和宝宝面对面侧卧。可在宝宝头下放一些柔软的物品垫一下，使宝宝的嘴和妈妈的乳头在同一水平位置上。然后用枕头支撑住宝宝的后背。这种抱法可以让妈妈在喂宝宝吃奶时也能得到休息，有利于妈妈产后恢复。

没开奶前可以给宝宝喂糖水吗

开奶前千万别急着给宝宝喂糖水。有的妈妈下奶时间长，家人担心宝宝饿着，便给宝宝喂糖水或牛奶等食品。其实这样做没必要，因为新生儿在出生前，体内已储存了部分营养和水分，可以维持到母亲下奶，而且只要尽早给宝宝哺乳，少量的初乳就能满足宝宝的需要。

给宝宝喂奶要定时吗

一些老人会有这样的观念，给宝宝定时喂奶。其实给宝宝定时喂奶是错误的，应做到按需喂奶。只要宝宝想吃就要喂，只要妈妈奶胀就要喂，这样才能满足母婴的生理需求。另外，按需喂奶、勤喂奶，还可以促进妈妈乳汁的分泌，有利于宝宝吃饱喝足，加快宝宝生长发育。

写给父母

实验结果表明，每天喂 6 次奶，平均每日分泌乳汁 520 毫升；每天喂奶 12 次，平均每日分泌乳汁 725 毫升。可见，增加哺乳次数，可刺激乳房分泌更多乳汁。

什么时候让宝宝形成固定吃奶的次数

在宝宝满月之前，每天不一定非要规定喂奶的间隔和次数。只要宝宝想吃就可以给他吃，每次能吃多少就吃多少，但这种按需哺乳的方式并不意味着没有规律可循。按照正常的生长规律来看，一般一个体重正常的宝宝，通常是 2.5 ~ 3 个小时吃一次奶。实际上，只要妈妈对此稍加注意和引导，就可以让宝宝逐渐形成定时吃奶的良好习惯。

新生儿每天喂多少次奶合适

新生儿的喂奶次数不能硬性规定，可按需哺乳。新生儿出生后 1 ~ 2 周内，吃奶次数比较多，有的一天可达十几次，即使在后半夜，吃得也比较频繁。到了 3 ~ 4 周，宝宝吃奶的次数明显减少，每天也就 7 ~ 8 次，后半夜往往就一觉睡过去了，5 ~ 6 个小时不用吃。

怎样判断哺乳量是否合适

通常情况下，满足以下条件就表明哺乳量适宜。

◎**哺乳次数**：百天之内的宝宝每天需要吃奶 8 ~ 10 次。

◎**排泄次数**：每天换 6 块以上湿尿布，期间有 2 ~ 3 次软大便。

◎**睡眠时间**：能够安静入睡 4 小时左右。

◎**体重**：体重每周平均增加 150 ~ 200 克。

◎**神情**：眼睛闪亮，反应灵敏。

> **写给父母**
>
> 大体来说，新生儿的睡眠时间一般在每天 20 小时左右，并且他随时都有可能入睡。

每次哺乳前都要擦拭乳头吗

母乳中本身就含有抑菌成分，每天用温水轻轻擦拭一遍乳房，在哺乳前挤出少量奶水，涂抹在乳头周围就足够了。

宝宝含不住乳头怎么办

这种情况可以通过以下办法来解决：妈妈在喂奶前，用食指、中指和拇指捏起乳头，向外牵拉，每次拉 30 下左右，然后再给宝宝喂奶；再者妈妈也可以在喂奶时用中指和食指夹住乳晕上方，使乳头变得突出，从而让宝宝含住奶头和乳晕。

为什么要吸完一侧乳汁后再吸另一侧

妈妈在哺乳时，应该让宝宝吸完一侧乳房的乳汁再吸另一侧。这是因为，若不等宝宝吸完一侧乳房的乳汁就换另一侧，就会导致宝宝每次吸到的乳汁都是水分较多的前奶，而吸不到浓度较大的后奶，长此以往，就会导致宝宝的营养不均衡，体重增加缓慢，进而影响生长发育。

怎样帮宝宝离开乳头

通常情况下，当宝宝吃饱奶后就会沉沉睡着，然后就会停止吸吮妈妈的乳头。这时，妈妈千万不要叫醒宝宝继续吃奶，也不要急着将宝宝抱离乳头，而是应该把手指轻轻放进宝宝的嘴角，从而稍微进些空气，这样的话，宝宝的嘴就会自然地离开乳头了。

写给父母

每次喂奶都应给宝宝足够的时间吸吮，大致为每侧15分钟左右，这样才能吃到后奶（在母乳喂养时，宝宝先吸出的奶叫做前奶；前奶之后吸出的奶叫做后奶）。

宝宝吃奶急，呛到怎么办

喂奶时，尽量别等到宝宝特别饿时再喂，这样能避免宝宝吃奶太急导致被呛到的情况发生。如果因为乳汁流速急，也可用手将乳房揉一揉，然后再喂奶。

新生儿吃奶后会吐奶，怎么办

新生儿之所以吐奶，与其胃的生理结构有关。新生儿的胃是长管状的，而不是弯曲的，因此即使吃很少也容易吐奶。宝宝吐奶时若不及时擦拭干净，吐泻物很可能会进入鼻子或耳朵，进而引起感染，甚至还可能堵住气管，所以妈妈们一定要小心再小心！宝宝吐奶后，可把宝宝上半身保持抬高，或者将宝宝的脸偏向一侧，防止呕吐物进入气管导致窒息。

新生儿吃奶后会吐奶，这时新妈妈不要慌张，把宝宝上半身抬高即可。

让母乳充足的方法

由于多种原因的影响，有的新妈妈乳汁分泌不足，所以担心自己的乳汁不够宝宝吃。其实对此不必太担心，只要通过一些小细节就可以帮助新妈妈拥有充足的乳汁，下面就介绍了一些方法，新妈妈不妨尝试一下。

勤喂

勤给宝宝喂奶是让新妈妈乳汁充足的方法之一。每天抽出大部分时间喂奶，虽然奶水少，但吃得次数多，也可以有效补充奶量。

新妈妈可以抽出 1 ~ 2 天的时间除了给宝宝喂奶和休息之外，其他什么事情也不做，如乳汁更少，那抽出的时间也应相应地延长，而且每次喂奶的时间都要尽可能长一些。如果宝宝很爱睡觉，妈妈可以定时唤醒他，鼓励他吃奶。

两侧乳要轮流喂

每侧约 15 分钟，这样既可以保证宝宝获得充足的母乳，还可以均衡地刺激乳房分泌更多的乳汁。

只让宝宝吸妈妈的乳头

母乳喂养的宝宝，一定只让宝宝吸吮妈妈的乳头，最好不要使用奶瓶或安抚奶嘴，以免宝宝吸惯了奶嘴，反而对妈妈的乳头感到不适应。如果需要给宝宝补充一些其他食物，可以用小勺子。

不要添加其他食物

在哺乳初期就只喂母乳，不要喂辅食、开水或是果汁，这样就可以刺激母乳分泌。

新妈妈饮食要均衡

新妈妈要尽可能多吃各种营养成分不同的天然食物，新妈妈营养充足也有利于乳汁分泌。

另外，每次喂奶前，试着喝一杯水或果汁效果会更好。

新妈妈要充分休息与放松

其实，母乳喂养对新妈妈来说是一件很累的事情，所以也需要新妈妈做好体力储备。当宝宝睡午觉的时候新妈妈可以和宝宝一起睡个午觉，醒来后再洗个热水澡，听一些轻松的音乐，做一些轻缓的运动等都是不错的方法。要充分休息，保持心情愉悦，这样会使母乳分泌量增多。

妈妈乳汁过多时怎么办

如果乳房胀满后不处理的话，严重者可能会患上乳腺疾病。遇到这种情况，妈妈可以将乳汁挤出，储存在密闭容器中，然后放到冰箱里冷藏。这样，可在妈妈无法哺乳的时候喂给宝宝。

自己挤乳汁的方法

1. 妈妈用一只手托起乳房，由上到下进行按摩，然后再将按摩范围扩大到整个乳房。

2. 用指尖在乳晕部位进行自上而下的按摩，注意用力不宜过大，以免压到乳房组织。

3. 用拇指和食指配合轻轻挤压乳晕后面的部位。

4. 用拇指和食指一起向乳晕的方向进行挤压，这样乳汁就能被挤压出来了。

自己动手挤乳汁的时候要注意用拇指和食指在乳晕上下方进行挤压，并且要注意节奏，并在乳晕的周围反复转动进行挤压，这样能保证每根乳腺管内的乳汁都能被挤出来。

用吸奶器吸乳汁

1. 在用吸奶器吸奶前妈妈要洗净双手，并要对吸奶器进行消毒；用温水热敷乳房，并进行按摩使其变软。然后把吸奶器的漏斗部位放在乳晕上，使其吸附在乳晕的部位。

2. 使吸奶器保持封闭状态，拉开外筒产生压力，把乳汁从乳房中吸出来。

3. 把吸出来的乳汁进行密封和冷藏。

吸乳遇到困难的解决方法

新妈妈如果在吸乳的过程中遇到困难不妨参考一下下面的内容，另外，也可以向其他有经验的妈妈们请教。

胀奶的时候将多余的乳汁挤出来，既让妈妈感到舒适，又不会造成浪费。

购买合适的吸乳器

只是偶尔需要吸乳的妈妈可以选用手动式的吸乳器，但是那些职场妈妈则需要购买高质量的吸乳器，这样既能够保证乳汁的质量，又能让宝宝吃到母乳。

专家认为，使用吸乳器的妈妈一定要购买适合自己的吸乳器，不能因为贪图便宜就随便买一个，这样会影响到乳汁的质量，自然也就会影响到宝宝的健康。

吸乳也要寻找合适的时机

妈妈应该在合适的时机进行吸乳，而不是想什么时候进行都可以，例如，早晨就是一个吸乳的好时机，因为妈妈经过一夜休息后精神状态比较放松，而且积蓄了很多乳汁，所以在早晨吸乳比较合适。

吸乳和哺乳一样，是需要多加练习才能够熟练的，刚开始的时候操作不熟练，妈妈也不要太着急，只要多练习几次就可以了。

写给父母

1. 两侧的乳房都要吸。研究表明，如果两侧的乳房都能够得到刺激，也能刺激乳汁的分泌，这样妈妈能够产生更多的乳汁。

2. 要让自己放松下来。有的妈妈在吸乳的时候会比较紧张，这时候听一些轻松愉悦的音乐会比较有帮助。

3. 有些妈妈喜欢自己动手挤乳汁，虽然这种方法很简便，但是也存在弊端，因为很多女性手部并没有足够的力量来挤乳汁，所以可能要花上比较长的时间，效率也低，而且还会让妈妈感到很累。所以最好还是根据自己的身体情况来选择挤乳汁的方式。

4. 需要提醒的是，储存乳汁的时间不宜过长，以不超过24小时为宜，以免宝宝吃后引起腹泻。

总是漏奶怎么办

漏奶通常是暂时现象，漏奶期间可能会感到奶头不适。另外，漏奶容易引起细菌侵入皮肤，所以要做好乳房的清洁工作。

通常情况下，在漏奶时可以用手指压住乳头轻揉，使喷乳反射得到缓解。但是，这个方法并非对所有的妈妈都有效。

如果上述方法效果不显著的话，可以用奶瓶接，在合适时让宝宝吃（注意尽量避免使用奶嘴，以防与乳头混淆）。另外，也可以在漏乳侧乳房使用一次性乳垫。

喂奶时乳头痛，怎么办

一般情况下，宝宝吃奶的姿势不正确便会导致妈妈乳头疼痛。乳头疼痛时，可以先将乳头从宝宝嘴里轻轻抽出，调整姿势后再次尝试喂奶，或者让宝宝吮吸另一侧乳房。

有的妈妈担心宝宝含得太深堵住鼻孔，便只让宝宝含住乳头部分，这时敏感的乳头可能会产生疼痛感。

另外，还有可能是因哺乳姿势不正确，导致乳头留下外伤产生疼痛。这时可以在喂食后涂抹两滴奶水，让其自然晾干，慢慢就好了。

再者，如果乳头疼痛剧烈难忍，可暂时停止母乳喂养 24 小时，但应当将乳汁挤出，用小杯和小勺喂宝宝。

乳头凹陷怎么办

以下几种方法可以纠正乳头凹陷的问题。

◎使用吸奶器抽吸，每次 1 分钟，每天 4 次。

◎让宝宝爸爸帮忙把凹陷的乳头吸出来，并把奶水挤空，然后让宝宝爸爸继续吸吮凹陷的乳头。每天 4 次，每次 3 ~ 5 分钟。

◎妈妈一只手托住乳房下方（图①），另一只手的食指、中指和拇指捏住凹陷的乳头，向外牵拉（图②），拉到长位，坚持约 30 秒钟。重复牵拉几次。每天 4 次，每次 10 分钟。

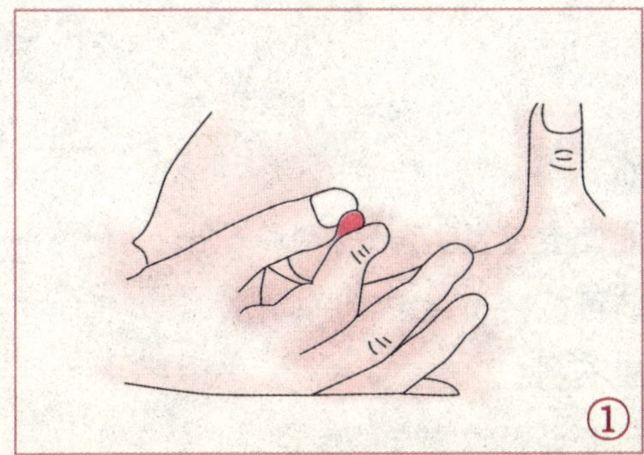
①

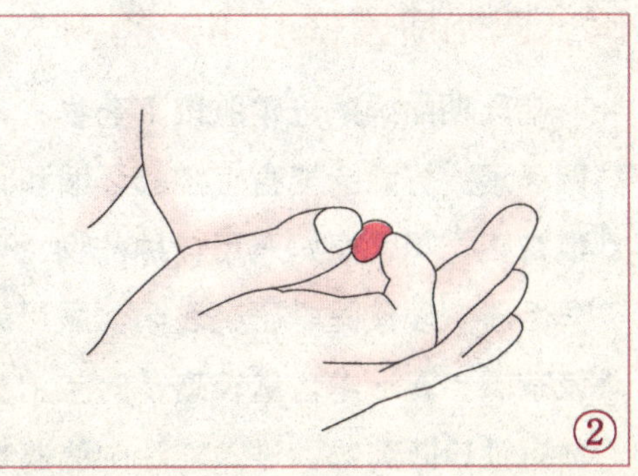
②

妈妈乳房小，宝宝会不会吃不饱

无需担心！乳房的大小跟乳汁分泌的多少没有关系，因为乳汁是从体内的腺体分泌出来的，并非由乳房部位的脂肪组织分泌。如果想使妈妈奶水充足，正确的做法就是让宝宝尽早地多次吸吮，因为这样可以刺激乳汁的分泌。宝宝吸吮越多，妈妈乳汁分泌量就越大。

母乳喂养的宝宝需要喂水吗

一般情况下，用母乳喂养的宝宝，在6个月内不必添加任何食物和饮料，其中当然也包括水。之所以这么说，是因为母乳的主要成分是水，母乳中的这些水分已能够满足宝宝进行新陈代谢的全部需求，因此不需要额外喂水。但在炎热的夏季，也可适当喂一些水。不过，如果是混合喂养的宝宝或人工喂养的宝宝，则应适量喂些水。

母乳喂养时，妈妈有忌口吗

哺乳期的妈妈饮食要考虑到宝宝的需要，不要吃辛辣、半生不熟的食物，少吃或不吃性燥热食物，因为这些食物容易引起妈妈内热，容易上火，进而影响宝宝，这些食物主要有大蒜、韭菜、茴香等。此外，也不要吃过于油腻的食物，否则不利于宝宝的消化吸收。还要远离烟酒，不喝咖啡、可乐等饮料。

写给父母

妈妈吃的食物不要过于油腻，因为母乳中脂肪过多也不利于宝宝的消化吸收。另外，在喝肉汤时最好用吸管喝，这样可避免喝进过多的油脂，或者将上面的油花舀出再喝。

哺乳妈妈应谨慎服用的药物

哺乳期的妈妈应慎服以下药物：

◎**四环素**。可能会损害宝宝的牙龈和骨骼。

◎**氯霉素**。哺乳妈妈服用该种药物，可能使宝宝发生骨髓抑制。

◎**异烟肼**。现代医学研究表明，服用该药可能会引起宝宝肝损伤。

◎**氨茶碱**。乳汁中含量较高，对宝宝健康不利。

◎**放射性诊断药物**。进入乳汁中的药物可能会影响宝宝的发育。

写给父母

哺乳妈妈要切记，凡是身体不适需要治疗用药时，千万不可私自服药，一定要到医院诊断，再按医嘱服药。

不宜母乳喂养的情况

如果出现以下情况，妈妈应暂时或完全停止母乳喂养。

患传染性疾病时

妈妈患有严重传染病时不能喂奶，以防传染给宝宝。

服药期间

妈妈患病期间服用药物时，应停止哺乳，待病愈停药后再喂食。

患有消耗性疾病时

如患心脏病、糖尿病的妈妈，可根据医生的诊断决定是否哺乳。

患有严重乳头皲裂和乳腺炎时

妈妈患有严重乳头皲裂和乳腺炎等疾病时，应暂停哺乳，及时治疗，以免加重病情。

如果宝宝出现以下情况，不适宜吃母乳。

氨基酸代谢异常

氨基酸代谢异常主要会侵犯神经系统，是新生儿智力发育落后的重要原因。

由氨基酸代谢异常所引起的疾病，已经发现的病种高达 70 多种。苯丙酮尿症就是其中的一种，是比较常见的一种氨基酸代谢疾病。

苯丙酮尿症属一种染色体隐性遗传病。严重的可干扰脑组织代谢，造成功能障碍，这类患儿常表现为智力障碍。另外，患儿尿液中常有令人不愉快的鼠尿味。同时，患儿易合并有湿疹、呕吐等。

母乳性黄疸

母乳性黄疸造成停喂母乳只是短暂的，一般是 72 小时后就可以恢复母乳喂养了。如果恢复母乳喂养后，黄疸再次加重，可再停喂 1 ~ 3 天。经过 2 ~ 3 次这样的过程，新生儿就不会因为吃母乳而出现黄疸了，可以继续母乳喂养。

乳糖不耐受综合征

乳糖不耐受综合征患儿由于体内缺乏乳糖酶而导致乳糖不能被人体消化与吸收，常表现为新生儿吃了母乳或是配方奶后出现腹泻。

由于长时间腹泻不仅会直接影响新生儿的生长发育，而且还会造成免疫力低下，引起反复感染，因此应暂停母乳或其他乳制品的喂养，而用不含乳糖的配方奶粉来代替。

人工喂养

适合人工喂养的情况

如果妈妈因为身体上的原因不能给宝宝喂奶，或者宝宝因为特殊原因不能吃母乳，那就得人工喂养了。1 岁以内的宝宝适合喂母乳化奶粉，也就是配方奶粉，但母乳化奶粉并不能完全等同于母乳。

另外，还应注意不可以用鲜牛奶来喂养宝宝，3 岁以上的宝宝才适合喝鲜牛奶。如果因为母乳还未分泌出来，只是暂时喂奶粉，就先别用奶瓶喂宝宝，因为奶嘴吸起来比较省力，宝宝一旦吃习惯了，就可能拒绝吸吮母乳，可以先用小勺子喂。

人工喂养的正确方法

调配奶粉时首先要正确计算奶粉的用量，注意不能用开水冲调，要使用已经冷却至 40℃左右的温开水。先倒入一半用量的温开水，然后加入奶粉，奶粉应该是不起泡地慢慢溶解，最后再倒入另一半温开水并加以搅拌。

让宝宝吸食之前，应该先将瓶中的奶滴几滴在腕部内侧，以测试温度。

要一边注视着正在喝奶的宝宝的脸，一边用“真好喝呀”之类的语言来鼓励他。喝剩下的奶要倒掉，不能留着下次再喝。使用后的奶瓶，仅靠冲洗是不行的，必须进行杀菌消毒处理。这是由于牛奶中含有较多的脂肪成分，如果放置时间过长，污垢不易去除，且容易引起细菌生长。消毒的方法有很多种，可选择一种容易操作的。

选购奶粉的窍门

现在市场上的奶粉种类有很多，那怎样才能在这么多的品种中为宝宝选择合适的奶粉呢？其实给宝宝选购奶粉是有窍门的，原则就是：一看，二摸，三品鉴。

一看

妈妈在购买奶粉后，可以先打开包装，观察奶粉的颗粒、颜色和产品中有没有杂质。

质量好的奶粉通常会颗粒均匀，没有结块，颜色呈均匀的乳黄色。如果产品有结块，而且杂质比较多，则说明产品质量不过关，这样的奶粉就不能给宝宝食用；如果产品颜色是白色或者像面粉一样，则说明产品中可能掺入了其他物质，如淀粉类物质，这样的产品也不能给宝宝食用。

无论是罐装奶粉还是袋装奶粉，包装上都会就其配方、性能、适用对象、使用方法等做出必要的说明，妈妈可以通过浏览这些说明判断出该产品是否适合自己的宝宝食用。

同时，按照国家标准规定，奶粉在外包装上必须要标明厂名、厂址、生产日期、保质期、执行标准、商标、净含量、配料表、营养成分表及食用方法等项目，若缺少上述任何一项就不要购买该产品。

二摸

一般可以通过摇动罐体来判断奶粉中有没有结块，如果有结块就会有撞击声，说明奶粉已经变质，已经不能食用了。如果是袋装奶粉可以用手去捏，如果手感松软平滑，用手捏能感觉到流动感，说明这是优质奶粉。如果手感凹凸不平并有不规则结块，则说明产品已经变质。

无论是罐装奶粉或者是袋装奶粉，生产厂家为了延长奶粉保质期，通常都会在容器内填充一定量的氮气，所以在选购袋装奶粉的时候，要用双手挤压一下，看有没有漏气的现象，如果有漏气、漏粉的现象或袋内根本没有气体，则说明这袋奶粉已经有了质量问题，不宜选购。

三品鉴

质量好的奶粉冲调性也比较好，冲开后没有结块，液体呈乳白色，且有很浓的奶香味；而质量差的奶粉冲调性就差，奶粉遇水很难溶解，奶香味很淡甚至没有奶香味，或有香精调香的香味。

除了以上 3 方面的内容，妈妈还可以通过看蛋白质的含量、二十二碳六烯酸（DHA）和二十碳四烯酸（ARA）的来源以及适用年龄段等方面来选购奶粉。优质奶粉蛋白质的含量应该是每 100 克奶粉含 10 ～ 20 克的蛋白质。再看蛋白质中的乳清蛋白比例，乳清蛋白与乳酪蛋白的比例应该为 6∶4。这样的比例宝宝最容易吸收。

还有一个重要的标准，那就是要有充足的促进宝宝大脑发育的成分——DHA 和 ARA，还要有充足的提高宝宝抵抗力的成分。

DHA 俗称脑白金，其最好的来源是单细胞的植物藻油，而不是鱼油。还有一个标准就是要有助于宝宝的胃肠道健康。

最后就是要看清包装上提示的适用年龄段，要选择与宝宝的年龄或者是月龄段相符合的奶粉。

一般第一个阶段是指 0 ～ 6 个月的宝宝，第二个阶段是指 6 ～ 12 个月的宝宝，第三个阶段是指 1 ～ 3 岁的宝宝，第四个阶段是指 3 岁以上的宝宝。

还有一点容易被忽视，那就是要看清消费者提到的品牌厂家的质量保障。一般这样的企业都要有以下一些机构的认证，如果有，就可以信赖其公司的产品。第一个是国家质量监督检验检疫总局颁发的许可证。第二个是有国家质量检验的检疫总局推荐的放心奶粉生产企业。第三个就是企业最好是按制药行业的 GMP 标准生产的，且企业通过了 HACCP 食品安全控制体系的认证。还有就是 ISO9001—2000 质量管理体系认证，都可以很好地帮助妈妈来选择优质的奶粉。

市场上奶粉种类很多，新爸妈们要掌握选购窍门后再买。

奶粉冲法不当会影响宝宝的健康

说起给宝宝冲奶粉，可能许多爸爸妈妈都会觉得很容易，不就是简单地用白开水兑一下奶粉就完事了吗！其实冲奶粉是很有讲究的，冲调的浓度、水质、水温等，样样都有很多要求，冲法稍有不当，就会影响到宝宝的健康。

不能用矿泉水冲奶粉

有些父母觉得用矿泉水冲奶粉会对宝宝的健康更有益，其实不然，因为矿泉水中含有很多矿物质，且含磷酸盐、磷酸钙过多，由于宝宝的肠胃消化功能还很弱，长期用矿泉水冲奶粉会引发宝宝消化不良和便秘。矿泉水经过处理后已经失去了普通自来水的矿物元素，宝宝就无法从中摄取到钙，而人体对水中对钙的吸收率可高达 90% 以上，所以不宜用矿泉水冲泡奶粉。

冲泡奶粉的最佳选择是自来水。因为自来水已经经过了科学的处理，水的质量都已经达标，煮沸后放凉至 40℃左右时，再用来冲泡奶粉就再合适不过了。

不能频繁地更换奶粉

有的妈妈看到有新的奶粉品牌出现，就想给宝宝换换，结果导致宝宝拉肚子，所以又赶紧换回来，甚至有的妈妈在一天之内换了两种新奶粉，这些做法都是错误的。

如果想给宝宝换奶粉，在换奶粉初期就必须要两种奶粉混着吃，无论是由一种牌子换到另一种牌子，还是由一个阶段换到另一个阶段，即使两个阶段使用的奶粉品牌相同，都必须要有一个过程。

正确的做法是：先在原先的奶粉里添加 1/3 的新奶粉，这样喝了 2 ~ 3 天而宝宝没有任何不适的话，再选用老品牌、新品牌的奶粉各添加 1/2 吃 2 ~ 3 天，然后选用老品牌的 1/3 新品牌的 2/3 再吃 2 ~ 3 天，最后过渡到完全用新的奶粉取代原来的奶粉。而且要注意换奶粉的那几天不要添加其他辅食。不过，如果宝宝生病以及在接种疫苗期间不宜换奶粉。有了这么一个逐步的过程，宝宝一般是比较容易接受新品牌的，而且不会出现太大的不适。

不能先放奶粉再倒水

有的妈妈在冲奶粉的时候总是先加入奶粉，然后再倒水，这是很多妈妈经常会犯的错误。她们认为先加奶粉或者先加水都是一样的。其实，这是有区别的。给宝宝冲泡奶粉时浓度一定要适宜，因为宝宝的消化、代谢与排泄功能都还没有发育完善，所以奶粉的浓度要尽可能接近母乳。

如果先加奶粉后加水， 再加到原定的刻度，奶粉就加浓了；而先加水后加奶粉，可能会涨出一些，但是浓度却很合适。

奶粉不能冲得太浓

人工喂养的父母在冲奶粉的时候有很多注意事项都不能忽视，因为每个细节都会影响到宝宝的健康。

有的父母因为怕宝宝吃不饱，所以就把奶粉冲得很浓。其实，爸爸妈妈可能都不知道，并不是奶粉越浓就越有营养，奶粉冲得过浓反而会对宝宝产生不利的影响。

有专家做过实验，一个 2 个月大的宝宝自从出生后体重就没增加过。仔细询问家人原因，问题就出在奶粉冲泡的浓度上。妈妈由于生产后母乳偏少，所以就给宝宝人工喂养奶粉。可能是因为怕宝宝的营养跟不上，所以每次冲奶粉时妈妈都会多加上一大匙，把奶粉冲得浓浓的。谁想到，就是这样的做法导致了宝宝的体重没有增加。

专家解释道，宝宝的体重之所以不增加主要是因为营养不良，而营养不良则是因为奶粉冲得太浓造成的。如果奶粉冲得太浓，由于宝宝的肠胃还没有发育成熟而无法完全消化和吸收，因此就会导致营养吸收不足，甚至会出现拉肚子等现象。奶粉冲得太浓不好，当然，冲得太稀也不行，同样也会导致蛋白质含量不足，从而引起营养不良。所以，家长在冲泡奶粉时，一定要按照包装上标明的配比，不能擅自更改。

冲好的奶粉不能再煮

有的妈妈认为奶粉有点凉了，就会再煮一次，认为再煮一次既能加热还能杀菌。其实这种做法是错误的。

已经冲调好的奶粉如果再次煮沸，就会使蛋白质、维生素等营养物质的结构发生变化，从而失去原有的营养价值。宝宝再喝这种奶粉，能获得的营养物质就会大大减少。

最好现喝现冲

有些妈妈会把奶粉放在温奶器中，等宝宝想喝的时候再拿出来，认为这样既方便又省事。这样做主要是想晚上喂奶的时候能够方便一些，但这样做并不好。泡好的奶粉在没有喂过的情况下，常温保存不能超过 2 小时，即使放在冰箱里冷藏，也不能超过 24 小时。如果是吃完剩下的就应该倒掉，不能再喂。

其实等宝宝想喝的时候现冲也是很快的。若想以最快的速度把奶粉冲好，可以先把热水倒在奶瓶里，然后再放入保温器中，再把规定量的奶粉也放入奶粉盒中待用，到时候直接把奶粉盒中的奶粉倒入奶瓶中摇晃一下就行了，也很节省时间。

奶瓶、奶嘴的选购与消毒

无论是人工喂养还是混合喂养的宝宝，一定都会用到奶瓶和奶嘴。如何选购奶瓶、奶嘴，如何对其进行消毒，是新手爸妈们的必修课。

奶瓶的选购

奶瓶应选择结构简单，易清洗，能煮沸消毒而不易变形，带瓶盖的。常见的奶瓶材质有玻璃和塑料两种。玻璃的奶瓶内壁光滑透明，易清洗，消毒或加热牛奶时不易变形，不会产生不利于健康的物质，但玻璃奶瓶易碎。现在许多塑料奶瓶品质也很好，而且不易碎，只是价格较昂贵。宝宝 3 个月以前喝奶、喝水主要靠妈妈喂，可以选择玻璃奶瓶，4 个月以上的宝宝已经有很强的抓握欲望了，可以选择塑料奶瓶，以便宝宝自己抱着喝。

1 个月以内的宝宝每次哺乳量为 100 ~ 120 毫升，1 个月以上的宝宝每次哺乳量可达 120 ~ 200 毫升，所以新生宝宝可以选择 120 毫升的奶瓶，随着宝宝的长大，应更换大号的奶瓶，以满足宝宝的需要。

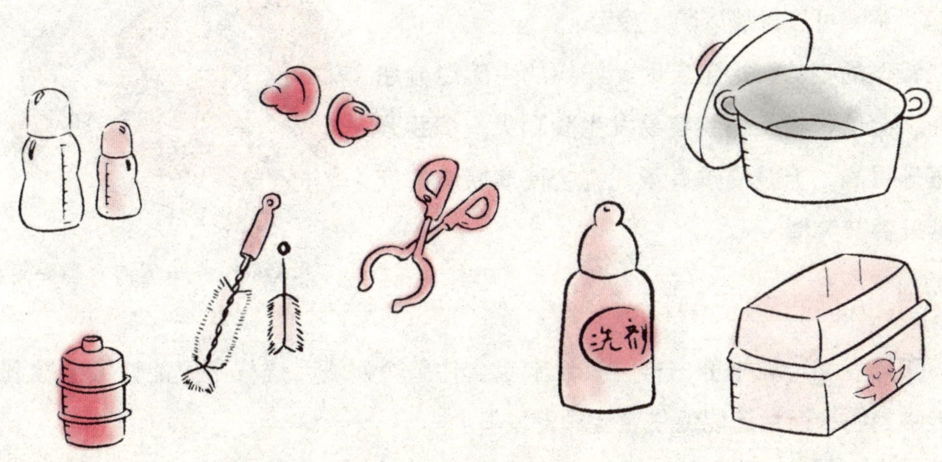

奶嘴的选择

奶嘴的材质有橡胶和硅胶两种。橡胶奶嘴富有弹性，质感近似妈妈的乳头，但高温消毒时有异味，而且易老化。而新型的硅胶奶嘴色白透明，耐高温消毒，不易老化，而且无异味，但价格较贵，新手爸爸妈妈可酌情选用。

根据奶嘴上的小孔形状，奶嘴分为 3 种：圆形奶嘴，有小、中、大号，分别适用于新生宝宝、2 ~ 3 个月宝宝、3 个月以上宝宝；“Y”字形和“十”字形奶嘴，可根据宝宝吸力控制吸奶量，“十”字形奶嘴还适用于喝果汁、米糊或其他含颗粒的饮品。

奶嘴使用一段时间后会老化或开裂，应及时更换。

奶瓶与奶嘴的消毒

新的奶瓶、奶嘴要洗净消毒后才能使用。用过的奶瓶、奶嘴也要及时清洗并消毒备用，否则残留的奶液变质并滋生细菌，易导致宝宝患鹅口疮、腹泻等疾病。消毒前要先将奶瓶、奶嘴清洗干净，特别是奶瓶口及螺纹处。奶瓶、奶嘴可以用煮沸的方式消毒，可以专门准备一个不锈钢锅，装上冷水，水量要能没过奶瓶，先放入奶瓶，煮沸约 10 分钟后再放入奶嘴，再煮 3 ~ 5 分钟即可，等水稍凉后，用消毒过的奶瓶夹取出奶瓶、奶嘴，晾干备用。

用奶瓶喂宝宝时的正确姿势

◎**正确的姿势**。妈妈应放松手腕与上肢，可将一个垫子垫在手肘下面以承托妈妈的手肘与肩膀，背部可加靠垫以防止疲劳。

◎**错误的姿势**。抱宝宝时，妈妈的手腕过分屈曲，会使手指及手腕容易发生腱鞘炎；肩膀紧张地提高，上肢便没有承托，会使肩膀肌肉疲劳及关节劳损。

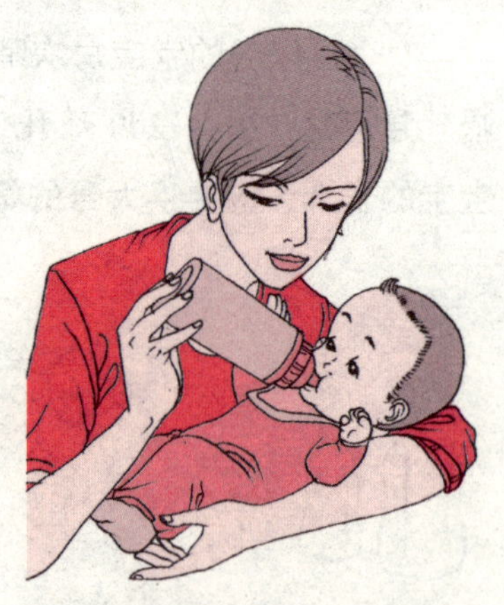

用奶瓶喂养宝宝的正确姿势。

宝宝叼奶瓶的正与误

◎**正确**。和母乳喂养一样，要让宝宝含住整个奶嘴，这样不仅能让宝宝顺利地喝到奶，而且还能促使宝宝颌骨发育。

◎**错误**。如果只用嘴唇吮吸奶嘴，就会喝不到奶。

◎**正确**。宝宝喝奶的时候要采取倾斜法。为防止空气进入宝宝胃内，要使奶瓶的水平面略高于奶嘴的边缘。奶量越来越少时，必须使奶瓶更加倾斜。

◎**错误**。如果奶瓶的水平面低于奶嘴边缘，宝宝就会在喝奶时将空气一起吸入，不能有效地喝奶。

写给父母

喂奶时，不要将奶嘴直接放入宝宝嘴里，而是放在嘴边，让宝宝自己找寻，主动含入嘴里；喂奶前抱抱、摇摇、亲亲宝宝，会使宝宝很愉悦；可以用不同的姿势给宝宝喂奶；还可以用妈妈的衣服裹着宝宝，让宝宝闻到妈妈的气味，减少对奶瓶的陌生感。

新生儿不宜喂牛初乳

现在无论是商场还是药店，宣传牛初乳的广告很多，关于牛初乳能够增强儿童抵抗力等的说法也有很多，专家提醒家长，不要盲目听信广告，牛初乳虽好但并不适合所有的宝宝服用。

宝宝服用鱼肝油要注意

新生儿到底需不需要补充鱼肝油，还有什么时候开始补充鱼肝油比较合适，这些都是家长关心的问题。

鱼肝油的主要成分是维生素 A 和维生素 D，维生素 D 能促进宝宝肠道对钙的吸收，减少肾小管对钙的排泄，并能促进血液中的钙向骨内转移，能起到预防佝偻病的作用。

那么，从什么时候开始给宝宝服用鱼肝油比较合适呢？一般认为，给宝宝添加鱼肝油应从新生儿期开始，即出生后 2 周起即可服用浓缩鱼肝油，开始时每天 1 滴，然后可以逐步增加，但最多不超过 5 滴。

若是早产儿、则应从出生后 10 天就开始添加鱼肝油，每天 1 滴，逐渐增加为每天 3 ~ 5 滴。

在服用鱼肝油的过程中，家长要注意观察宝宝的大便，若发现有消化不良的现象应适当减少鱼肝油的用量，待宝宝适应、大便恢复正常后再逐渐增加。

混合喂养

混合喂养宝宝的要领

母乳喂养和人工喂养同时进行，称为混合喂养。但是有些混合喂养的宝宝会出现乳头错觉，有拒奶、烦躁等现象，造成母乳喂养困难，所以在混合喂养时，需要掌握恰当的喂养方法。

夜里最好喂母乳

夜间妈妈比较累，尤其是后半夜，起床给宝宝冲奶粉很麻烦。另外，夜间妈妈处于休息状态，乳汁分泌量会相对增多，宝宝的需要量又相对减少，母乳已能满足宝宝的需要。但如果母乳分泌量确实太少，宝宝吃不饱，这时就要以奶粉为主了。

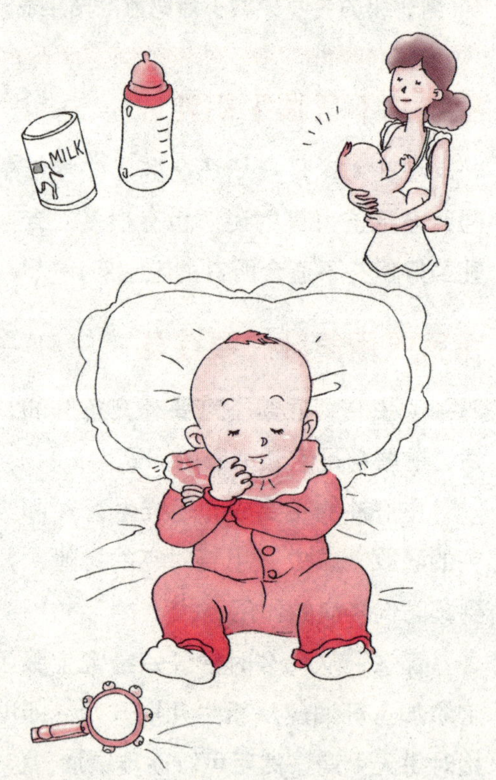

要尽量多喂宝宝母乳

当添加奶粉后，有些宝宝就喜欢上了奶粉，因为橡胶奶嘴孔大，吸吮很省力，吃起来痛快。而母乳流出来比较慢，吃起来比较费力，宝宝就开始对母乳不感兴趣了。但妈妈要尽量多喂宝宝母乳，如果不断增加奶粉量，母乳分泌就会减少，对继续母乳喂养很不利。母乳是越吸越多的，如果妈妈认为母乳不足而减少喂母乳的次数，会使母乳越来越少。

混合喂养时，每次喂多少奶粉合适

当母乳不足时，需加牛奶或其他乳制品进行混合喂养。混合喂养时，每次应先哺母乳，将乳房吸空后，再给宝宝补充其他乳品，补授的乳汁量要按宝宝食欲情况与母乳分泌量多少而定，原则是宝宝吃饱为宜。

本月宝宝的日常照顾

新妈妈要知道的尿布常识

尿布的选择

新生儿皮肤娇嫩、排尿次数较多，加上护理可能不当，如果尿布不适宜的话就会引发尿布疹，即俗称的红臀，严重时还会继发臀部皮肤感染，甚至引发新生儿败血症等，所以，尿布的选择非常重要。

尿布选择原则宜遵循：

1. 纯棉质地的，白色为最佳，忌用蓝、青、紫等深颜色的布料，以防刺激宝宝皮肤。

2. 吸水性强、透气性好、便于洗晒的。

3. 柔软、舒适的。

怎么放置尿布

给宝宝换尿布时，不要把尿布兜在腹部，更不要把低于宝宝腹温的尿布兜在腹部。男宝宝向上排尿，放尿布时要在上面多加一层；女宝宝向下排尿，放尿布时要在下面多放一层，可预防男宝宝阴囊湿疹、女宝宝臀红。

换尿布的方法与技巧

宝宝的皮肤非常娇嫩，对于尿液和汗液都很敏感，“屁股虽小，但问题不少”。爸爸妈妈们在与宝宝的小屁股“作斗争”的日子里，需要掌握技巧，总结经验，使宝宝的小屁股平安地度过敏感的尿布期。

换尿布的方法

在给宝宝换尿布时，先要轻轻抓牢宝宝的脚踝，向上轻轻提起，使他的臀部离开尿布，再把尿布撤下来（图①），快速地垫好干净尿布，然后包好（图②）。

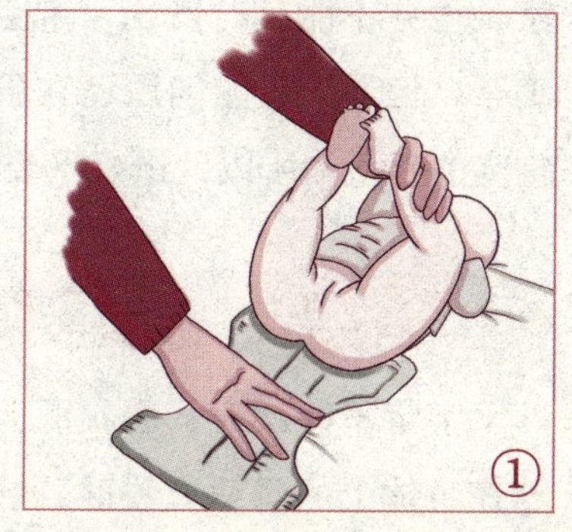

注意要把尿布放在臀部中间。如果宝宝拉大便了，应当使用护肤柔湿巾擦拭干净。擦拭的时候要注意，清洁男女宝宝臀部的方

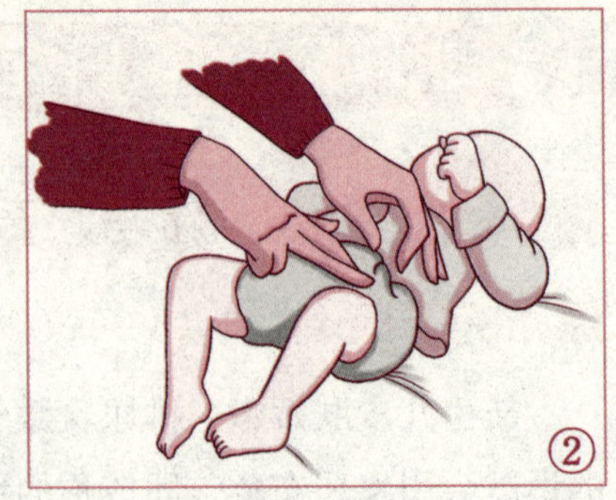

法也是不一样的。男宝宝阴茎的后面、阴囊的皱褶处和大腿根部不好擦拭，要特别注意。女宝宝要从前向后擦，即从会阴向肛门方向擦，以防阴道、尿道沾染粪便引起感染，还应注意擦净大腿根部；擦外阴时，应轻轻地把大阴唇分开，手指包上干净的湿毛巾轻轻擦里边的污物。

换尿布的技巧

换尿布要事先做好准备，快速更换。天气较冷时，父母应该先将尿布焐热，双手也要先搓热，然后再给宝宝换尿布。宝宝每次大小便后，都应及时换上干净的尿布。

在给宝宝换尿布前，最好先在宝宝下身铺一块大的隔尿垫，防止在换尿布的时候宝宝突然尿尿或便便，把床单弄脏了。不要把尿布包得过紧，这样会影响宝宝的腹式呼吸，但也不要太松，否则尿布容易掉。应以可以容得下两三根手指为宜，这样可以使宝宝活动自如。

尿布不要盖住肚脐。尿布的后方要到宝宝的腰部，前方要位于肚脐下 2 ~ 3 厘米处，这样可以减少过多肌肤沾染大小便的机会，也可保持肚脐清洁。不能用爽身粉涂抹宝宝的屁股，因为宝宝尿湿后，擦在屁股上的爽身粉容易阻塞汗腺，使宝宝的屁股产生湿疹，甚至造成皮肤皱褶处发生摩擦。

宝宝能长期用纸尿裤吗

现在很多家庭都在给小宝宝使用纸尿裤，虽然纸尿裤用起来很方便，但是也有许多问题，比如，纸尿裤的透气性就很差。而且，有时宝宝尿了，家长也并不能及时发现，宝宝很不舒服，但往往只能以哭来表示自己的“不满”。但最严重的问题还在于宝宝会因此而发生尿疹，其瘙痒的症状会加重宝宝的不适。所以，最好不要长期给宝宝使用纸尿裤。

宝宝穿衣、脱衣之道

宝宝不喜欢穿、脱衣服，他们害怕皮肤暴露在空气之下，而且取下了紧贴在身体上的舒适衣物时，会使宝宝感到不安。因此，在给宝宝穿、脱衣服时，宝宝往往会啼哭。

下面就教给家长一些给宝宝穿衣、脱衣的方法，会让你觉得给宝宝穿衣、脱衣不再是一件难事。

安全的穿衣方法

◎把宝宝放在床上，先更换好不干净的尿布。在给宝宝穿套头衫时，一定要把它抻好，用手指把衣领拉一拉。

◎把衣服套在宝宝的头上，同时把宝宝的头略微抬起，撑开右袖后，把宝宝的胳膊放进来，然后是左袖。拉平衣服，同时注意宝宝是否舒服。如果是成套的宽松衣服，需要解开扣子，把衣服弄好放在床上，再把宝宝放在上面。

◎把宝宝的右腿放到裤腿里，然后再放左腿，最后系好衣服。

安全的脱衣方法

◎把宝宝平放在床上，从上向下解开衣服。

◎轻轻地拉出双腿，在必要时，可更换尿布。

◎提起宝宝的双腿，把衣服从宝宝身下滑到肩部。

◎轻轻拉出宝宝的左手，再拉出右手。

◎如果需要脱套头衫，先把衣服卷到颈部，抓好宝宝的肘部，把衣服折成手风琴状，轻轻地拉出胳膊。

◎撑开领口，小心地从宝宝的头上脱下衣服，注意不要触到宝宝的面部。

注意事项

◎给宝宝换衣服，一定要把宝宝放平，即放在换衣服垫上或是床上，这样可以腾出手。

◎换衣服时，一定要加快速度，如果宝宝啼哭，也不必慌乱。

◎妈妈一定要保持冷静，把衣服给宝宝穿好。当宝宝哭泣时，可以用某个东西分散一下宝宝的注意力，如运动的物体等。

如何给本月宝宝洗澡

洗澡，对于新生儿来说是一项有趣而又放松的活动。同时，洗澡还可清洁皮肤促进血液循环和新陈代谢。爸爸妈妈们只要掌握了一定的方法和技巧，就可以好好享受洗澡时与宝宝亲密接触的幸福时刻。

洗澡前的准备工作

爸爸妈妈们先要把自己的手洗干净，摘下手表、戒指等硬物，事先准备好干净的衣服、尿布、浴巾、毛巾以及婴儿沐浴露、洗发水等，放在伸手可及的地方。浴盆中装好38℃左右的温水，注意保持室温在28℃左右。

洗澡的具体步骤

◎**洗眼**：用清洁纱布擦脸，擦眼睛，自内眼角向外眼角擦，纱布洗净后再擦另一只眼睛。

◎**洗头**：用左手托住头，按住两外耳道口，用右手轻轻擦头，不要把头皮擦伤（图①）。

①

◎**洗身体**：按手、胸、腹、膝盖、足的顺序洗，凹进去的部分要用清水仔细地洗。

◎**洗屁股**：臀部较脏，要用宝宝专用的洗浴液认真洗。洗前用一块干净的大毛巾，将宝宝的上半身包起来，防止宝宝着凉。把宝宝扶起来，将他的下半身浸入水盆中。妈妈先在自己手上将浴液打出泡沫。然后一手托住宝宝，一手用打好的泡沫清洗宝宝的肛门、腹股沟和皮肤皱褶处。取一块干净的毛巾，用温水蘸湿，将宝宝的小屁股再清洗一下。再取一块干净的毛巾，将宝宝的小屁股擦干。最后别忘了两边的腹股沟、皮肤皱褶处也要擦干净。

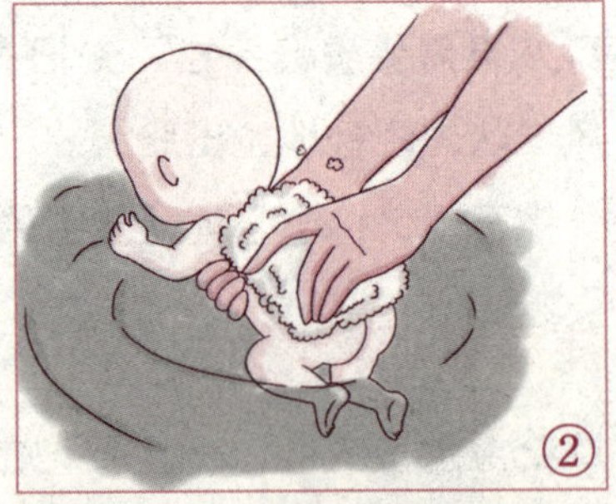

②

◎**洗背**：右手托住宝宝上身， 调转宝宝身体，洗其背部（图②）。

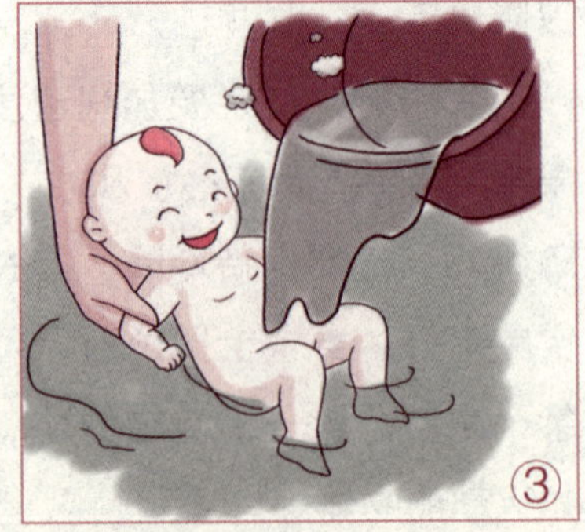

③

◎调水温：在洗澡的过程中要保持水温，随时加一些事先准备好的温水，注意千万不能直接加入开水（图③）。

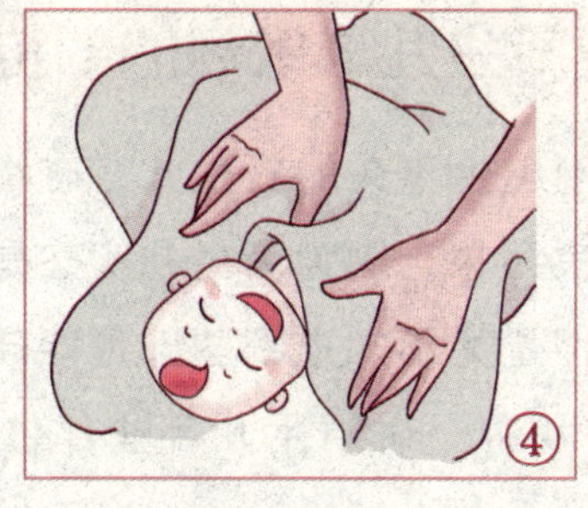

◎擦干身体：先用清水仔细将宝宝身上的洗浴液冲干净，再用预先暖过的、吸水好的柔软毛巾轻轻擦干宝宝的身体（图④）。

◎脐部消毒（参见本书“怎样护理好新生儿的脐部”）、扑粉、穿衣（图⑤）。

下列情况不宜给新生儿洗澡

因为新生儿的抵抗力还比较弱，当遇到一些特殊的情况时，就不宜给新生儿洗澡，下面我们就一起来了解一下。

当新生儿有发热、咳嗽、流涕、腹泻等疾病时，就不宜给新生儿洗澡。但当宝宝病情较轻、精神状况及食欲都比较良好的情况下，也可以适时地洗一次澡，但妈妈的动作一定要快，以防止新生儿受凉而使病情加重。

当宝宝皮肤有烫伤、水疱破溃、皮肤脓疱疮及全身湿疹等皮肤病时，也不宜给新生儿洗澡。

当新生儿患有肺炎、缺氧、呼吸衰竭、心力衰竭等严重疾病时，更不能洗澡，以防宝宝在洗澡过程中发生缺氧等而导致生命危险。

如果新生儿因病暂时不能洗澡，为了让新生儿的身体保持干净舒适，妈妈可以用柔软的温湿毛巾或海绵给新生儿擦拭身体。但由于新生儿身体不适需要更多的休息，所以擦浴时动作一定要轻，从上到下，从前到后快速地擦干。如果新生儿的某处皮肤较脏，又不易擦干净时，可用棉花棒蘸婴儿专用肥皂或婴儿油擦净皮肤，然后再用温湿毛巾把肥皂水或婴儿油擦干净，防止新生儿皮肤受到刺激而发红、糜烂。

总之，妈妈需要注意的是，遇到不能洗澡的情况时不要强行给新生儿洗澡。另外，妈妈在给新生儿擦浴时动作要轻柔，不能太用力，以免将新生儿的皮肤擦破而导致感染。如果不慎将肥皂水或任何刺激性液体流入新生儿眼内要及时进行冲洗。

呵护新生儿最敏感的部位

有很多新妈妈，面对刚出生不久的新生儿，碰都不敢碰，生怕自己一碰就会给宝宝带来什么不良后果。因为新生儿实在是太娇嫩了，新手爸妈都想给宝宝最好的呵护，但是又不知道哪些部位能碰，哪些部位不能碰，有点不知所措。下面我们就讲一讲新生儿哪些部位是最敏感、最需要保护的。

囟门

囟门是宝宝头部没有长合的头骨中间的一片空间，会像脉搏一样搏动。新生儿的囟门分为前囟门和后囟门两部分，前囟门到 1 岁半左右会闭合，后囟门在出生后 3 个月就会闭合。妈妈们平时都不敢触碰新生儿的囟门，虽然囟门很娇嫩，但也不是碰都不能碰。

正常情况下，宝宝的囟门是平的或稍凹陷，并可见轻微的搏动。通过囟门，新妈妈可清晰地判断出宝宝大脑发育状况及某些疾病的变化情况。

如果宝宝的囟门突然鼓起来，用手摸上去略显紧绷，而且宝宝哭闹得比较厉害，并出现发热、呕吐及抽搐等症状，则可能是宝宝颅内压过高，提示宝宝可能患有脑膜炎、脑炎等危险。

如果宝宝的囟门严重凹陷，多半说明宝宝已严重脱水，甚至有可能营养不良。如果囟门 4 个月以内即闭合，可能会出现头小畸形等异常；而 1 岁半还没有闭合，则可能有脑积水、佝偻病等疾病。正因为囟门对宝宝的健康状况有如此重要的作用，所以一般最好不要随便触摸或者碰撞到宝宝的囟门。囟门上有很厚的一层膜保护着，正常情况下的洗头是不会对囟门造成伤害的。

写给父母

宝宝囟门闭合时间存在个体差异，过早闭合则多半与遗传、宫内营养充足、骨化太早等因素有关。

如果发现宝宝囟门闭合过早，应尽量避开促进囟门早闭的因素，也不要过量补充钙和鱼肝油。

小屁股

新生儿的小屁股在刚出生的时候是很娇嫩的，所以护理起来也就比较麻烦。使用尿布时，可以把布尿布和纸尿裤交叉使用。白天和夏天比较热的时候可以使用布尿布，晚上使用纸尿裤。

在新生儿大便后，要用柔软的纸巾和温水为新生儿清洗小屁股，然后再让小屁股自然晾一会儿，不要立刻就用尿布包上。

及时给宝宝更换尿布、清洁臀部，可以有效地预防宝宝臀部发红或疼痛。新妈妈先将宝宝放在床上，解开衣服及尿布，轻轻抬起宝宝的双腿，擦去大部分粪便或者尿液，之后再仔细地清洁宝宝的臀部，具体步骤如下：

1. 用水或洁肤露浸湿脱脂棉，擦洗宝宝的小肚子，直至脐部。

2. 用一块干净的脱脂棉擦洗宝宝的大腿根部，由上向下、由内至外彻底地擦洗。

3. 举起宝宝的双腿，一只手指置于宝宝双踝之间，然后从前往后擦洗宝宝的生殖器官。但女宝宝的阴唇内部不可擦拭。

4. 用纸巾擦干宝宝的尿布区，然后让宝宝的臀部暴露在空气中一段时间，再给宝宝的肛门、臀部等部位擦拭防疹膏。

生殖器官

当男宝宝阴茎出现小块突起，多数可能是包皮过长的表现，要注意清洁，以免脏物堆积成包皮垢。

另外，男宝宝的阴囊若过大，新手妈妈可以用手电筒照射肿胀部位，透光则为阴囊水肿，一般在 6 ~ 12 个月会自然恢复正常，无须太过担心。

当女宝宝突然失去母体激素的刺激，阴唇内会出现白色乳状物，阴道还会分泌白色黏稠物或血丝。这种情况别太担心，一般 1 周岁以后会自动消失。

写给父母

一般情况下，解开男宝宝的尿布后最好停留在他的阴茎处几秒钟，以免宝宝再撒尿。擦拭防疹膏时，女宝宝的外阴四周、阴唇也应擦拭一些，男宝宝的阴茎以上部位、睾丸附近也需要广泛擦拭。

怎样抱新生儿

新生儿颈部较软，妈妈怎样才能从床上舒适地把新生儿抱起来呢？其中有一些要领需要妈妈们掌握，可以参考一下以下的方法：

1. 先把两只手放在仰卧在床上的新生儿颈下，并轻轻托起其头部。

2. 插入腋下的右手从上向下移到新生儿的臀部，并用左手掌托住头部，注意不要只抬起头部。

3. 妈妈的身体要靠近新生儿，双手小心地将新生儿的身体抱起。

4. 竖着抱时可以让新生儿贴在妈妈身体上，妈妈用双手分别托住新生儿的头部和臀部。

5. 想换成横着抱时，要先让新生儿的身体重量落在妈妈的身上，然后挪动托在宝宝颈部后的左手，让新生儿的颈部完全靠在妈妈的左臂肘上，右手依然托着臀部。

将新生儿的头部贴近妈妈的左胸前，就可以听见妈妈的心跳声，这样能让新生儿心里感到安全。天冷的时候，妈妈每次抱新生儿前，都要先注意保暖一下双手，以免太凉。

怎样护理好新生儿的脐部

新生儿的脐部是一个细菌容易繁殖的地方，如果护理不当，宝宝很容易遭受感染，导致发炎，严重者还会引起菌血症和败血症。因此，新手妈妈一定要精心护理。

脐部护理原则

保持干燥

宝宝脐带脱落前应保持脐部干燥，尤其洗澡不慎弄湿时，应先用干净的小棉签擦干后，再进行脐带护理。

避免摩擦

挑选纸尿裤时应注意大小是否合适，不要使纸尿裤的腰际挤压脐带根部，以免摩擦导致脐带根部破皮、出血。

避免闷热

禁止将乳液及油类护肤品涂抹于脐带根部，以免引起脐带根部发炎。

脐部护理要点

◎在给宝宝护理脐部前，护理者一定要彻底洗手，避免手上带有细菌。

◎脐部护理原则上是在宝宝沐浴后进行。如果宝宝的脐部显得较潮湿或是有发炎状况，每天需护理 2 ~ 3 次。

◎切忌让大小便污染脐部。若脐部被弄脏，必须在清理后做脐部护理。

◎尿布、纸尿裤不要包住脐部，不要让湿衣服或尿布捂住脐部，如果覆盖的衣物湿了要及时更换。

◎一旦发现宝宝脐部红肿、有分泌物或是有臭味，应立即带宝宝就医，切不可自行处理。

写给父母

不少婴儿在哭闹时，脐部就明显凸出，这是由于婴儿的腹壁肌肉还没有很好地发育，脐环没有完全闭锁，如增加腹压，肠管就会从脐环突出，而形成脐疝。

如果您的宝宝患有脐疝，应注意尽量减少给宝宝增加腹压的机会，如不要让宝宝无休止地大哭大闹；有慢性咳嗽时要及时治疗；调整好宝宝的饮食，避免宝宝发生腹胀或便秘。随着宝宝的长大，腹壁肌肉的发育稳定，脐环闭锁，脐疝多于 1 岁以内便完全自愈，无须手术治疗。但如果脐疝越来越大，脐环直径超过 2 厘米，甚至发生肠管嵌顿，应及时带宝宝到小儿外科就诊。

脐部日常护理方法

宝宝的脐带应该在出生后 7 ~ 10 天脱落。在脐带脱落前，不要让宝宝的排泄物接触到脐部，而且每次洗澡后都要及时进行脐部护理。脐带脱落后，脐部清洁护理仍要坚持一段时间。

准备工作

无菌棉签、浓度为 75%的乙醇（酒精）或医院提供的消毒液 1 瓶、纱布 1 包。

步骤

脐带脱落前

1. 在给宝宝沐浴后，用干棉签蘸干脐窝里的水。取 2 ~ 3 根棉签，在 75%的酒精中浸湿后提出，记得一定要将棉签完全浸湿。用手提起小线，宝宝脐带根部露出来后，用浸湿的棉签自内而外消毒脐带残端。即依“脐轮→脐窝→脐周”顺时针方向由内向外擦拭 2 遍（图①）。

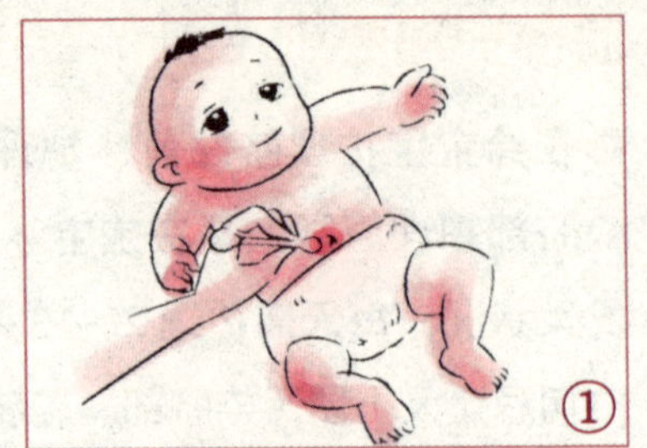

2. 消毒后，用普通的无菌纱布包覆脐部；如果脐部较为干燥，在消毒后可不必再包纱布（图②、图③）。

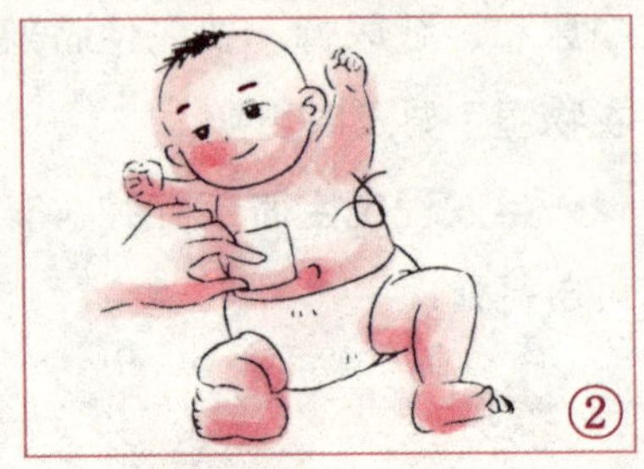

3. 如果宝宝脐部的干燥状况良好，则完成以上步骤后可给宝宝包上尿布或纸尿裤，需要注意的是，一定要记得将纸尿裤的边缘反折，避免直接压迫和摩擦到宝宝的脐部。

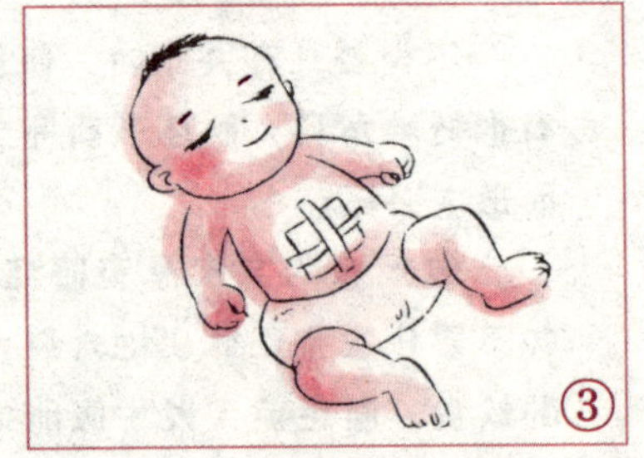

脐带脱落后

每次洗完澡后同样需用干棉签蘸干脐窝里的水，应继续用 75％的酒精消毒，直至分泌物消失。

怎样护理好新生儿的指甲

宝宝出生后的 4 周以内最好不要给他剪指甲，以免宝宝哭闹起来不慎伤及皮肉。但如果宝宝的指甲已经达到“毁容”的境地，新妈妈还是要想办法给他修剪指甲。指甲软的时候最容易剪，因此宝宝刚洗完澡最适合剪指甲，一般 1 分钟以内就可以轻松地修剪好宝宝的手指甲和脚趾甲。

剪指甲的标准动作：新妈妈用一只手的拇指和食指牢牢握住宝宝的手指，另一只手拿指甲剪从指甲边缘的一端沿着指甲的自然弧度轻轻地转动，将过长指甲剪下即可。不要让指甲剪紧贴指甲尖端，以免剪到指甲里的嫩肉。

写给父母

如果误伤了宝宝的手指，应尽快用消毒纱布或棉签压住伤口，至止血为宜，然后抹上一点儿软膏消炎或者用医用酒精消毒。

听懂新生儿的哭声

健康的啼哭

宝宝正常的啼哭声抑扬顿挫、不刺耳、声音响亮、节奏感强。每天累计啼哭的时间可达 2 小时，这是宝宝表达意愿和运动的一种方式。宝宝正常的啼哭一般每天 4 ~ 5 次，同时也不会有其他特别的征象，不会影响饮食、睡眠和玩耍，每次哭的时间较短。如果经常触摸他或朝他笑笑，或把他的两只小手放在腹部轻轻摇两下他就不会哭了。

意向性啼哭

意向性啼哭时宝宝头部不停地扭动，哭声平和，带有颤音，妈妈来到了宝宝面前，啼哭就会停止，宝宝双眼会盯着妈妈，一副着急的样子，嘴里还会发出声音，小嘴唇翘起，这就是要你抱抱他。

过饱性啼哭

过饱性啼哭多发生在喂哺，哭声尖锐，两腿屈曲乱蹬，有溢奶或吐奶的现象。若把宝宝腹部贴着妈妈的胸部抱起来，哭声会更厉害，甚至会发生呕吐。过饱性啼哭不用哄，哭可促进消化，但要注意防止溢奶。

口渴性啼哭

口渴性啼哭时宝宝表情不耐烦，嘴唇干燥，经常伸出舌头，舔嘴唇；当给宝宝喂水时，哭声会立即停止。

饥饿性啼哭

宝宝饥饿的哭声里带有乞求，声音会由小变大，很有节奏，不急不缓，当妈妈用手指触碰宝宝面颊时，宝宝会立即转过头来，有吸吮动作；若把手拿开，不进行哺喂，宝宝会哭得更厉害。一旦进行哺喂，哭声就会立刻停止。吃饱后不会再哭，还会露出笑容。

尿湿性啼哭

尿湿性啼哭强度较轻，大多在睡醒时或吃奶后啼哭；哭的同时两腿会蹬被。当妈妈为宝宝换上干净的尿布时，宝宝就不哭了。

亮光性啼哭

有的宝宝白天睡觉很安稳，可是到了晚上睡觉的时候就会哭闹。可能是由于宝宝白天睡得太多了，一到晚上就会哭闹不止。

当有灯光时，哭声就会停止了，眼睛睁得很大，眼神很灵活。这就是由于白天睡得过多所致，应逐渐减少宝宝白天的睡眠时间。

寒冷性啼哭

寒冷性啼哭哭声低沉，有节奏，哭时肢体基本不动，小手发凉，嘴唇发紫；当给宝宝加衣被或把宝宝放到暖和的地方时，哭声就会停止了。

害怕性啼哭

害怕性啼哭指哭声突然发作，刺耳，伴有间断性嚎叫。害怕性啼哭多由于害怕黑暗、不敢独处；害怕小动物、打针吃药或听到突如其来的声音等所致。此时要细心体贴照看宝宝，消除宝宝恐惧的心理。

疼痛性啼哭

当有异物刺痛、虫咬，或是硬物压在身下等，都会造成宝宝疼痛性啼哭。哭声比较尖利，妈妈要及时检查宝宝的被褥、衣服中有无异物，皮肤有无蚊虫咬伤。

困倦性啼哭

困倦性啼哭时哭声呈阵发性，一声声不耐烦地嚎叫，这就是习惯上称的“闹觉”。宝宝会有这种反应，常因室内人太多、噪声很大、空气不流通、室温过高所致。让宝宝在安静的房间躺下来，很快就会停止啼哭，安然入睡。

燥热性啼哭

燥热性啼哭时宝宝多大声啼哭，不安，四肢舞动，颈部有很多汗；当给宝宝减少衣被或把宝宝抱至比较凉爽的地方时，宝宝就会停止啼哭。

便前啼哭

便前肠道蠕动加快，宝宝会感觉腹部不适，便前啼哭哭声低，两腿乱蹬，妈妈要及时把便。

伤感情啼哭

伤感情啼哭时哭声持续不断，有眼泪。例如宝宝已经养成了定时洗澡、换衣服的习惯，当不给他洗澡、不换衣服或尿布不柔软时，宝宝就会因为感到伤感情而发生啼哭。

吸吮性啼哭

吸吮性啼哭，多发生在喂水或喂奶 3 ~ 5 分钟后，哭声突然阵发。原因往往是因为水、奶过凉或过热；也可能是因为奶头孔太小，吸不出乳汁，或是奶头孔太大，乳汁太冲，呛奶等。

因生病而啼哭

因生病而啼哭， 宝宝的哭声没有规律，声音低沉，短而无力甚至呈呻吟状，同时反应淡漠，不吃奶，发热或体温不升高，发现这种状况应及时到医院检查。

生理性啼哭对宝宝有好处

宝宝出生后成了全家人的最爱，家人对宝宝呵护备至，怕热着、怕冻着、怕撑着，生怕宝宝受到一点点委屈，只要一哭，马上就把宝宝抱起来哄。时间长了，宝宝就会在床上一会儿也待不住，甚至连睡觉也要抱着，使大人和宝宝都休息不好，其实，这对宝宝的身心发育没有好处。

虽然宝宝需要多关心和照顾，但并不是不让宝宝哭，因为适当的哭闹可以锻炼宝宝的心肺功能，能促进胸廓、心、肺的发育，还能促进神经系统和消化系统的发育，这种哭属于宝宝的生理性啼哭，声音抑扬顿挫，很响亮，与此同时宝宝的进食、睡眠及玩耍都很好，每次哭的时间很短。此时妈妈只要轻轻地抚摸宝宝就能让宝宝停止啼哭。

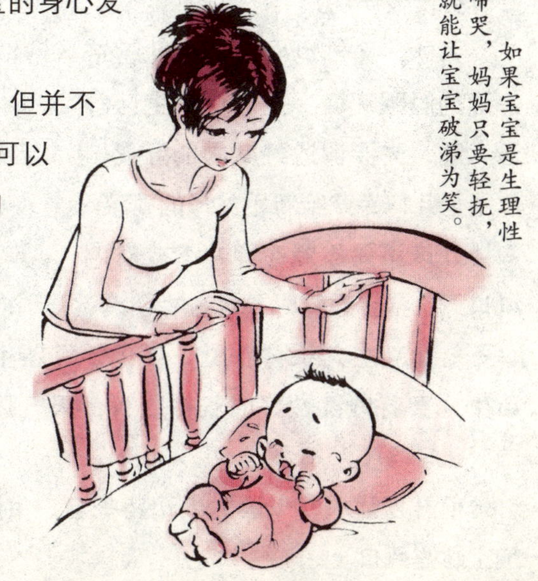

如果宝宝是生理性啼哭，妈妈只要轻抚，就能让宝宝破涕为笑。

新生儿可以用枕头吗

刚出生的宝宝最好不要用枕头，因为新生儿的脊柱是直的，尚未形成生理性弯曲，故不宜使用枕头。另外，新生儿头部较大，基本与肩宽相等，平睡、侧睡都很自然，不需要枕枕头。当宝宝 3 个月大时就可以开始用枕头了。不过，家长一定要根据宝宝发育的变化及时调整枕头的高度。

新生儿夜间护理的要点

新生儿夜间醒来的次数相当频繁，所以父母要先了解新生儿会因为哪些原因而醒来，并事先合理有序地安排好夜间护理新生儿的必需品，用最快的速度进行合理的处理而使新生儿感到满意。这样不仅可以让新生儿有一个高质量的睡眠，同时也可以减少新手爸妈睡眠不足的烦恼。

新生儿夜里可能出现的问题：

◎室温过冷或过热、衣服或被子不舒适。

◎被蚊虫叮咬。

◎感到饥饿或口渴。

◎有尿意或尿布潮湿。

◎睡卧姿势不好，引起肢体疼痛麻木、呼吸困难。

◎有突发性疾病。

父母为宝宝营造舒适的睡眠环境，便于宝宝夜间安静入睡。

另外，父母也要为新生儿营造舒适的睡眠环境。要想让新生儿舒适入睡，先要调适好室内的温度，以下是儿科专家给新手父母的建议：

◎婴儿床不要放置在窗户下或空调风口下。宝宝睡觉时要尽量将空调调整到自然风或者微风状态。

◎不能让新生儿裸体睡觉，要保护好新生儿的小肚子。天气凉的时候可让新生儿穿着透气性好的长袖衣裤；天气热的时候可用薄单将新生儿的肚子围起来。

◎睡前开窗通风，入睡时要记得把窗户关起来。如夜里开窗，也尽量不要让宝宝睡在风口。

正确清洗乳痂和脂溢性皮炎的步骤

有些新生儿特别是较胖的新生儿，刚出生的时候头顶前囟门的部位都会有黑色或褐色鳞片状融合在一起的皮痂，不容易进行清洗。这种皮痂俗称“胎垢”，又称乳痂，是由新生儿头皮皮脂腺分泌物与灰尘积聚而成的一种物质，越是不进行清洗，积聚的乳痂就会越厚，短期内对新生儿健康的影响不会太明显，但是时间长了，就会成为细菌生长的温床。

乳痂不仅不好看，而且会影响家长和医生观察新生儿的囟门，这样就不利于家长和医生及时发现异常情况，从而影响到新生儿的健康，所以父母要及时为新生儿清洗乳痂。

那么，怎样清洗乳痂才是正确的？首先要分清楚新生儿是结成了乳痂还是患了脂溢性皮炎。因为这两者的清洗方法有一定的差异。

乳痂

由于新生儿头皮的皮脂腺分泌功能旺盛，分泌物如果不能及时进行清洗，就会和头皮上的其他物质积聚在一起，时间长了就会形成一层厚痂，这就是乳痂。这是一种正常的现象，不需要进行专门的治疗，妈妈只要在家里自行清理即可。

清洗步骤

1. 给新生儿洗头之前，妈妈可以先在新生儿头上擦一点宝宝油或是橄榄油。

2. 将新生儿的头抱在妈妈的一只手上，背部靠在妈妈的前臂上，再将新生儿的腿放在妈妈的肘部。

3. 妈妈的另一只手呈环状，轻轻地将温水淋在新生儿的头上，注意要避免将水溅到新生儿的眼睛里。最后再用宝宝专用洗发液把全部头垢冲洗掉就可以了。

4. 最后将新生儿抱在妈妈的膝盖上，用另一条干毛巾将新生儿的头轻轻抹干。

注意事项

不要揭痂以免引起感染。

脂溢性皮炎

婴儿脂溢性皮炎是一种有特殊分布的红斑鳞屑性皮肤病，具体病因仍未完全找出，一般于宝宝出生后 3 ~ 4 周发病。

皮肤表现为边缘清晰的淡红色斑疹，表面覆以灰黄或棕黄色油腻性鳞屑和痂皮，易出现在宝宝头顶、前额、双眉、鼻翼凹、耳后等处。头皮受到此病症损伤较重的宝宝，头部患处会形成层层黄痂，容易受到继发的细菌感染。除头部外，周身上下无明显症状，基本上不会产生瘙痒感。此病症的表现与婴儿湿疹不同，后者为红斑状丘疹，易出现在面颊、额、胸、肘及腋窝等处，伴随有剧痒及周身不适感。当然，脂溢性皮炎若病程超过 2 个月，其严重程度可与湿疹相提并论。

宝宝患上脂溢性皮炎，家长在护理上要注意以下几点：头皮上的污痂皮及鳞屑不能用肥皂水洗，不要撕揭痂皮以免患处受到感染。可用含 2%水杨酸的花生油或烧开冷却后的食用植物油轻抹患处数次，而后涂以含抗生素或含激素的软膏，如醋酸氢化可的松软膏、3%硫黄软膏或 3%氧化氨基汞软膏；口服维生素 B_2、维生素 B_6 或复合维生素 B 等亦能使对患处的治疗达到一定的效果，注意切勿擦破患处的皮肤。

预防新生儿头垢的方法

新生儿出现头垢，除了先天性遗传，很大一部分的原因是由于妈妈日常护理的失误造成的。为了让新生儿拥有一头健康乌黑的头发，就要从预防头垢做起。

勤洗头

致病真菌会加重头垢的产生，所以经常为新生儿洗头，可以减少头垢的形成。而且经常洗头还可以使头皮得到良性的刺激，避免头皮发痒、起疱，甚至发生感染，也可以促进新生儿头皮生发和生长。

水温要适宜

家人给新生儿洗头时水温最好控制在 37 ~ 38℃。因为水太凉不易去除头皮上的污垢，水太烫则容易烫伤新生儿的皮肤，所以给新生儿洗头的时候，最好用手先试一下水温。冬季的水温可以略比夏天的高 3 ~ 5℃。

选择专业的宝宝洗发水

给新生儿洗头的时候要选择宝宝专用洗发水，不能用成人的。因为成人用品碱性过强会破坏新生儿的头皮皮脂，造成头皮干燥发痒，缩短头发寿命，容易使头发脱落。另外，由于新生儿的泪腺功能还没有发育成熟，所以无泪配方的宝宝专用洗发水是最佳选择。

采用正确的洗头方式

给新生儿洗头的时候千万不能用手指抠挠新生儿的头皮。

正确的做法是：用整个手掌轻轻按摩头皮；洗头时妈妈也不能用手指甲抓洗新生儿的头部，以免抓破新生儿娇嫩的皮肤。如果妈妈的手比较小，盖不住新生儿的两个耳洞，也可以用棉花轻轻地塞住新生儿的两耳外耳道，以防止新生儿耳道内进水。

适时安慰

在给宝宝洗头的时候适时给予宝宝感情安慰特别重要。在洗头时要让宝宝的身体尽量靠近妈妈的胸部，可以离妈妈的上身近一些，使宝宝的头部不至于过分倒悬，稍微倾斜一点即可，洗头的同时妈妈可轻声说几句温馨的话安抚宝宝。

选择合适的梳子

洗头的作用固然重要，但是梳头的作用也很大。因为梳理头发能刺激宝宝的头皮，并能够促进宝宝头发生长，对头垢也有很好地预防作用。

在给宝宝梳头时，不要使用过硬的梳子，最好选用橡胶梳子，因为橡胶梳子既有弹性又很柔软，不会损伤到宝宝稚嫩的头皮。同时要注意梳子齿距要宽一些，梳齿也要比较圆润。

选择正确的梳头方式

妈妈在梳理宝宝的头发时，一定要顺着宝宝头发自然生长的方向梳理，动作和用力要保持一致，不能按照自己的意愿，强行把宝宝的头发梳到相反的方向。梳理时可以用一只手扶住宝宝的头部，以减少宝宝头皮的受力程度，避免头发受力脱掉，并可减轻疼痛。

多晒太阳

适当接受阳光照射对宝宝的头发生长非常有益，因为紫外线可以促进头皮的血液循环，从而改善头发质量。值得注意的是，当外面阳光特别强烈的时候，不要让阳光直接晒到宝宝的头皮。最好戴上一顶遮阳帽，防止晒伤。

慎用吹风机

如果是选择在晚上给宝宝洗头，最好让宝宝的头发自然风干，不得已的情况下才能使用吹风机。在给宝宝使用吹风机的时候要使用低温，而且要注意不能将吹风机离宝宝过近，以防伤害到宝宝脆弱的头发和稚嫩的头皮。

睡眠要充足

由于宝宝的大脑还没有发育成熟，因此很容易感到疲劳，如果睡眠不足，就容易出现生理紊乱的现象，从而导致宝宝食欲不振、经常哭闹及容易生病，间接地也会导致头发的生长情况。

通常情况下，刚出生的新生儿，每天至少要保持 20 个小时的睡眠。

只有保障宝宝有充足的睡眠才能有健康的身体。

新生儿面部的日常照顾方法

新生儿因为不适应新环境，很容易出现面部发红、湿疹、水肿等问题。面对这些情况，妈妈们光着急是没有用的，要学会正确的护理方法。

口腔护理

宝宝每次喝完奶后喝一口水，可以有效地冲净口中残留的奶液。若宝宝喝奶后立即入睡，难以喂水，新妈妈可以于每日早晚两次用沾有水的消毒棉棒轻轻地伸入宝宝的口腔中清理。

鼻腔护理

新生儿鼻腔内一旦分泌污秽物，新妈妈要尽可能地将其清理干净，以免结痂。其中最有效的方法是：将消过毒的纱布一角按一定方向揉成条状，轻轻地放入宝宝的鼻腔内，并按照相反方向一边转动一边往外拉，鼻腔内的分泌物也会随之被带出。若是没有纱布，也可以用消毒棉签，但动作一定要轻柔，以免伤及鼻黏膜。如果宝宝鼻腔内的分泌物过多，可以使用吸鼻器。

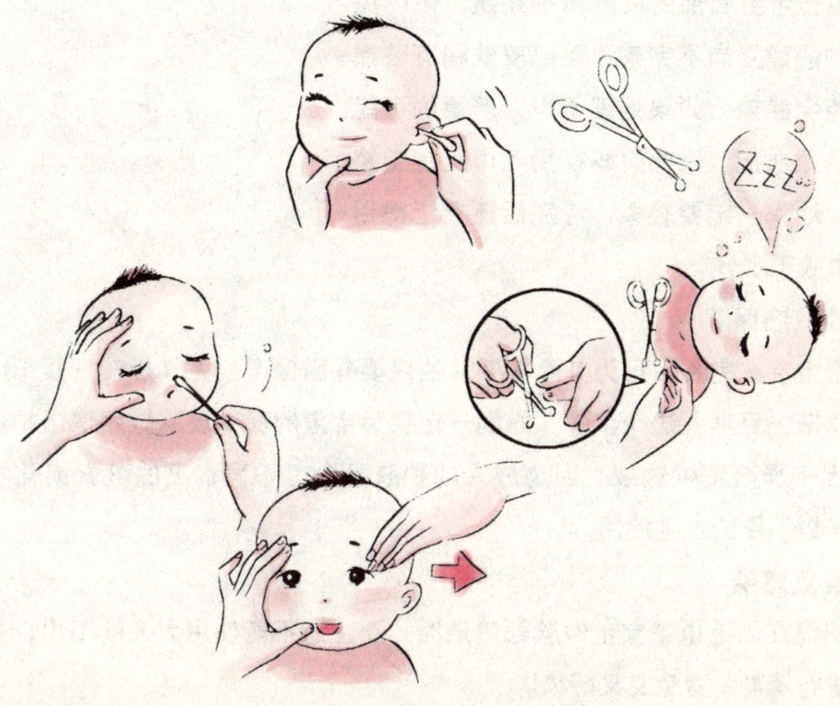

日常面部护理

室温水温要恒定

室温最好能保持在 20 ～ 25℃，水温则尽量应保持在 37 ～ 40℃，并要避免凉风直接吹到宝宝的脸上，以免宝宝感冒着凉。

从眼擦洗到嘴

妈妈右手将一块小毛巾沾湿后略挤一下，先擦洗宝宝的双眼。注意小毛巾擦过一只眼后要换一侧擦洗，然后将小毛巾放入水中清洗一下，再擦前额、面颊部及嘴角，拧干小毛巾后再擦干面部。

清理鼻腔与外耳

给宝宝洗完澡换上干净衣服后，将宝宝抱起，用消毒棉棒擦净宝宝鼻腔分泌物及外耳道的积水。

注意动作一定要轻柔，棉棒不能探入宝宝的鼻腔和耳道深处，只在外围处理一下即可，以免损伤宝宝的耳道。专家建议，最好每天给宝宝洗两次脸，这样才能起到良好的预防疾病作用。

给宝宝擦脸时动作要轻柔

由于宝宝面部的皮肤特别娇嫩，体内免疫机制的建立尚不完善，面部皮肤稍有破损就可能会感染，如果处理不当，严重的可能会导致败血症。因此妈妈在用毛巾给宝宝擦脸时，动作一定要轻柔，洗完后还要记得用干毛巾吸干水分。

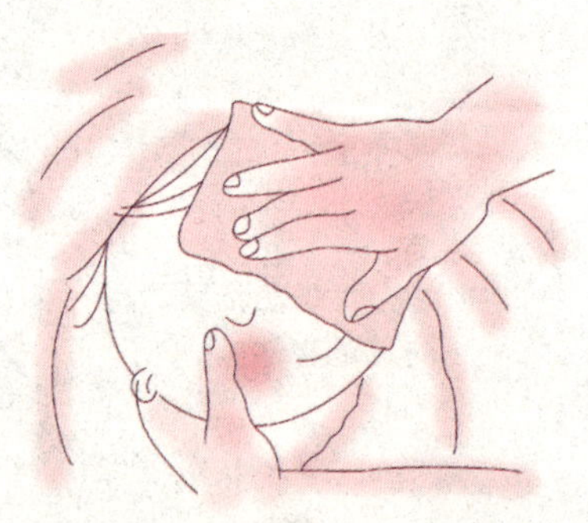

涂抹婴儿油保湿

给宝宝洗完脸后可为其涂抹婴儿油或婴儿霜保湿，尤其是在气候干燥的冬春季节，更需要这个步骤，妈妈一定要为宝宝的面部皮肤做好保湿护理，避免因干燥而发生皴裂。因为成人的护肤品含有不同程度的激素或化学成分，所以不要给宝宝使用。

避免交叉感染

妈妈在用毛巾帮宝宝做脸部清洁时，要注意不能使用大人的毛巾，并要定期进行消毒，避免交叉感染。

新生儿的四季护理

春：保暖、抗菌、防风沙

春季空气湿度不是很强，尤其北方地区，室内最好常开加湿器，保证湿度适宜。春季病毒更容易滋生，新妈妈需要为宝宝抗菌、增强抵抗力，以免病菌入侵。

北方的春季还有一个特点，即风沙大，所以扬尘天气不宜开窗，以免风沙吹入室内，刺激新生儿的呼吸道，引起过敏及呼吸道疾病。

夏：防脱水、讲卫生、别着凉

夏季汗液分泌过多，新妈妈对新生儿的皮肤护理要更为周到，首先要经常给宝宝洗澡，保持其皮肤清洁。长了痱子的宝宝尤其要注意清洁。其次，最好不要用尿不湿长时间兜住宝宝的臀部，以防尿布疹的发生。

室内若是开了空调或者电风扇，不要让冷风直吹宝宝。

秋：防腹泻、补充维生素 D

为了让宝宝更好地迎接冬天的到来，新妈妈应在宝宝出生半个月后开始给他补充维生素 D，并经常让宝宝晒太阳，做好保暖和防风工作。

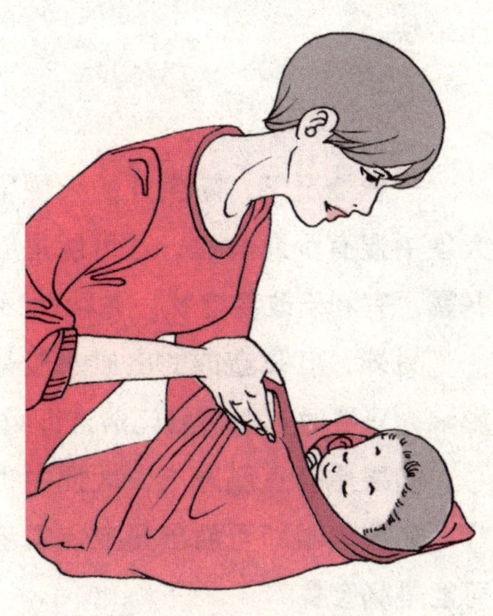

带宝宝外出时，要包裹好宝宝，做好保暖、防风工作。

冬：保暖是关键

南北方的冬季气候特征有明显的差别，新妈妈在照顾宝宝时也要有所区别。

在北方，室内最好开取暖设施，并保证室内湿度适宜，以免新生宝宝受冷或太干燥而损害健康。

在南方，新妈妈可开空调给宝宝取暖，但最好每隔 1 ~ 2 个小时开窗换气。

新生儿出现异常该如何护理

人们常说，月子里的宝宝不易生病。这并不是绝对的，也并不表示宝宝不会出现异常情况。新生儿时期，有些宝宝会出现头形不正、双足内翻、体重下降、斜颈等问题，新手爸妈们需要科学合理地呵护。

头形不正的护理

想要让新生儿的头形长得对称，必须在宝宝出生后就经常观察他的头形，一旦发现某一侧有凹陷的情况，就应把这一侧垫高，坚持让宝宝朝头部凸的那一面睡觉。另外，新妈妈也可以在宝宝的头下放一个横着展开的长毛巾，趁宝宝熟睡的时候慢慢地拖动毛巾来带动宝宝的头部活动，还不会吵醒宝宝，但要注意，动作一定要轻柔。

父母一定要明白头部左右不对称的情况是普遍存在的，而且多少都会有些不正，不用为了纠正宝宝的头形而花费太多精力。父母最好在宝宝出生后的一个月内矫正宝宝的头形，因为这一阶段宝宝还不会翻身，矫正得比较快。

大便有血的护理

一般情况下，新生儿的大便里不应混有血丝。当宝宝排出干燥大便，且大便中混有少许鲜血，这可能是肛门裂伤引起的，新妈妈可以给宝宝用点开塞露，有利于改善症状，并帮助顺利排便。

另外，肛裂造成的出血一般都不会太多，对宝宝的身体健康不会有太大影响，只要时刻保持肛门清洁即可。

如果患有直肠息肉，大便中也会混有鲜血。这些情况应该上医院确诊治疗。如果肉眼即可看出是血便或者血便与黏液混合，而且宝宝总是啼哭，则可能是肠套叠。

如果大便成血水样或果酱样，宝宝还有点发热、腹胀、呕吐等，则注意血性坏死性小肠结肠炎；还有些宝宝的大便呈黑绿色，化验后才能发现血丝。这些情况都应去医院进行全面检查，并及时治疗。

唇裂与腭裂的护理

唇裂即为兔唇，是一种比较常见的口腔颌面部先天性畸形。腭裂，专指宝宝口腔上腭出现缺裂。症状较轻者仅上腭前部有缺裂，严重者整个上腭、齿槽及鼻孔都有缺裂。兔唇的发生率高于腭裂，且腭裂发生的同时多伴有唇裂。

如果宝宝只是单纯患有唇裂，一般不会影响正常饮食。出生后 6 个月左右就可以进行修补手术，效果一般较好。

如果宝宝患有腭裂，就会影响宝宝的正常进食，比如宝宝喝奶时容易呛奶或者吮吸无力，前者可能引发肺炎，后者则会导致宝宝吃不饱而造成发育迟缓或停滞。

这样的宝宝在日常喂养中要高度注意。首先要保证宝宝喝奶时身体位置端正，喝奶的速度不宜太快。也可以将乳汁挤出来，倒入奶瓶中给宝宝喂食，甚至可以用吸管一滴滴地滴入宝宝的口中。另外，腭裂宝宝要在 1 ~ 3 岁进行修补手术，手术后更要加强宝宝的语言训练。

写给父母

唇裂或腭裂宝宝可能存在其他骨骼畸形症状，还比较容易出现扁桃体及增殖体肥大、中耳炎、慢性咽炎等，平时应加强宝宝的保健措施和体格检查。

双足内翻的护理

新生宝宝出生后总是双腿弯曲，双足自然就会呈现内翻现象，这多半是因为妊娠期间胎宝宝在子宫内双足受压而使肌肉力量发展不均衡。这一现象比较常见，且不属于畸形症状，一般在出生后几周内可自行恢复正常。这种现象与先天性足畸形——马蹄内翻足类似，要注意区别。前者足内侧软组织比较松弛；后者则较紧，且脚不能轻易地向脚背弯曲。

尿布疹的护理

尿布疹多见于新生宝宝，专指被大小便浸湿的尿布未得到及时更换，使得尿液中的尿素被粪便中的细菌分解而形成氨，进而刺激宝宝皮肤而引起感染。

另外，若尿布未彻底洗净或长期使用塑料及不透气材质的尿布，都可能使宝宝的臀部皮肤受到一定刺激，从而引发尿布疹。

为了防止宝宝出现尿布疹，妈妈一定要给宝宝准备纯棉材质、吸水性和透气性俱佳的尿布，便于清洗、晾干和消毒；尿布还要经常清洗，且洗后要用开水烫一下。

如果宝宝已经出现了尿布疹，则可用温水清洗，千万不要用热水和肥皂，以免刺激皮肤。如果清洗宝宝时哭闹不停，也可以让宝宝在温水盆中边玩边洗。洗干净后可以涂抹上护臀膏等。不太冷的话也可以让宝宝的小屁股暴露在空气中一段时间，以便更好地消除皮疹。

尿布疹宝宝不能使用爽身粉，以免加重症状。因为粉状物遇到水后很容易结块，不但不能保持干燥，还会刺激皮肤。

若是尿布疹比较严重，以上护理方法没有效果，则可到医院做治疗，比如红外线照射就是不错的理疗手段。

湿疹的护理

湿疹是新生宝宝常患的皮肤病变，一般呈对称分布，以头、面部及四肢等部位较为多见，且屈侧更普遍。湿疹一般在出生后 40 天左右发病，新生儿期也有发病的，但概率较小。湿疹大多由一系列内因和外因引起。

内因方面，家庭成员中有过敏史都会引起新生宝宝湿疹。外因方面，新生宝宝对某些食物天生过敏，如牛奶，甚至连阳光、寒冷、湿热、婴儿护肤品等都有可能会引发产生湿疹。而生活环境、气候条件等也可能会使湿疹症状加剧。

新生宝宝一旦奇痒无比，甚至严重影响睡眠，导致全身发热，新妈妈可准备维生素 C、钙片等捣碎后让宝宝内服，也可以求助于医生选用合适的湿疹膏。

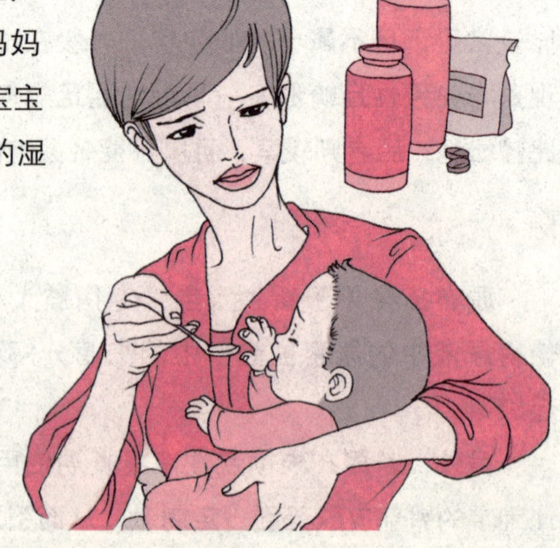

新妈妈可准备维生素 C、钙片等捣碎后让宝宝内服。

斜颈的护理

新生儿出生后有点斜颈，或者出生后2～3周才出现斜颈，一定要及时进行纠正，以免引发严重问题，如颅骨发育不对称、脊柱侧弯等。多是由一侧胸锁乳突肌挛缩造成的，可发现宝宝颈部有硬硬的且并不会引起疼痛的梭形肿物，2～4周后会逐渐增大，然后慢慢地退缩，一般2～6个月便会慢慢地消失。

新生宝宝一旦确定斜颈，可先对其肿胀部位进行轻柔的按摩，然后反复伸展挛缩的胸锁乳突肌。每天进行多次，每次时间长短可自行把握。另外，可利用睡姿、喂奶等姿势来纠偏。

宝宝眼睛斜视的预防方法

◎**眼内斜的原因**。父母总是对宝宝关怀备至，有时宝宝被抱在胸前，大人和宝宝常处于近距离相互凝视状态；当宝宝躺在床上，父母会递上些玩具任其在胸前玩耍，或用鲜艳的东西不断挑逗宝宝；很多父母喜欢在宝宝的床栏中间系一根绳，上面悬挂一些可爱的小玩具。如果经常这样做，宝宝的眼睛较长时间地向中间旋转，就有可能发展成内斜视。

◎**眼外斜的原因**。由于宝宝长期躺在床上，床靠墙边者居多，大人在喂养或与宝宝说话时也多在同一个方向，这样，宝宝会习惯性地总注视一个方向，久而久之就会造成宝宝外斜视。

◎**预防方法**。预防宝宝斜视重在消除引起斜视的原因，尽量使宝宝不要注视近距离及同一方向的物品。

如果发现宝宝在4个月时已有斜视，可试用以下简单方法调节：如果是内斜，父母可在较远的位置与宝宝说话，或在稍远的正视范围内挂些色彩鲜艳的玩具，并让宝宝多看些会动的东西；如果是外斜，可经常转换大人与宝宝间的视觉，让宝宝更换睡觉方向，并采取和调节内斜相反的方法，也可让宝宝先注视一个目标，再将此目标由远而近直至鼻尖，反复练习，这有助于增强双眼的聚合能力。

鼻子不通气

新生儿鼻子不通气怎么办呢？因为新生儿的鼻腔短小、鼻道窄、血管丰富，与成人相比更容易发生炎症，鼻子不通气导致新生儿不能很好地吃奶，情绪烦躁、哭闹、张口呼吸，所以保持新生儿呼吸道的通畅，就显得尤为重要。

新生儿鼻子不通气可以采取以下方法处理：把母乳点一滴在新生儿的鼻腔中，使鼻垢软化后，再用棉丝等物刺激鼻腔使新生儿打喷嚏，利于分泌物的排出；或用棉签蘸一点温水，轻轻伸入鼻腔内清除分泌物。注意动作一定要轻柔，千万不能用力过猛而损伤黏膜，造成鼻出血。

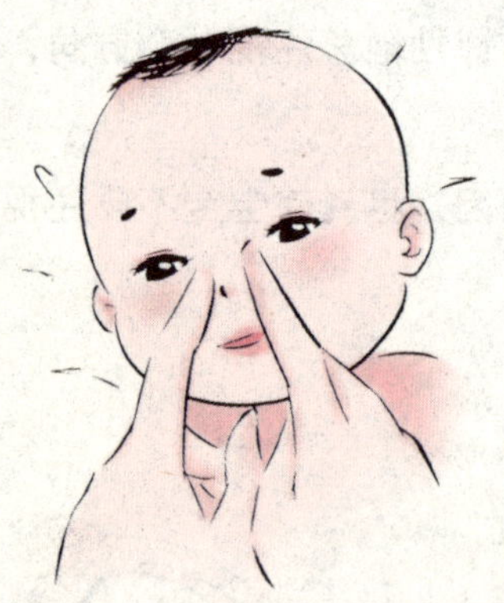

如果没有分泌物堵塞，可以用温热毛巾热敷在鼻子根部，也能起到一定的通气作用。治疗鼻子不通气，还可以遵医嘱使用一些能促使鼻黏膜血管收缩的药物，当新生儿非用不可时，注意1天最多只能滴1～2次，因为长时间用药可能会产生依赖性，造成药物性鼻炎。

宝宝突发呼吸异常的应对方法

呼吸困难

新生儿呼吸困难的早期表现为呼吸次数增加、呼吸浅表、急促，进而表现鼻翼翕动，再重时可以看到三凹征（即锁骨上窝、胸骨上窝及肋间隙3个部位同时凹下），同时宝宝出现面色及口唇发青，严重时出现呻吟样呼吸、吭吭样呼吸或呼吸暂停，这些均表示病情进一步恶化。新生儿病情变化快，应早期发现、早期治疗，如果遇病情恶化，应及时送医院抢救。

窒息

胎儿娩出后，凡能使血氧浓度降底的任何因素都可以引起窒息。

引起新生儿窒息的主要原因是呼吸中枢抑制、损害，或呼吸道阻塞。宫内缺氧严重或时间过久；滞产胎头受压过久；颅内出血累及延髓生命中枢的氧供应；分娩前不恰当地应用全麻或镇静药物；在娩出过程中发生深呼吸动作将羊水、黏液和胎便吸入呼吸道等。这些均可导致新生儿原发性无呼吸或呼吸功能不全。

那么，如何预防和处理新生儿窒息呢？

如何预防新生儿窒息

要做到孕妇定期接受产前检查，以便及时发现异常并予以适当的治疗。胎音异常提示胎儿缺氧，应及时给产妇吸氧，并选择适当的分娩方式。临产时产妇情绪要稳定，因过度换气后的呼吸暂停可使胎儿的氧分压降至危险水平。此外，产妇用麻醉剂、止痛剂、镇静剂时一定要严格掌握指表征及剂量。

如何处理窒息

发现新生儿窒息时应及时处理：保持呼吸道通畅，可做人工呼吸、供氧等。多数患儿处理后情况能迅速好转，呼吸转为正常，但仍应仔细观察其呼吸及一般状况，并注意保暖，大部分新生儿日后发育不受影响，但如果窒息时间长或程度严重，经抢救后面色仍苍白，并迟迟不能出现正常的呼吸，四肢松弛，则这类新生儿存活率低，存活者常留有不同程度的运动或智力障碍。

抚触，将爱温柔传递

抚触也被称为按摩。给宝宝按摩不仅是父母与宝宝情感沟通的桥梁，还有利于宝宝的健康。大多数人都认为，新生儿太过娇小无法接受抚触，这种看法是不正确的。事实上，宝宝早在母腹中就已经习惯了抚触，因此，从理论上讲，宝宝出生后第一天起就可以接受按摩了。

抚触的作用

◎抚触对于足月儿来说有减轻疼痛的效果。

◎抚触可使宝宝增强安全感和自信心，有助于培养其独立的个性，并可提高免疫力和消化功能等。

◎抚触具有帮助宝宝加快新陈代谢、减轻肌肉紧张、帮助睡眠、减少烦躁情绪等作用。

◎通过对宝宝皮肤的刺激使身体产生更多的激素，促进对食物的消化、吸收和排泄，加快体重的增长。

全身运动按摩

全身运动按摩就是给宝宝热身。妈妈坐在地板上伸直双腿，为了安全铺上毛巾，让宝宝脸朝上躺在妈妈的腿上，头朝妈妈双脚的方向。在胸前

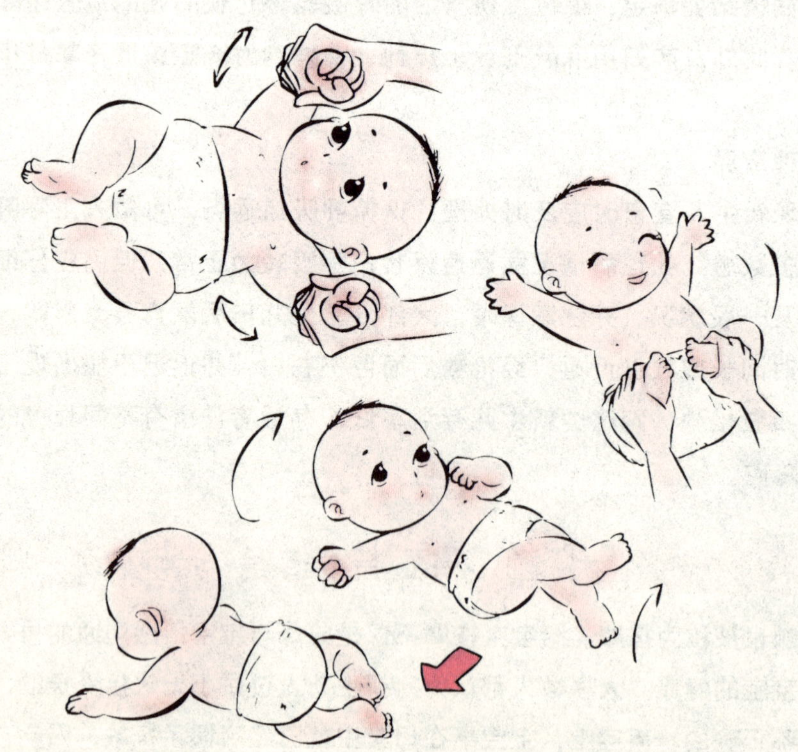

打开再合拢他的胳膊，这能使宝宝放松背部，肺部得到更好的呼吸。然后上下移动宝宝的双腿，模拟走路的样子。这个动作使宝宝大脑的两侧都能得到刺激。

给宝宝按摩的准备工作

◎保持房间温度要在 25℃左右，还要保持一定湿度。

◎最方便做按摩的时候是在宝宝沐浴后或给宝宝穿衣服的过程中。

◎在做按摩前妈妈应先温暖双手，倒一些婴儿润肤油在掌心，这样妈妈很容易用手蘸取，注意不要将油直接倒在宝宝皮肤上。妈妈双手涂上足够的润肤油，轻轻在宝宝肌肤上滑动，开始时轻轻按摩，然后逐渐增加压力，让宝宝慢慢适应按摩。

◎居室里应安静、清洁，可以播放一些轻柔的音乐，营造愉悦氛围。

按摩头部

双手拇指先从宝宝的前额中央向两侧滑动，再从宝宝下颌中央向两侧滑动，然后做类似梳头的动作，即从前额发际向脑后抚摸，最后双手中指停在耳后。

按摩脸部

用你最柔软的两只手指，由中心向两侧抚摩宝宝的前额。然后顺着鼻梁向鼻尖滑行，从鼻尖滑向鼻子的两侧。多数宝宝会喜欢这种手法，他们以为这是在做游戏，但是如果宝宝觉得不舒服就先停止做这个动作，隔天不妨再试一次（图①）。

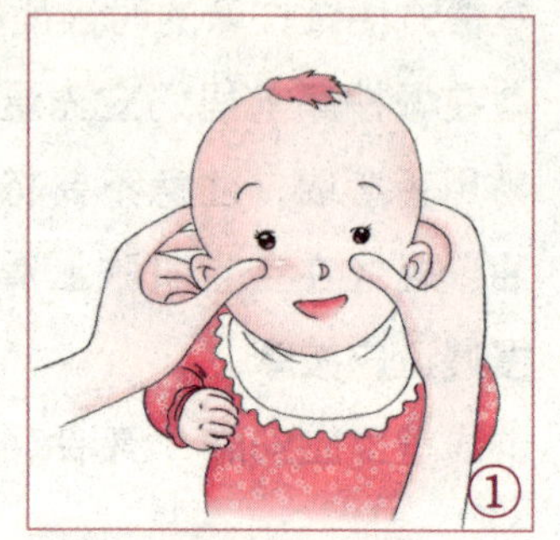
①

按摩胳膊和双手

用一只手轻握着宝宝的左手并将他的胳膊抬起，用另一只手按摩宝宝的左胳膊，从肩膀到手腕，然后轻轻摩擦宝宝的小手，将他的手掌和手指打开，按摩每一个手指，要注意这时的动作一定要轻，另一侧做同样的动作。这可以增加宝宝的灵活性，并且会使宝宝感觉非常舒适（图②、图③）。

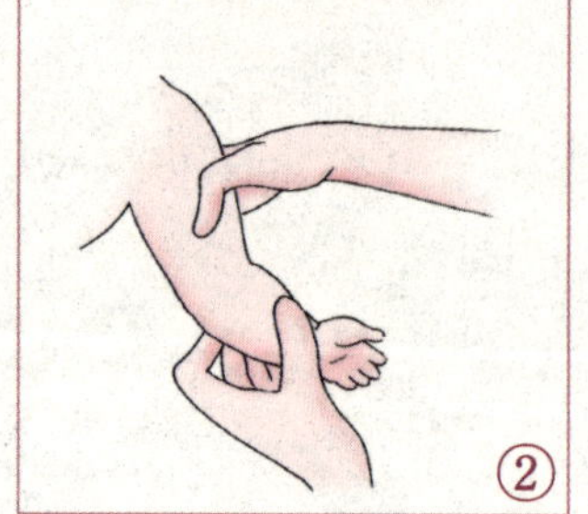
②

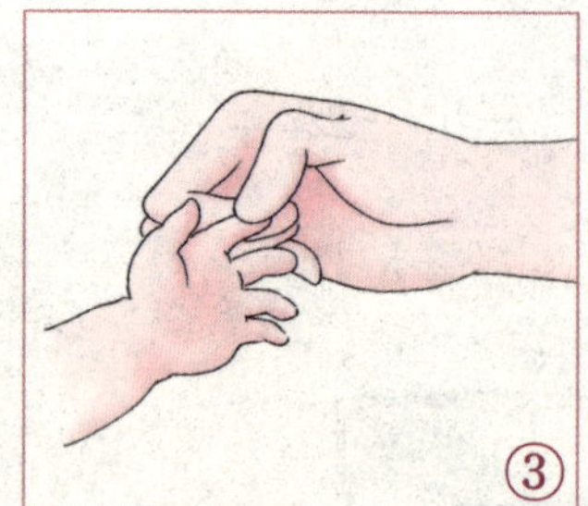
③

按摩胸部和躯干

双手在胸部两侧从中线开始做弧形抚触，或者两手分别从胸部的外下侧向对侧肩部轻轻按摩，然后由上而下反复轻抚宝宝的身体，如果宝宝表现出不舒服的样子，换下一个姿势。这个动作可使宝宝呼吸循环更顺畅（图④）。

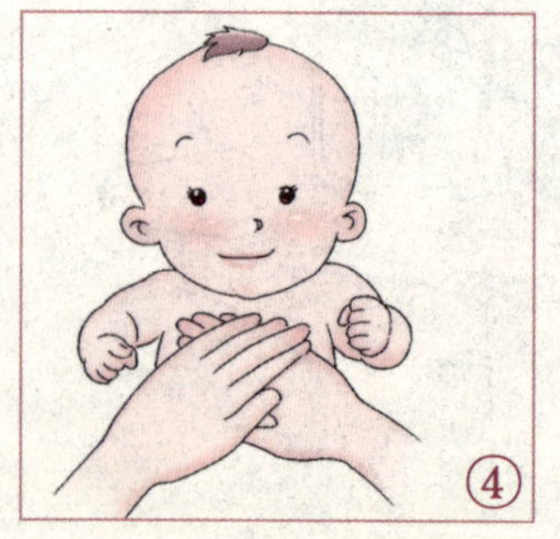
④

按摩腹部

双手或单手分别从宝宝的右下腹开始按照顺

时针方向做画圈运动，或轻轻地用整个手掌从宝宝的肋骨到骨盆位置按摩，用手指肚自右上腹滑向右下腹，左上腹滑向左下腹。腹部按摩帮助宝宝排气、缓解便秘（图⑤）。

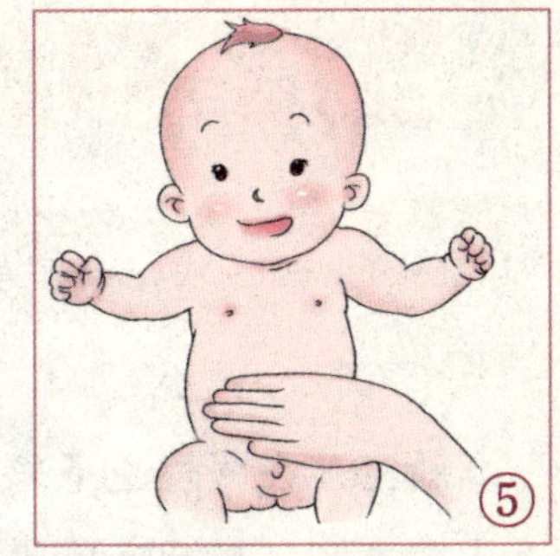
⑤

按摩背部

如果宝宝不介意后背朝上，可以试着让他俯卧在妈妈的腿上，用手掌从宝宝的脖子到臀部自上而下地按摩（图⑥）。也可以让宝宝平躺，用一只手托起宝宝的臀部，另一只手轻轻地从脖子慢慢向下揉搓宝宝的脊柱。背部按摩有助于增强免疫力。也可以脊柱为中线，双手置于脊柱两旁，然后从宝宝背部上端开始慢慢地移向臀部，上下反复移动（图⑦、图⑧）。

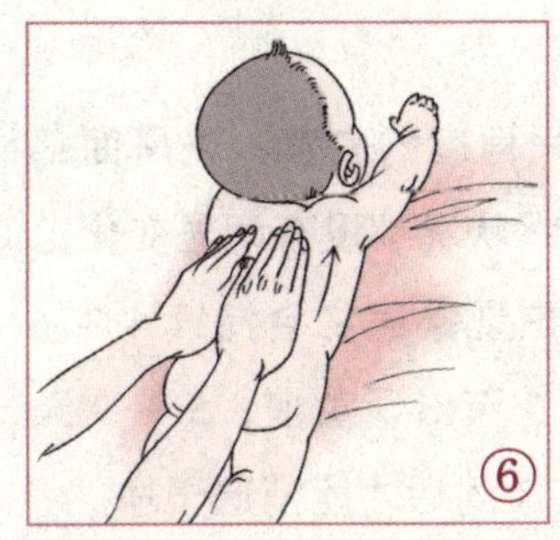
⑥

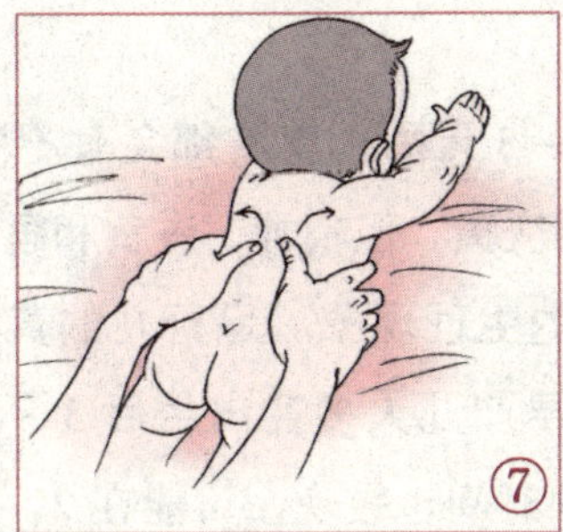
⑦

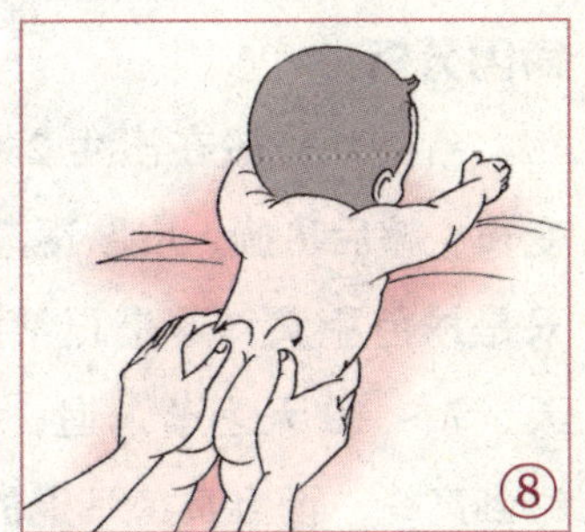
⑧

按摩腿部和脚部

用一只手扶着宝宝左脚踝，把左腿抬起，用另一只手按摩宝宝的左腿，从臀部到脚踝，然后用手掌抚摩宝宝的小脚丫，从脚后跟到脚趾自下而上地按摩，另一侧做同样的动作。双手拇指从宝宝脚跟向脚趾方向推进，并揉搓每个脚趾。按摩腿脚能够增强宝宝的协调能力，使宝宝的肢体更灵活。

抚触的注意事项

◎抚触的基本程序：头部→面部→手臂→胸部→腹部→腿部→脚部→背部，每个部位抚触 3 遍，力度适中。

◎抚触的时间最好在两次喂奶之间，室温要保持在 22 ～ 26℃。

◎抚触前新妈妈最好用热水洗净双手，并将润滑油倒入手心搓热。

◎时刻关注宝宝的反应，一旦出现哭闹、呕吐、肤色突变等，应停止抚触。

专家医生来帮忙

新生儿易发疾病与预防

黄疸

新生儿在医院生下来皮肤红红的，可回到家 2 ~ 3 天后身上的皮肤却一下子变黄了，甚至连巩膜都黄了。其实，新生儿的皮肤都会出现不同程度的变黄，这是一种生理现象，称为生理性黄疸，一般过了 7 ~ 10 天就会消退。

可是，如果宝宝的黄疸一直不消退，距离正常消退时间已经过了 2 周仍然存在，并且越来越重。同时，宝宝不愿吃奶，大便的颜色也不像别的宝宝那样发黄，而是有些发白。如果遇到这样的情况就要及时去医院进行检查，以确诊宝宝是否患了新生儿病理性黄疸。

病因分析

新生儿一般在出生 2 ~ 3 天后，皮肤都会有不同程度的变黄。先是面部变黄，随后巩膜、皮肤逐渐变黄，但精神、进食和睡眠状况都没有明显变化，只是尿色稍黄，这是正常的生理现象。足月儿的黄疸现象通常会持续 4 ~ 6 天，7 ~ 10 天逐渐消退；早产儿大多在出生后 3 ~ 5 天出现黄疸，5 ~ 7 天达到高峰，而且黄疸消退的时间也较晚，可能在 2 ~ 3 周后才能消退干净。

在新生儿黄疸中，有少数宝宝属于病理表现，如一出生就出现了黄疸，或在出生后 24 小时内出现明显黄疸；皮肤黄疸程度较重，除了面部、躯干、四肢外，手掌和脚掌也变黄；皮肤黄疸的时间长，足月儿超过 2 周以上或更长的时间，早产儿超过 3 周；皮肤黄疸时轻时重，而不是越来越轻；黄疸消退后重新又出现等。

一旦出现以上情况，父母要引起注意，并要及早带宝宝就医。

病理性黄疸往往在皮肤发黄的同时，还伴有不愿吃奶、吸吮力弱、精神不佳、呕吐、腹泻、发热或体温低、大便颜色发白等表现。这些表现可能是由于新生儿溶血病、败血症、肝炎、胆道畸形、内脏出血等疾病引起的。

防治方法

生理性黄疸一般不需要治疗，几天后黄疸就会自然消退。

有些喂母乳的宝宝黄疸会持续时间较长，甚至可达数月，这种情况被称为母乳性黄疸。这样的宝宝无任何疾病的表现，吃奶、精神状态都正常，去医院就诊也检查不出异常。不过，母乳性黄疸一般影响不大。黄疸严重时只要暂停喂母乳 3 ~ 4 天，黄疸就会明显减轻或逐渐消失。停喂母乳期间可改喂配方奶粉。

一旦怀疑宝宝是病理性黄疸，就应及早去医院进行详细检查，确诊后及时治疗，避免病情进一步发展。

新生儿腹泻

几乎每个宝宝都会发生腹泻，尤其是年龄较小的宝宝。所以，消化不良和腹泻是宝宝们最容易患的儿科疾病之一。宝宝上吐下泻时，父母们都很着急，恨不能让宝宝快快地好起来。于是，一股脑儿地给宝宝服用各种药。

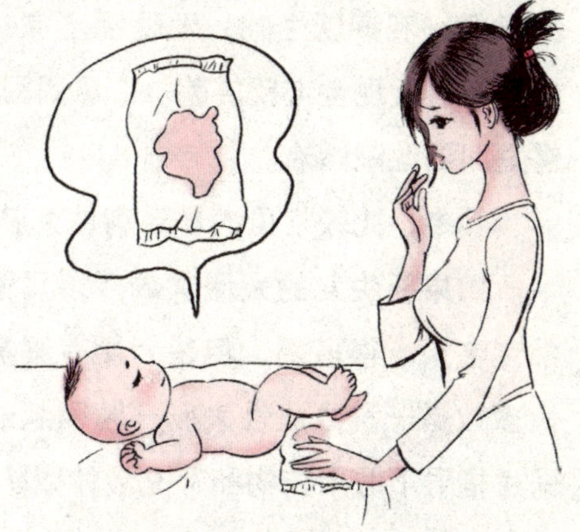

新妈妈了解新生儿腹泻的病因，才能做到正确护理。

然而，宝宝非但不见好，反而越来越止不住地泻，甚至拖至几个月不愈，使宝宝的生长发育受到很大影响，有时甚至危及生命。为了宝宝平安健康长大，父母对宝宝腹泻病的防治及护理应该多多了解。

病因分析

新生儿免疫功能差，肠道的免疫能力就更低，当肠道感染时，没有能力去减弱和中和细菌的毒力。

另外，胎儿在子宫内无细菌的环境中生长，生后立即在众多的细菌、病毒污染环境中生长，抵抗力太弱了，消化功能和各系统功能的调节功能也比较差，因此，新生儿易患消化功能紊乱，同时也易患感染性腹泻。

生理性腹泻

这种腹泻虽然大便次数可达每日 6 ~ 7 次，大便呈黄绿色、较稀，甚至有小奶瓣和黏液，但显微镜下检查不会发现红细胞、白细胞，可见脂肪球。宝宝体重增长良好是判断这一类腹泻最重要的客观指标。

这一类宝宝还有一个特征就是精神好、食欲好、不发热、不呕吐，也就是腹泻病的伴随症状都不具备。因此对于这种生理性腹泻，家长大可不必着急，更不必为改变大便性状而停喂母乳而改喂牛奶。一般宝宝长到4～6个月时合理添加辅食后，这种生理性腹泻也就自然痊愈了。

感染性腹泻

不同的细菌和病毒引起的腹泻症状也不一样。轻症的宝宝表现为单纯的胃肠道的症状，拉稀便1日5～6次至10余次，同时还出现低热、吃奶量少、呕吐、精神状态不佳、轻度腹胀、哭闹、唇干、前囟门凹陷。严重时大便呈稀水状，可增加到10～20次/日。还伴有高热、呕吐、尿少、嗜睡，家长仔细观察新生儿，发现手足凉、皮肤发花、呼吸深长、口唇樱红色。在换尿布时发现宝宝反应差、口鼻周围发绀、唇干、眼窝凹陷，出现这种情况，需立即到医院诊治。

其中，比较常见的是致病性大肠杆菌引起的腹泻。

如果新生儿的大便次数多，呈黄色，蛋花汤样，常伴有血丝和黏液，虽然宝宝未吃很多奶，但是大便有腥臭味，排便时哭闹，烦躁不安，这类腹泻大多数是一种致病性大肠杆菌引起的，是新生儿时期比较常见的腹泻，可在医生指导下服用药物和补充液体以防脱水。

正确处理新生儿发热

发热的类型

发热是新生儿疾病常见的症状之一。通常是以宝宝腋下温度37.4～38℃为低热，38.1～39℃为中度发热，超过39.1～40.0℃为高热，超过40.0℃为超高热。

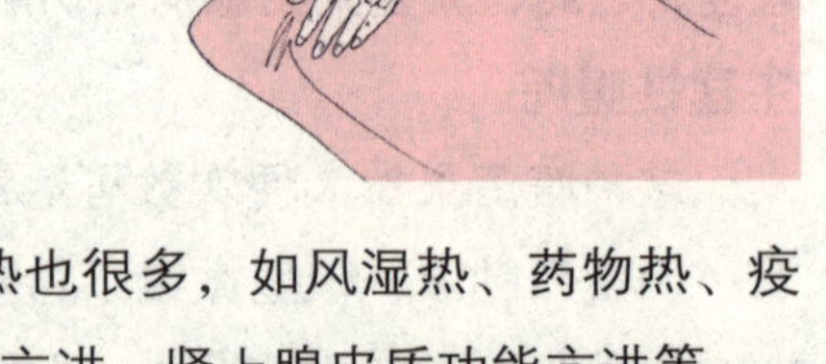

发热的原因

◎**感染性发热**。是人体对感染的一种防御反应，最为常见。由感染性疾病引起的发热，有细菌性的，也有病毒性的。

◎**非感染性发热**。非感染性疾病引起的发热也很多，如风湿热、药物热、疫苗反应、大面积烧伤、白血病、甲状腺功能亢进、肾上腺皮质功能亢进等。

不要乱用抗生素

抗生素主要对某些细菌有杀灭或抑制生长的作用，而对大多数病毒感染无效，更不用说对于那些非感染性疾病了。因此，发热的宝宝应该去医院检查，对症下药。滥用抗生素，非但无益，而且会带来一些毒副反应，还可能招致“二重感染”，使病情更加严重。此外，少数宝宝对某些抗生素呈现一种特别的反应——药物热，即应用抗生素后会引起发热，反而使病情加剧了。

对高热的处理

◎**物理降温**。物理降温作用迅速，安全，尤其适用于高热。在做物理降温时应注意：每隔 20 ~ 30 分钟应量一次体温，同时注意宝宝呼吸、脉搏及皮肤颜色的变化。

◎**冷湿敷法**。用温水浸湿毛巾或纱布敷于宝宝的前额、后颈部、双侧腹股沟、双侧腋下及膝关节后面，每 3 ~ 5 分钟换一次。注意对 39℃以上高热的宝宝来说，水温不宜过低，稍低于体温即可。

◎**温水浴**。适用于四肢循环不好（面苍白、四肢凉）。水温 37 ~ 38℃，用大毛巾浸湿后，包裹宝宝或置宝宝于温水中 15 ~ 20 分钟，或根据体温情况延长时间，洗完后擦干全身。

◎**吃退热药**。吃退热药，多喝些凉开水，在水中加些盐和糖，防止脱水。

新生儿肺炎的预防和治疗

新生儿肺炎的类型

◎**吸入性肺炎**。胎宝宝在子宫内，或分娩过程中吸入羊水、胎粪或产道分泌物，或出生后吸入乳汁等引起，并常继发感染。

◎**感染性肺炎**。可在产前、分娩过程中和产后感染细菌或病毒引起。

肺炎的症状

新生儿肺炎缺乏典型表现。常表现为面色苍白或青紫、体温不升、口吐泡沫、吸奶减少或拒奶、呼吸增快、鼻翼翕动和呼吸困难。肺部可听到细水泡音。有的体征不明显，通过肺部 X 线照片可以检查出来。

肺炎的预防及治疗

◎**预防**。①孕妇注意保健；②分娩时避免新生儿窒息，防止吸入羊水、胎粪；③加强新生儿保健，居室空气流通、新鲜，并避免与呼吸道感染患者接触。

◎**治疗**。①体温不升者应保温；②细心喂养；③面色苍白或青紫、呼吸困难者应给予吸氧；④在医生指导下用药。

解读新生儿特有的生理现象

马牙、螳螂嘴

有的新生儿刚出生的时候在口腔硬腭（牙床）上会有一些白色的小珠，称为上皮细胞珠，也叫马牙。它存在于牙龈黏膜上，它的形成主要是因为细胞脱落不完全所致，对新生儿不会有不利影响，几天后就会自行脱落。

另外，有的新生儿口腔内两侧会有一小堆脂肪垫，俗称“螳螂嘴”。

马牙和螳螂嘴都属于新生儿正常的生理现象，不必进行特殊处理。

体重下降

新生儿出生后的前几天体重会有所降低。这主要是因为新生儿出生的最初几天睡眠时间较长，吃奶的次数较少，肺和皮肤蒸发掉了大量的水分，大小便的排泄也相对增多，所以新生儿出生后前几天体重会有所降低是属于正常的生理现象，新妈妈不必太着急，几天后体重就会迅速增长。

生理性脱皮

新生儿出生后 2 周左右会出现脱皮的现象，皮肤先是爆皮，然后就开始脱落。新妈妈不必担心，这是新生儿皮肤正常的代谢过程，旧的细胞脱落，新的马上就会长出来，不需要进行治疗。

乳房肿胀

无论男女，刚出生的新生儿在出生后 1 周左右都会有双侧乳腺肿胀的现象，大的像半个核桃一样大，小的也有蚕豆大小，有的还会分泌出乳汁，很多新手父母对此很困惑，也很着急，认为是新生儿的身体出现了问题。其实，这并不是新生儿的身体出现了问题，而是因为当新生儿还在妈妈肚子里的时候，胎儿体内会存在一定量的来自母体内的雌激素、孕激素和催乳素。等新生儿出生后，来自母体内的雌激素和孕激素来源被骤然切断，使催乳素的作用得到释放，从而刺激乳腺增生，出现乳房肿胀的现象，一般过 2 ~ 3 周便会自行消退，不需要做特殊的处理。有些家长认为把乳汁挤出来就好了，事实上这样做是很危险的。因为挤压会使乳头受伤，导致细菌侵入而引起乳腺炎，甚至会导致败血症，最后危及新生儿的生命。

假月经和白带

有些刚出生的女宝宝，家长发现宝宝的阴道内有出血现象，有时还会有白色分泌物从阴道内流出来。这是怎么回事呢？

这是因为胎儿在母体内受到雌激素的影响，其阴道上皮会发生增生的现象，从而使阴道分泌物增多，还会使子宫内膜增生。等胎儿出生后，由于雌激素水平下降使得子宫内膜脱落，阴道就会流出少量血性分泌物和白色分泌物。所以，无论是“假月经”还是“白带”，都属于新生儿正常的生理现象。

粟粒疹

有的家长会发现，新生儿的鼻尖和两个鼻翼上有许多像针尖大小的黄白色小结节，用手摸也能感觉得到，医学上称这种小结节为“粟粒疹”。之所以会出现这种现象主要是由于新生儿皮脂腺潴留引起的。几乎每个新生儿都会有这种现象，一般出生 1 周后就会消退，这也是新生儿一种正常的生理现象，家长不需要太担心。

四肢屈曲

细心的家长可能会发现自己的宝宝从出生到满月，四肢都是弯着的，有的家长就会很担心，怕宝宝会形成罗圈腿，于是干脆把新生儿的四肢捆绑起来，强行让其伸直。其实，这种做法是不对的，正常新生儿四肢都是屈曲的，这是新生儿肌张力正常的表现。随着月龄的增长，其四肢就会渐渐伸展，不会形成罗圈腿。

先锋头

自然分娩的新生儿，因为在分娩的过程中受到长时间宫缩的影响，头部会受到产道的挤压，颅骨就会因为这种挤压而发生顺应性变形出现被拉长的现象。

同时，头皮也由于受到挤压而使先露出的部分有水肿的现象，用手摸上去会感觉到一种小鼓包，临床上称这种现象为产瘤。一般宝宝出生后 1 ~ 2 天会自然消退，并不会对新生儿的健康造成影响，家长不必担心。但如果长时间不消退应就诊儿科。

亲子游戏时间

咦，那是什么

1 益智目标： 训练宝宝的视觉能力。

2 游戏准备： 气球适量，颜色要单一、鲜艳，如红色、绿色、黄色等。

3 游戏步骤： 妈妈将气球挂在绳子上。当宝宝注意气球时，妈妈慢慢地移动气球，观察宝宝的眼睛是否追踪气球。

4 注意事项： 宝宝经常盯一个方向看容易造成斜视或对眼，因此要每隔 3 天左右更换气球悬挂的位置。

- 悬挂气球时，要注意不要使气球太靠近宝宝，但也不要超过 3 米，要不然宝宝看不到气球。
- 最好 2 天左右调换气球的颜色。

5 专家指点： 0 ~ 1 个月的宝宝在仰卧时，会对视线范围内的物体进行注视追踪。家长在这个时期，用鲜艳的物体吸引宝宝的注意力，并慢慢地移动物体，训练宝宝追踪注视物体的能力，对今后宝宝认知事物、视觉的发育都有益。

我是『运动健将』

1 益智目标： 训练宝宝腿部踢的动作和能力；刺激宝宝听觉的发育。

2 游戏准备： 发声玩具小锤 1 个。

3 游戏步骤： ①妈妈一手拿着发声玩具小锤，选好位置后，一手拿起宝宝的小脚，帮助宝宝踢打小锤，使小锤发出声音，当宝宝听到小锤发出声音时，会自动地踢打小锤。

②当宝宝自己踢打小锤，使小锤发出声响后，妈妈要鼓掌表示鼓励，并告诉宝宝“这是小锤”。

4 注意事项： 当宝宝听到声音做出踢打的动作时，妈妈要放开宝宝的小脚，任由宝宝自行踢打。

5 专家指点： 专家认为，宝宝踢打小锤，让宝宝学习“踢”的动作，不仅对肢体的运动与发育有益，而且对宝宝双腿协调性的发展有促进作用。1 个月内的宝宝听到声音后会马上做出反应，当宝宝听到小锤发出的声音后，会继续踢打小锤使其再次发出声响，这样可以刺激宝宝听觉的发育。

让宝宝握一握

1 益智目标： 锻炼宝宝小手的抓握能力；训练宝宝认识事物的能力。

2 游戏准备： 悬环 1 个，拨浪鼓 1 个，小积木 1 个。

3 游戏步骤： ①让宝宝躺在床上，先用悬环触碰宝宝的小手，让他握一握。

②当在宝宝抓握悬环的时候，妈妈微笑着告诉宝宝：“宝宝，这是悬环，你抓着它，妈妈轻轻地一拉，就能把你的小手拉上来哦。”然后妈妈轻轻地拉动悬环。

③换下悬环，将拨浪鼓、小积木分别让宝宝抓握，并告诉宝宝它们是什么、有什么特点。

4 注意事项： 确保给宝宝抓握的物品没有锐利的棱角，以防止宝宝小手被划伤。此外，还要注意这些物品的清洁状况，保证它们的卫生。

5 专家指点： 这个时期的宝宝，小手基本上呈握拳状态，但是如果用一些物品轻轻地触碰他的小手，他就能自动地握紧这些物品。家长可以利用宝宝的这一自然动作训练宝宝小手的运动能力，以促进宝宝双手的灵活性和协调性。

29~59天

咿咿呀呀，我也会“说话”

宝宝生长发育月月查

本月宝宝体格发育状况

经过1个月的悉心照料，宝宝长高长胖了一些，动作也比原来多了。但是2个月的宝宝和满月的宝宝看起来没有很大的差别，身体上的变化也不太明显。

体重	出生前半年的宝宝体重增加会比较快，1～2个月的宝宝体重增加更快，平均每个月增加600克。
身高	2个月大的宝宝身高增加会比较快，一般一个月会增加3～4厘米。
头围	到第2个月末时，宝宝的头围会达到37厘米以上。
胸围	到第2个月末时，男宝宝的平均胸围为39.5厘米（36.2～43.4厘米），女宝宝的平均胸围为38.7厘米（35.1～42.3厘米）。
前囟	这个月的宝宝前囟大小与新生宝宝没有太大区别，对边连线1.5～2.0厘米。每个宝宝前囟大小存在着个体差异，如果不大于3.0厘米且不小于1.0厘米都属正常。

本月宝宝智力发育状况

2 个月大的宝宝，在动作、语言、视觉、听觉上有哪些进步？在心理上又有什么样的变化呢？我们一起来看看吧。

动作能力

当宝宝仰卧时，大人稍拉其手，他的头可以自己用力扭转了。宝宝的双手从握拳姿势逐渐开始松开来，如果给他小玩具，他能无意识地抓握片刻。此外，妈妈还会发现宝宝会用小脚踢东西了。

语言能力

宝宝在有人逗他时，会发笑，并能发出模糊的“咿咿”、“呀呀”之类的声音。如果发起脾气来，宝宝的哭声也会比平常大得多。这些特殊的语言是宝宝与大人的情感交流方式，也是宝宝的一种表达方式，家长应对宝宝这种表达方式及时做出相应的反应。

视觉发育状况

2 个月的宝宝能看清眼前 15 ~ 30 厘米内的物体，并能注视物体了。当你的手慢慢逼近他的眼前时，他就会眨眼，这种眨眼叫做眨眼反射。一般情况下，宝宝在 1.5 ~ 2 个月都会有这种眨眼反射。

听觉发育状况

在听觉方面，2 个月的宝宝听力有了很大的提高。当宝宝听到铃铛等声音时，也会做出各种反应。此外，宝宝喜欢听成人对他说话，并能表现出愉快的情绪，也能安静地听轻快柔和的音乐。

心理发育状况

父母的身影、声音、目光、微笑、爱抚和接触，都会对宝宝的心理产生很大影响，对宝宝未来的身心发育及建立自信、勇敢、坚毅、开朗、豁达、富有责任感和同情心的优良性格都会起到很好的作用。这个时期的宝宝最需要人来陪伴，当他睡醒后，最喜欢有人在身边照料他、逗引他、爱抚他，与他交谈和玩耍，这时他才会感到安全、舒适和愉快。

喂养也要讲科学

满月后的母乳喂养

满月后的宝宝，只要母乳充足，吃奶就很有规律。一般每隔 3 ~ 4 个小时吃一次。在这段时间，不要让宝宝养成吃吃停停、长达 20 ~ 30 分钟以上的吃奶坏习惯。

满月后，宝宝会用更多的时间来观察周围的环境，活动量可谓大大增加，所以，他的胃口也会随之大增。这个时候，只要妈妈的乳汁足够，就应采用母乳喂养宝宝的方式。只不过在喂养的具体方法上与上个月要有所变化。

喂奶的次数

宝宝满月后，喂奶的次数与宝宝的个性相适应并逐渐确定了下来，一般每隔 3 小时喂一次，每日 7 ~ 8 次。

夜间如何喂奶

此时的宝宝，由于还不会区分昼夜，所以喂奶也没有昼夜之别，只要宝宝饿了或是想吃奶时，就必须给他喂奶。

晚上喂奶时，妈妈应该像白天一样坐起来喂奶，喂奶时光线不要太暗，要能够清晰地看到宝宝的皮肤颜色。喂奶后仍要抱起宝宝并轻轻拍背，待打嗝后再放下。之后还要仔细观察宝宝，如果已经安稳入睡，就可以关灯；但是一定要保留一些光线，以便宝宝出现溢乳情况时能及时发现。

晚上喂奶时，光线不要太暗，喂奶后要轻拍宝宝的背部，防止出现溢乳的现象。

切忌让宝宝含着乳头睡觉

有些年轻的妈妈为了避免宝宝哭闹影响家人休息，就让宝宝含着乳头睡觉，这样做会影响宝宝的睡眠，也不能让宝宝养成良好的吃奶习惯，而且还有可能在妈妈熟睡后，乳房会压住宝宝的鼻孔，造成宝宝窒息。

满月后的人工喂养

经过 1 个月的喂养，人工喂养的宝宝的饮食逐渐形成了一定的规律，如几点该吃奶粉了、一次该吃多少毫升等。但是，这个规律不要硬性执行，要具体情况具体对待。

奶粉的冲调量

人工喂养时，最重要的是不要使宝宝吃过量，以免加重消化器官的负担。大体来说，出生时体重为 3 ~ 3.5 千克的宝宝，在 1 ~ 2 个月期间，每天以吃 600 ~ 800 毫升的奶粉为宜，每天分 7 次吃，每次 100 ~ 200 毫升，如果吃 6 次，每次吃 140 毫升。

当然，这只是一个大概的标准。宝宝的食量根据他们的胃口和发育状况会各不相同。食量小的宝宝可能达不到标准量，而食量大的宝宝每次可以吃到 150 ~ 180 毫升，但最好不要喂到 150 毫升以上。如果喝了 150 毫升宝宝还哭闹，就喂给他 30 毫升左右的温开水。经常哭闹的宝宝吃得较多，而如果你的宝宝很乖，安静睡觉的时间长，则会吃得较少一点。

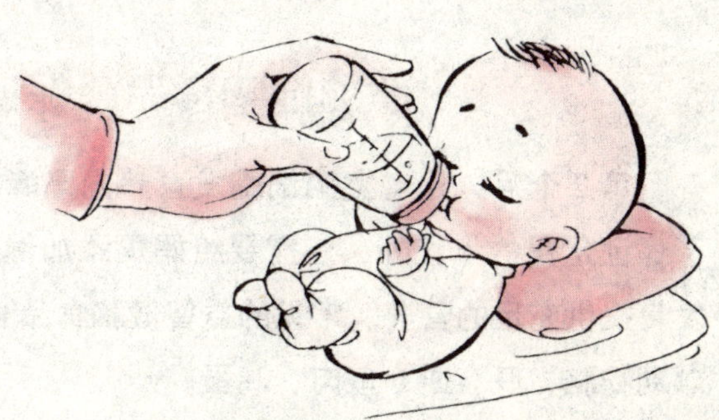

进行人工喂养时，要视宝宝的胃口来定量，千万不能使宝宝吃过量。

特别注意事项

◎这时的宝宝即使每天排便 4 ~ 5 次，只要宝宝健康就不用担心。

◎如果宝宝几天都没有排便，可以用温水冲服“妈咪爱”以调节宝宝的肠道菌群，要保证宝宝每天都能顺畅排便。

◎ 6 个月之前，只吃母乳或人工喂养奶粉。人工喂养的宝宝可在两顿奶之间加白开水，其余什么也不用加。

满月后的混合喂养

满月后，哺乳次数应逐渐稳定，只要宝宝每周体重能增加 150 ~ 200 克，就说明喂养效果很理想；如果每周体重增加不足 100 克，则说明母乳不够，应该采取混合喂养的方式。需要特别说明的是，不要因为母乳分泌不足而放弃母乳喂养，混合喂养是母乳不足时的第一选择方案。

母乳不足时，采用混合喂养，这就需要适当地增喂奶粉。时间最好安排在妈妈下奶量最少的时候（下午 4 ~ 6 点）单独加一次，每次加 120 毫升。如果加奶粉后，妈妈得到适当休息，母乳分泌量增加，或者宝宝夜间啼哭减少了，就可以这样坚持下去。

如果加喂一次奶粉后，仍未改变宝宝夜间因饥饿啼哭的状况，而母乳又不多，那就把夜间 10 ~ 11 点妈妈临睡前的一次哺乳改为喂奶粉，以保证夜间妈妈可以用母乳喂饱宝宝，让妈妈在夜间得到较好的休息。总之，增加一次还是两次奶粉，应根据宝宝的需求和体重来决定。

添加健脑食品，保证母乳质量

第 2 个月，是宝宝脑细胞发育趋向高峰的准备期。为促进其脑发育，除了保证足量的母乳外，还需要给妈妈添加健脑食品，以保证母乳能为宝宝的发育提供充足的营养。常见的益智健脑食品有：

◎动物脑、肝、血、鱼肉、鸡蛋。

◎大豆及豆制品。

◎核桃、黑芝麻、花生、松子、瓜子。

妈妈可以根据具体情况，适当地在饮食上增加以上食物，以便使宝宝从母乳中摄取到足够的营养帮助脑发育。

为了促进宝宝的大脑发育，妈妈还需要适当添加一些健脑食品来加强营养。

需要重点补充的营养素

宝宝在 0 ~ 6 个月时生长得最快。大多数宝宝在约 4 个月的时候体重就能增长 1 倍。身体的所有部位都生长得很快，变化越来越大，宝宝的营养需求要与之相适应。为了生长发育的需要和健康，无论宝宝有多大，食物中都应该含有充足的蛋白质、维生素、碳水化合物和矿物质。至少在 0 ~ 6 个月，宝宝要靠吃奶吸收这些营养。过了 6 个月，等宝宝开始添加辅食的时候，只要父母准备合理、均衡的膳食，宝宝就能得到所需的全部营养。

热量

对宝宝来说，食物的卡路里摄入量的要求是成人的 2.5 ~ 3。在最初的 6 个月里，每千克体重需要 100 多千卡的热量。因此，出生时重达 3500 克的宝宝每天需要大约 400 千卡的热量。如果这个宝宝在大约 6 个月的时候体重增长了 1 倍，达到 7000 克，那么，他这时每天需要的热量大约为 800 千卡。

维生素 D

宝宝缺乏维生素 D 后，骨骼发育会受到影响，易患佝偻病。建议从出生 14 天开始每日补充 400U 维生素 D，并且要适当晒太阳。

DHA 和 ARA

良好的营养是大脑发育的物质基础。DHA（二十二碳六烯酸，又称脑黄金）和 ARA（二十碳四烯酸）是宝宝大脑生长发育所必需的营养物质，也是构成神经细胞膜，且在神经细胞膜中发挥重要作用的“结构性”脂肪。母乳中含有这两种营养素，而对于人工喂养的宝宝，这两种物质在目前的配方奶粉中不一定含有。因此，不能坚持母乳喂养的妈妈在选择奶粉时，要注意其中是否含有 DHA、ARA，其含量是不是充足，如果奶粉中没有，则要在奶粉中加入 DHA，以满足宝宝大脑发育的需要。

注：1 千卡 =4186 焦耳。

正确地保存乳汁

许多妈妈都会遇到这样的问题，如果自己生病了或是要上班，该如何给宝宝喂奶。特别是生病的时候是不是就应该停止喂奶。其实，并不是生任何病的妈妈都不可以喂奶的，更不应该因为上班而停止给宝宝喂奶。

妈妈生病时的喂养

妈妈患一般疾病，如乳头破裂、感冒、肠胃不适等，原则上并不影响母乳喂养。此时妈妈体内的抗体可以通过乳汁传给宝宝，也可提高宝宝抵抗疾病的能力。

这种情况下妈妈用药应慎重，要告诉医生你正在哺乳，请医生帮助选择对宝宝无不良影响的药物。如果母亲患较重的感冒，最好先停止给宝宝喂奶，以免引起太大麻烦，但须注意的是为了不让母乳分泌逐渐减少，在中断期间，必须每天把母乳挤出。

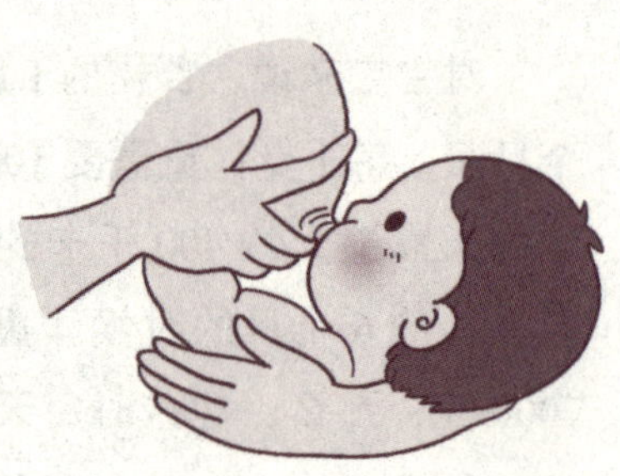

上班时的喂养

在上班前可以事先将乳汁挤出，但挤出的母乳如何保存确实是个很重要的问题，如果保管不当，既造成浪费，又会让宝宝患上胃肠疾病。妈妈在上班期间可以到化妆间、私人办公室把乳汁挤出，当然有专设挤奶室更好，大约 3 小时挤一次。

如何保存多余的母乳

如果乳汁挤出的时间不长，冷藏保存就可以，但必须把冷藏的母乳在 1 小时内喝完；要是想较长时间地保存，就应该采取冷冻的方法。无论采取哪种方法，妈妈都应该先将手洗净，把母乳挤出并立即装入已消毒过的干净储奶瓶中。

如果是冷藏保存，放进一直能保持 4℃以下的冰箱中；若冷冻保存，也应把母乳挤出后马上放进冷冻容器，最好记录一下挤母乳的时间、日期和奶量，以防记得不准确。在此提醒一点，不要把挤出的奶放进装有原先挤的母乳的冷冻容器里。

本月宝宝的日常照顾

为本月宝宝洗澡的正确步骤

给宝宝洗澡所必备的用品应该是单独的和固定的，具体有洗澡盆、婴儿浴液、婴儿爽身粉或护肤液、温度计、换洗衣服、干净的尿布、擦干用的大浴巾、包裹宝宝身体用的小浴巾、洗澡用的小毛巾或纱布。给宝宝洗澡的时间应安排在喂奶后的 1 小时左右，给宝宝洗澡时动作要迅速、准确和灵活，全过程应在 15 分钟左右。

准备工作

拿出宝宝洗澡时所需的全部用品并放在适当的位置。调节好室温，保持在 25℃以上。把兑好的温水倒入宝宝澡盆里，水温必须保持在 38 ~ 40℃。严格说来，夏天水温应是 38℃左右，冬天 40℃左右较好。

洗澡过程

◎**洗头**。把宝宝放好，脱去衣裤，用小浴巾包好宝宝的身体，左手托住后脖颈和头，妈妈半蹲在澡盆前，把宝宝的屁股放在左腿上。先给宝宝洗脸，用湿毛巾或纱布从眼睛周围轻轻向外擦，洗去脸上的脏东西，擦干。再用湿毛巾打湿宝宝的头发，放少量浴液在右手掌心，再放少量水，轻轻揉搓在宝宝头上。注意动作要轻柔，用掌心和手指而不要用指甲为宝宝洗头。然后再用小毛巾撩起清水冲洗干净头发并擦干。

◎**洗身体**。宝宝洗好头以后，把包着身体的小浴巾拿掉，左手托住头，右手托住屁股，轻轻放入水中。左手托住宝宝的后脖颈和头，右手放上少量浴液，洗脖颈、胳膊、手、前胸及腹部。然后把宝宝翻过身，左手扶住前胸，右手洗后背、屁股和抱出澡盆，放在事先铺好的大浴巾上，包好身体。

结束阶段

用大浴巾包好宝宝后，从头到脚轻轻擦干他身上及头上的水。把宝宝护肤液放在手心，轻轻抹在宝宝身上并按摩片刻，初生宝宝要处理脐带，轻轻擦上浓度为 75% 的医用酒精，然后换上尿布，穿上衣服。最后再用棉签清洁一下宝宝的耳朵和鼻子，梳理一下头发就行了。

洗澡的注意事项

◎应该紧闭门窗，以避免宝宝着凉，室内温度控制在 25 ～ 28℃。

◎在放洗澡水的时候，一定要遵循“先凉水后热水”的原则，防止过热的洗澡水给宝宝带来意外伤害。

◎浴室中如果还有电器用品，一定要拔掉插头，以免宝宝有触电的危险。

◎一般水温在 38 ～ 40℃最合适，也就是大人用手摸着稍微有一点儿热。

◎严防溺水，绝对不可以把宝宝单独留在浴室或洗澡盆旁边。

◎避免滑倒或滑脱，最好在浴室的地板上铺上防滑垫或防滑毯，并养成一有水渍就马上擦干的习惯，让地板随时保持干燥。

◎用手臂托住宝宝手臂下方，以较好地撑住宝宝身体，让头部保持在水面之上。

◎在将宝宝抱出浴盆或浴缸前一定要用大浴巾将其包裹好，以防宝宝从手中滑落。

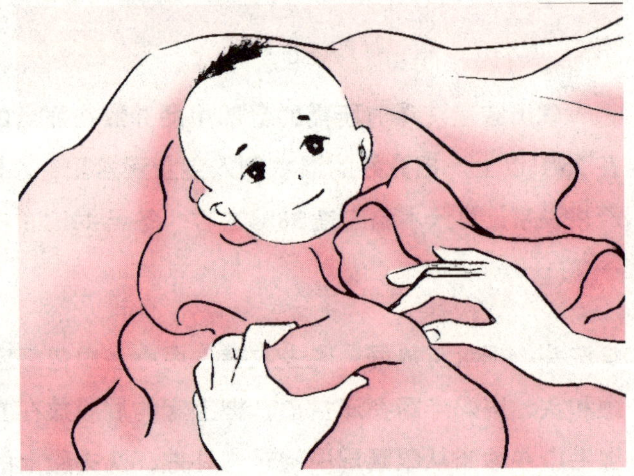

将宝宝从浴盆里抱出之前一定要用大浴巾包好，防止滑落，还可以保暖。

本月宝宝打嗝的处理及预防方法

当宝宝吃奶过快或吸入冷空气时，都会使自主神经受到刺激，从而使膈肌发生突然的收缩，引起迅速吸气并发出“嗝”的一声，当有节律地发出此种声音时，就是所谓的打嗝了。

宝宝打嗝多为良性自限性打嗝，虽然没有成人那种难受感，打嗝时间也没有成人那么长，但是看着宝宝一声声的“嗝”，父母也会心乱如麻。专家认为，宝宝打嗝大多是由于父母照顾不周所引起的，所以处理时需要先找到原因。

打嗝的原因

◎**护理不当**。导致宝宝外感风寒，寒热之气逆而不顺，俗话说是“喝了冷风”而诱发打嗝。

◎**哺乳不当**。如果宝宝乳食不节制，或喝了生冷奶水、服了寒凉药物，造成气滞不行、脾胃功能减弱、气机升降失常而使胃气上逆动膈都会诱发打嗝。

◎**吃得过快或惊哭后吃奶**。在这种不恰当的时机哺乳会造成宝宝哽噎从而诱发打嗝。

缓解打嗝的方法

◎如果平时宝宝没有其他疾病而突然打嗝，嗝声高亢有力而连续，一般是受寒凉所致，可给他喝点儿温热的水，同时胸腹部覆盖棉衣被，冬季还可在衣被外置一热水袋保温，即可缓解。

◎如果小宝宝打嗝时间较长或发作频繁，也可在开水中泡少量橘皮（橘皮有舒畅气机、化胃浊、理脾气的作用），等到水温适宜时给他饮用，也可达到止嗝的目的。

◎如果由于乳食停滞不化，打嗝时可闻到不消化的酸腐异味，可用消食导滞的方法，如胸腹部的轻柔按摩以引气下行或饮服山楂水通气通便（山楂味酸，消食健胃，增加消化酶的分泌），等到食消气顺后，宝宝的打嗝就会自然停止。

预防打嗝的方法

◎宝宝在啼哭时不宜进食，吃奶时要有正确的姿势体位。

◎吃母乳的宝宝，如果母乳很充足，进食时应避免使乳汁流得过快。

◎人工喂养的宝宝，进食时也要避免急、快、冰、烫，吸吮时要让宝宝少吞慢咽。

◎宝宝在打嗝时可用玩具引逗或放送轻柔的音乐以转移其注意力，减少打嗝的频率。

人工喂养宝宝进食时要让宝宝“细吞慢咽”免被呛到，打嗝。

宝宝为什么会吐奶

吐奶是指奶液从宝宝嘴里面流出来的现象，一般来说，轻微吐奶不用采取特别的治疗方式。但是，如果宝宝出现了严重的喷射性吐奶状况，严重时奶液还会从鼻孔里流出来，这时，爸爸妈妈就必须特别注意了，应尽快带宝宝去医院进行检查。

吐奶的现象及原因

◎**现象**。吐奶多在吃奶后不久、由抱着吃奶改为躺下时发生，也可在吃奶后活动时发生，吐出的奶多顺着宝宝口角边流出而不是从口中猛烈喷出，量可多可少，吐出的东西主要为刚吃下的奶或稍经胃酸作用后形成的奶块，没有黄色胆汁或血液等成分，宝宝吐奶后精神食欲仍好，一般无其他不适。

◎**原因**。①食管与胃连接处的括约肌没有完全发育好，其阻碍胃中食物向食管反流的阀门功能差，多见于早产儿。②宝宝胃的位置较水平。③喂奶方法不当，如宝宝躺着吃奶，人工喂养时奶瓶的奶头有空气而未充满奶，吃奶后马上让宝宝躺下等。

吐奶的处理方法

◎喂奶时应将宝宝抱起来、头向斜上方斜躺在妈妈的怀里，妈妈一手托住宝宝背部、一手用拇指和其他四指分别放在乳房的上方和下方以托起整个乳房喂奶。如果奶流过急，则可用拇指和食指分别放在乳头上、下方适当按住或夹住乳房以控制奶流速度，可避免宝宝因吃奶过急引起胃部痉挛而导致溢奶。

◎不吃奶后应将宝宝抱起让其头朝上趴在妈妈的肩膀上，用手轻拍其背部，让吃奶时咽下的空气从口中排出再让宝宝躺下。

◎人工喂养时奶瓶的奶头应充满奶而不能有空气。

妈妈要抱住宝宝，使其头朝上趴在自己肩膀上，然后轻拍其背，使其吃奶时咽下的空气从口中排出。

适当进行户外活动

2个月的宝宝户外活动时间要比1个月内的宝宝有所增加，并随着宝宝的长大，户外活动的次数和每次的时间也增加。在户外活动可以使宝宝接触到环境中的各种新事物，增加对视觉、听觉的刺激。更重要的是可接触阳光和新鲜的空气，以增强宝宝对外界环境变化的适应能力，增强体质，提高抵抗疾病的能力。

活动的时间和次数

户外活动的时间和次数应当循序渐进，开始时每天1次，适应后可增加至每天2～3次，每次从几分钟适应，以后可增加到1～2个小时。

根据季节变化、气温的高低、宝宝适应的情况，户外活动的时间也不相同，如在夏季，可在上午10点前、下午4点后，冬季可在上午9点后到下午3点前。

适当增加宝宝的户外活动，让其接触各种新事物，可刺激宝宝的视觉和听觉。

谨防户外活动造成的伤害

户外活动不当会影响宝宝的健康，因此，在此过程中应当注意让宝宝有一个逐渐适应的过程。

开始时，可先在室内打开窗户，让宝宝接触一下较冷的气温，呼吸新鲜空气，无不良反应时，即可到户外去。宝宝患病时，抵抗力下降，可暂停户外活动。

给宝宝买玩具要有选择性

有些父母认为太小的宝宝不需要什么玩具，因为他们还不懂得玩耍。研究表明，即使0～1个月的宝宝也有很强的学习能力，从一出生，他们就会用自己独特的方式来认识周围的世界。不到1个月的宝宝，吃饱睡足后也能积极地吸收周围环境中的信息。所以，父母现在起就可以有选择地给宝宝买些玩具了。

适合 0 ~ 2 个月宝宝的玩具

◎**摇响玩具（拨浪鼓、花铃棒等）**。让宝宝寻找声源，锻炼听觉能力。

◎**音乐玩具**。让宝宝倾听声音，不但能锻炼听觉能力，还能愉悦他的情绪。

◎**活动玩具**。吸引宝宝视线，锻炼视觉能力。

◎**悬挂玩具**。悬挂在床头，能吸引宝宝的视线，锻炼宝宝视觉、听觉能力。

◎**卡通图片（人像、有一定模式的黑白图片）**。悬挂在床头或贴在墙上让宝宝观看，锻炼视觉能力。

选择安全的玩具

我国对玩具的使用说明及标志有严格规定，如必须标明生产厂名称、厂址、商标、使用年龄段、安全警示语、维护保养方法、执行标准号、产品合格证等。因此，在为宝宝挑选玩具时，首先要检查玩具的包装上有没有这些内容，然后再购买。

家长在为宝宝选择玩具时要将安全性列为首要要素。

为 3 岁以下的宝宝选购玩具要考虑得更周全，如玩具不应有角或尖锐的边；材料应不易燃、不带毒性并易于清洗、消毒；玩具要坚实耐玩，玩具上的附件要牢固；玩具不能太小，以免宝宝将玩具放入口中；玩具上如果有绳索，则长度不要超过 30 厘米，以免使用时不慎缠绕脖子而造成严重后果。

此外，家长还要经常检查家中的玩具，以确保安全，若有破损应及时修理。

注意玩具的卫生

家长还要注意宝宝玩具的卫生，定期给玩具清洗和消毒。一般情况下，给皮毛、棉布玩具消毒，可把它们放在日光下暴晒几小时；木制玩具，可用煮沸的肥皂水烫洗；铁皮制作的玩具，可先用肥皂水擦洗，再放到日光下暴晒；塑料和橡胶玩具，可用浓度为 0.2%的过氧乙酸或 0.5%的消毒灵浸泡 1 小时，然后用水冲洗干净、晾干较好。

宝宝“便便”里的学问

宝宝排便情况与健康的关系

宝宝的排便是否正常和他的健康状况有很大关系。父母除了要培养宝宝良好的排便习惯外，还要留意他的粪便，通过排出粪便的颜色、形状及次数来判断宝宝的健康情况。

观察宝宝排便是否正常

要以排便的次数及形状来判断。通常吃母乳的宝宝，一吃就排便，排便次数较多，粪便呈稀糊状，但也有可能因为消化完全，肠胃道没有残渣，所以多天不排便。至于吃配方奶的宝宝，一天排便 1 ~ 2 次，粪便较硬。宝宝的排便情形因人而异，只要宝宝的体重正常增加，就是正常状况。

刚出生 1 ~ 2 个月的宝宝，会出现“新生儿肠胃反应”，即喝奶后很快会放屁排便，所以排便的次数较多。若是一天排便超过 6 次就要注意，但如果是吃母乳的宝宝，排 6 ~ 8 次为正常现象。

宝宝排绿便的原因

大便中的黄色色素是由于胆汁中的胆红素所造成的，胆红素氧化时会呈绿色，因此绿便也是正常的。还有富含铁的配方奶粉或添加铁剂也可能会造成绿便，宝宝绿便，主要还是因为肠蠕动过快。偶尔拉绿便没关系，如果经常拉绿便，适当用点儿助消化药后，症状还不改善，则要到医院就诊。

宝宝睡眠不踏实怎么办

睡眠占新生宝宝生活的大部分时间，可以说这一时期的宝宝主要任务就是睡觉。父母应了解睡眠对于宝宝生长发育的重要性，从小培养宝宝良好的睡眠习惯。

观察宝宝的睡眠规律

新生宝宝睡觉时常可见到嘴角上翘的情形，有时皱眉，眼球来回转动，眼睛半闭半睁，嘴一张一合在吸吮着，面部表情十分丰富，四肢有时会活动，别以为这时宝宝已经醒了，宝宝的身体在动，但事实上他还睡着呢。睡眠中宝宝出现这些动作是正常现象，因为这些动作未通过大脑皮层的指令，是大脑皮层下的中枢活动所致。

正常人睡眠时有浅睡眠和深睡眠两种状态，新生宝宝的浅睡眠占睡眠总时间的 2/3，而成人则为 1/5。

上面所说的新生宝宝睡眠中出现的各种表情是浅睡眠的表现。而宝宝深睡眠（熟睡）时则表现为呼吸均匀，脉搏次数减少，很安静，没有那么多动作，又称静态睡眠。

让宝宝有一个安全的睡眠环境

要让宝宝独自睡，首先要在睡眠环境中建立安全感。宝宝可能会因周围环境的变化，有不安的表现，此时，最重要的是让宝宝听见父母的声音，使他清楚地知道父母就在附近。而对于宝宝在白天的情绪反应，也要有所响应，让宝宝知道父母是可以完全相信的。

睡眠姿势要正确

宝宝的睡姿主要是由照顾者决定的，同时，宝宝整天生活在床上，即使醒着也存在着睡姿问题，因此睡姿是直接影响其生长发育和身体健康的重要问题。

宝宝初生时保持着胎内姿势，四肢仍屈曲，为促使其排出在产道内咽进的羊水和黏液，出生后 24 小时内要采取侧卧位。侧卧位睡眠对重要器官既无过分的压迫，又有利于肌肉的放松，万一宝宝溢乳也不至于呛入气管，是一种值得提倡的睡眠姿势。但是宝宝的头颅骨缝还未完全闭合，颅骨也尚未完全骨化，如果经常朝同一个方向睡，可能会引起头颅变形。如长期仰卧会使宝宝头形扁平，长期侧卧会使宝宝头形歪偏，这些都会影响宝宝的外观。

正确的做法是经常为宝宝翻身，变换体位，更换睡姿。吃奶后不要仰卧，要侧卧，以避免吐奶后呛入气管。左右侧卧时要当心不要把宝宝耳郭压向前方，否则耳郭经常受压也容易变形。

睡眠环境要舒适

舒适的环境，是宝宝睡得香甜的前提。首先是被褥要清洁、舒适，薄厚要适合季节的特点。宝宝的睡衣应选择纯棉、柔软、宽松的睡袍，长度要长过脚面，以保证宝宝手足的温暖，但以不出汗为宜。室内空气应新鲜、流通，但不要让风直接吹向宝宝。宝宝睡觉时应拉上窗帘，关上大灯，不要让室内光线太亮，以免因光线太强而影响宝宝入睡。应适当减轻周围的声响，但也不必寂静无声，以免宝宝对声音过于敏感，稍有响动便立即惊醒。

作息时间要规律

规律的睡眠时间可以帮助宝宝建立生物钟，减少睡前哭闹或因精力过于充沛而无法入睡的情况发生。

形成固定的睡眠准备“仪式”

在睡前的一个多小时应让宝宝吃饱，喂奶半小时以后再给宝宝洗澡、换睡衣。冬天若不能坚持每天给宝宝洗澡，也应在睡前给他洗脸、洗脚、洗屁股。洗后应立即上床，可以读点儿歌，低声唱催眠曲，但不可在宝宝上床后再逗他，那样容易使宝宝兴奋，难以入睡。固定的睡前“仪式”，可使宝宝进入睡眠前的准备，拥有更多的安全感。

让宝宝白天少睡点

有的宝宝夜间不好好睡觉是因为白天睡得太多，活动太少了，父母可适当增加宝宝白天的活动时间和活动量，使用这种方法在一般情况下可见成效。

白天让宝宝少睡点，晚上他才能睡得踏实。

培养宝宝自己入睡的习惯

在宝宝入睡之前，父母最好不要抱着宝宝又拍又摇或让宝宝含着乳头入睡，这样入睡的宝宝很难养成主动入睡的习惯。而学会自己入睡的宝宝夜间醒来能继续自然入睡，进入下一个睡眠周期。

如果宝宝养成了需要哄着或含着乳头才能入睡的习惯，夜间醒来也会要求同样的方式，一旦不能满足他的需求，就会哭闹不休。

帮助宝宝养成独自入睡的习惯，可以明显改善宝宝睡觉不踏实的现象。

轻松给宝宝剪指甲

很多宝宝都不喜欢剪指甲，剪指甲时往往很不配合，让父母无从下手。父母应该掌握好适当的时机和技巧，给宝宝勤剪指甲，最好使用宝宝专用的指甲钳，以免无意伤到宝宝。

修剪指甲的好处

宝宝的小手整天东摸西抓闲不住，而指甲缝是细菌、病毒藏身的大本营。宝宝又爱吮吸手指，这样细菌、病毒就很容易被吃到肚子里，引起疾病。

指甲太长，还容易抓伤自己，引起炎症。因此，父母一定要经常给宝宝修剪指甲。

修剪指甲的方法

剪指甲的姿势有两种。一种是让宝宝平躺在床上，父母支靠在床边，握住宝宝靠近父母这边的小手，最好是同方向、同角度，这样不容易剪得过深而伤到宝宝；另一种是父母坐着，把宝宝抱在身上，使他背靠着父母，然后也是同方向地握住宝宝的一只小手剪。

握着宝宝的手时，要分开他的五指， 捏住其中一个指头剪，剪好一个换一个。最好不要同时抓住一排手指剪，以免宝宝突然挥动整个小手而误伤其他手指。修剪顺序应该是，先剪中间再修两头。因为这样比较容易掌握修剪的长度，避免把边角剪得过深。剪完后，仔细检查一下是否有尖角，务必要修剪圆滑，以免此尖角长长后成为抓伤宝宝的“凶器”。

对于一些藏在指甲里的污垢，最好在修剪后用清洗的方式来清理，不宜使用坚硬物来挑。如果不慎误伤了宝宝，要立刻用消毒纱布或棉球止血，然后涂抹上消炎药膏即可。

修剪指甲的最佳时机

最好在宝宝熟睡时修剪指甲，此时的宝宝对外界敏感度大大降低，可以放心进行；还可以在宝宝吃奶时修剪，此时的宝宝注意力全部集中在吃奶上。需要注意的是，尽量不要在宝宝情绪不佳时强行剪指甲，以免使他对剪指甲产生反感或抵触情绪，甚至伤到宝宝。

专家医生来帮忙

服用小儿麻痹糖丸要及时

小儿麻痹糖丸的正式名称为脊髓灰质炎三价混合疫苗，作用减低毒力的Ⅰ、Ⅱ、Ⅲ型脊髓灰质炎疫苗株。宝宝只要吃上几粒就可以有效预防小儿麻痹了。第一次服用糖丸的时间最好是出生后第 2 个月，所以宝宝 2 个月时父母应该及时带他到计划免疫站点服用。

宝宝服用小儿麻痹糖丸的时间

宝宝出生后 2 个月就应开始服用糖丸 1 粒，3、4 个月时各服 1 粒，即在 1 周岁内连服 3 次，每次间隔时间不得短于 28 天，4 周岁时再服 1 粒，一般情况下就不会得这种传染病了。

如何正确服用糖丸

切忌热水服用。小儿麻痹糖丸是减毒处理的活病毒，十分怕热。为确保服用效果，月龄较小的宝宝先用汤勺或筷子将糖丸研碎，或用汤勺将糖丸溶于冷开水中服用；较大月龄宝宝可直接吞服。

宝宝在服用疫苗后，若能在 4 小时内停止吸吮母乳（可用牛奶或其他代乳品），则效果更佳。因母乳中含有抗病毒抗体，对疫苗病毒有一定的中和作用。

服用糖丸后的反应

服用疫苗后一些宝宝会出现发热、恶心、呕吐、皮疹等轻微症状。个别宝宝可能会发生腹泻，泻出物多为黄色稀便，次数不等。多数宝宝在 2 ~ 3 天时会自行缓解。

不适合服用糖丸的宝宝

腋下体温 37.5℃以上或每天腹泻在 4 次以上者及严重佝偻病、活动期结核、丙种球蛋白缺乏症、免疫抑制剂治疗者，及其他重症疾病者均不宜服小儿麻痹糖丸。

蚊虫叮咬的防治措施

夏天，父母要留心宝宝被蚊虫叮咬。蚊虫叮咬后常会引起皮炎，这是夏季小儿皮肤科常见的病症，以面部、耳垂、四肢等裸露部位的丘疹或淤点为多见，也可出现丘疱疹或水疱；损害中央可找到刺吮点，像针头大小暗红色的淤点，宝宝常会感到奇痒、烧灼或痛感，表现出烦躁、哭闹；个别严重者可见眼睑、耳郭口唇等处明显红肿，甚至发热、局部淋巴结肿大；偶发由于抓挠或过敏引起的局部大疱、出血性坏死等严重反应。

避开蚊虫侵扰的预防措施

注意室内清洁卫生，在暖气罩、卫生间角落等房间死角定期喷洒杀蚊虫的药剂，最好在宝宝不在的时候喷洒，并注意通风。

宝宝睡觉时，夏季可以给他的小床配上一盏透气性较好的蚊帐；或插上电蚊香，注意蚊香不要离宝宝太近；还可以在宝宝身上涂抹适量驱蚊剂；睡觉前沐浴时可以在宝宝的浴盆里滴上适量花露水。

郊游时尽量穿长袖衣裤；可以在外出前全身涂抹适量驱蚊用品。在使用驱蚊用品，特别是直接接触皮肤的防蚊剂、膏油等时，要注意观察是否有过敏现象，有过敏史的宝宝更应该注意。

宝宝被蚊虫叮咬后怎么办

一般性的虫咬皮炎的处理主要是止痒，可外涂虫咬水、复方炉甘石洗剂，也可用市售的止痒清凉油等外涂药物。

对于症状较重或有继发感染的宝宝，可在医生指导下内服抗生素消炎，同时及时清洗并消毒被叮咬的局部，适量涂抹红霉素软膏等。父母要勤给宝宝洗手，剪短指甲，谨防宝宝搔抓叮咬处，以防止继发感染。

写给父母

蚊虫是传播乙型脑炎和多种热带病（如疟疾、丝虫病、黄热病和登革热）的主要媒介，夏秋季如果发现宝宝有高热、呕吐，甚至惊厥等症状时，应及时就诊。

防止宝宝脱水

脱水也是发生在宝宝身上的常见现象，尤其是在冬季干燥的室内和在宝宝生病的时候。如果脱水症状不能及时得到缓解，宝宝体内的水分、电解质失去平衡，血液中的重要营养物质大量丢失，可能会导致大脑的损伤甚至死亡，因此必须对脱水宝宝给予及时救治。当宝宝脱水严重时，作静脉补液注射往往还比较困难，所以要尽量避免宝宝出现脱水现象。在宝宝患病的过程中， 家长要注意宝宝是否会引起脱水的问题，及时采取有效措施，以避免问题的发生。

引起宝宝脱水的原因

宝宝患了某些疾病时，很可能使机体丢失水分。比如宝宝发热时，机体大量汗腺分泌，丢失了水分；宝宝呕吐或腹泻时，水分丢失就更快。当体内的水分丢失到一定的程度，而又未能及时补充水分时，宝宝就会出现脱水现象。

脱水的主要症状

宝宝会有口唇干燥的感觉；尿液减少且颜色呈深黄色；皮肤缺乏弹性，

如果用两个手指捏一下皮肤，该处的皮肤会相互粘着而不能立即弹开，头顶的囟门会凹陷下去。

判断宝宝是否脱水的简单方法

1 周岁以内的宝宝一般囟门尚未闭合，所以只要用手轻轻地摸摸宝宝的前囟门，如果感觉往里凹得比较深，就说明宝宝缺水，人工喂养的宝宝也应该给其喝点儿果汁或者宝宝专用矿泉水。

如果宝宝经常有夜间哭闹、烦躁不安等情况，在排除其他原因时，应该考虑到宝宝是否缺水。

人工喂养的宝宝多给其喂水，可避免宝宝脱水的现象。

冬季也要谨防宝宝脱水

冬季，天气寒冷，屋里经常开着暖气，大人也会感觉到有些口干，经常想喝水。水分对宝宝尤为重要，宝宝体内的水分占体重的 70%左右，而宝宝期的新陈代谢速度非常快，是成人的几倍， 所以就导致了宝宝体内的水分易于流失。冬天如果是统一供暖的房子，家里最好买个雾化器或加湿器，屋里太干时，可以制造水雾；如果是独立供暖的房子，可以在暖气上放一小杯水或一条湿毛巾。

宝宝患腹股沟疝的治疗方法

宝宝腹股沟疝俗称小肠疝气，主要症状是当哭闹或屏气用力时，腹股沟内侧出现肿物突起，安静时消失。随着肿物的屡次出现，肿物可增大并坠入一侧阴囊内。父母用手指将肿物向内、向上轻轻挤压，可使其进入腹腔，有时会听到“咕噜”声。用手指压迫腹股沟中点稍上方，肿物就不再出现。肿物出现后走路会有坠胀感，但不会影响宝宝的生长发育。

腹股沟疝产生的原因

腹股沟疝是由于先天性腹膜鞘状突闭合不良，遗留了通向腹腔的囊袋所致。睾丸在胚胎时期位置较高，下降过程中带下来一部分腹膜包裹睾丸。正常情况下，宝宝出生后鞘状突中间部分闭塞萎缩，只保留鞘膜包裹睾丸，分泌少量液体使睾丸活动自如，不易受损。若是出生后腹膜鞘突没有闭合，同时存在腹压增高的因素时，腹内肠管和大网膜就可以通过此通道被压到腹股沟内侧皮肤下面，甚至到达阴囊内，而成为腹股沟疝。

如何治疗宝宝腹股沟疝

宝宝腹股沟疝较好的治疗办法是手术治疗。手术原则是将疝囊袋横断，高位结扎疝囊。最好在宝宝出生 5 ~ 6 个月以后，营养状况较好的情况下进行手术。应首先消除腹压增高因素，如慢性咳嗽、排便困难等，择期手术治疗。

宝宝服药的正确方法

由于宝宝惧怕药的苦味，往往会拒绝服药。有些父母便采取一些“强硬措施”，如按住宝宝的双手，捏住鼻子，在宝宝张口呼吸或哭闹时，把药灌进宝宝嘴里。这种做法是极不妥当和不安全的。家长要掌握正确的喂药方法，避免强迫宝宝吃药。

让宝宝乖乖服药的窍门

通常苦药粉可加糖水喂服。如果是药片，首先将它碾碎，再加糖水喂服。

喂药时，将宝宝抱在怀里，呈半卧位姿态，用一只勺子压住舌头中部，另一只勺子将药液送入舌头后部，喂完药后再喂点儿糖水，把宝宝抱起来轻轻拍打背部，让他睡下。

喂药之前，最好不要吃东西，免得服药后引起反胃、呕吐。喂药一定要按时按量，不可中断，也不可随意漏服或加服，否则将达不到治疗的目的，还会引起不良后果。

切忌用茶水服药

切忌用茶水给宝宝喂药，因为茶中含有一种名为鞣酸的物质能与药物中所含蛋白质、生物碱或金属盐等成分发生化学反应，生成不易溶解的沉淀物，影响宝宝对药物的吸收，降低疗效。

亲子游戏时间

我有好多好朋友

1 益智目标： 训练宝宝小手的抓握能力。

2 游戏准备： 小狗娃娃、兔子娃娃、小猫娃娃、小熊娃娃各1个。

3 游戏步骤： ①小狗娃娃、兔子娃娃、小猫娃娃、小熊娃娃摆放在床旁边。

②妈妈拿起小狗娃娃，一边晃动一边对宝宝说：“Hi，宝宝，我是小狗，汪汪汪，你好吗？”

③然后将玩具放到宝宝的手边，让宝宝抓握，观察宝宝是否高兴。

④拿起其他玩具跟宝宝打招呼，并让宝宝抓握这些玩具。

4 专家指点： 这项训练可以说是“一箭三雕”—— 让宝宝抓握玩具，使他的小手更灵活有劲儿；让宝宝听到各种不同的声音和语调，对宝宝认知能力和语言能力的发展有益；让宝宝多认识一些小伙伴，对他今后社交能力的发展有促进作用。这个游戏可以锻炼宝宝多方面的能力。

每天做做健康操

1 益智目标： 锻炼宝宝的肢体，让宝宝感受到运动的乐趣。

2 游戏准备： 在宝宝洗澡前进行，游戏前要先为宝宝松开衣服。

3 游戏步骤： ①帮宝宝做左右转头的动作，边做边说“左”、“右”。

②握住宝宝双脚的脚踝，让宝宝右腿伸直，左腿做弯曲动作，说“弯弯”，然后换右腿。

③妈妈轻柔地握着宝宝的双手，往外做伸展运动，并告诉宝宝

“外”；往里合拢双手，说“里”；使宝宝双手向上运动，说“上”；使宝宝双手往下放，说“下”。

4 注意事项： ● 妈妈的动作要轻柔、缓慢。给宝宝松开衣服时，以能让宝宝自由活动为度，不要完全把宝宝的衣服脱掉，以免宝宝着凉而引发感冒等不适。

● 训练时间不宜过长，2 ~ 3 分钟即可，然后帮宝宝洗澡，帮宝宝穿好衣服。

5 专家指点： 每天给宝宝做一些健康操，可以有效地锻炼宝宝手脚的关节，让宝宝的手、腿等肢体得到锻炼。妈妈握着宝宝的手，还能给宝宝传递心理上的力量，让宝宝感受到妈妈的爱，以及在运动中的乐趣，这对促进宝宝心智、性格等方面的发展极其有利，妈妈们千万不要因为害怕宝宝累着而错失培养宝宝智力的良机。

蹬，蹬，我蹬

1 益智目标： 锻炼宝宝主动满足自身需求的能力。

2 游戏准备： 轻便小毛毯 1 条。

3 游戏步骤： ①让宝宝睡在小床上，盖上毛毯（不要包裹睡袋或包被）。

②让宝宝自由活动，观察宝宝是否手脚并用掀掉或用双脚蹬开小毛毯，是完全蹬掉，还是只露出小手或小脚。

4 注意事项： ● 做这项训练时，要注意温度（室温应达 24℃），以免宝宝着凉。

● 最好在宝宝睡着时进行这项训练，因为宝宝在睡着时，体温变化起伏较大，观察所得的结果更加真实。但需要妈妈全程陪同在宝宝身边，注意观察并将结果记录下来，同时要及时给宝宝盖上毛毯，以免宝宝着凉。

5 专家指点： 宝宝在睡觉时，如果感到热，会主动地蹬开毛毯，如果大人没有及时给他盖上，宝宝就容易着凉而感染疾病。但如果总是将宝宝裹紧，会妨碍宝宝四肢的发育。而这项训练，可以观察到宝宝能使出多大的力气，而且还可以分出是上肢还是下肢的劲儿大一些，家长可以根据观察的结果来调整宝宝晚上睡觉的方式。在宝宝睡觉时，最好用宽松的睡袋，既保暖又能让宝宝的肢体得到活动。如果天气比较暖和，家长可以尝试让宝宝舒服地自由活动。

第3章

2~3个月宝宝 60~89天

多看、多听、多触摸这个世界

宝宝生长发育月月查

本月宝宝体格发育状况

2～3个月的宝宝，身高、体重增长得仍很快。现在让我们一起来看看宝宝的增长情况吧，你会觉得宝宝越来越结实了。

体重	这个月的宝宝，体重会增加0.6～1.25千克，平均体重可增加1千克，平均每周会增长250克左右。
身高	前3个月的宝宝身高每月会增加3.5厘米左右。
头围	月龄越小宝宝头围增长的速度就越快，这个月宝宝的头围可增长约1.5厘米，和身高、体重一样，头围的增长也会存在个体差异。
胸围	由于胸部器官发育较快，因此胸围也增长较快，此时，胸围的实际值开始达到或超过头围。男宝宝的平均胸围为41.2厘米（37.4～45.7厘米）；女宝宝的平均胸围为40.1厘米（36.5～42.7厘米）。
前囟	前囟和1个月的宝宝相比基本没有多大变化。宝宝的囟门处没有颅骨，要注意保护。

本月宝宝智力发育状况

动作能力

3 个月大的宝宝，头能够随自己的意愿转来转去。当宝宝趴在床上时，他已经可以比较熟练地把头抬起来支撑一会儿，有的宝宝现在可能已经能够自己从仰卧姿势翻成侧卧或俯卧姿势了。此时，许多宝宝已经可以被竖着抱起来了，尽管头竖得还不太稳，但宝宝却更喜欢被这样抱，而不再愿意被横着抱，因为这样抱可以看到更多的景物。

语言能力

健康的宝宝一般哭闹声会明显减少，父母会越来越多地听到宝宝“咿咿呀呀”地发音。当宝宝心情愉快或躺在床上无人陪伴时，他就会发出各种各样的语音，这是宝宝在与人交流。

如果你模仿宝宝并示以欢笑和赞许，他就会响应式地与你“嗯嗯啊啊”地“说”个不停，并以此为乐。

视觉发育状况

进入这个月，宝宝的视力已经能看到 1 米以内的所有物体。如果你拿着一个新奇的玩具在宝宝的视力范围内前后移动，他的目光会紧紧跟随着玩具移动。并开始对颜色产生分辨能力。宝宝对黄色最为敏感，其次是红色，见到这两种颜色的玩具很快能产生反应，对其他颜色的反应要慢一些。

3 个月大的宝宝已经可以看到 1 米以内的物体了。

听觉发育状况

随着月龄的增长，宝宝的听觉能力也在逐步提高。到这个月时，宝宝的听力有了明显的发展，在听到声音后，头能转向声音发出的方向，并表现出极大的兴趣。

喂养也要讲科学

本月宝宝的饮食喂养特点

对 2 ~ 3 个月大的宝宝仍应继续坚持母乳喂养。世界卫生组织对母乳喂养的建议是：6 个月以内属于纯母乳喂养期，宜采取按需喂养的原则，期间可以不用喝水，因为母乳本身就含有大量的水分。无条件哺乳的，2 ~ 3 个月的宝宝仍应每隔 4 小时喂奶 1 次，每天共喂 6 次，期间需要喂水，以防上火。配方奶喂养的宝宝奶量每次 100 毫升左右，即使吃得再多的宝宝，全天总奶量也不能超过 1000 毫升。

本月宝宝补钙指南

不是每个年龄段的宝宝都要补钙

一般正常进行母乳喂养或人工喂养宝宝合理，是不需要额外补钙的。而宝宝添加辅食后，随着母乳营养质量的下降，这时宝宝因为咀嚼和消化能力有限，食物比较单调，户外活动也比较少，最好补充一定量的钙剂。

一般正常进行人工喂养的宝宝不需要再额外补钙。

正确把握补钙的量

宝宝的肠胃功能较弱，不要选择碱性较强的补钙剂，如碳酸钙、活性钙等。0 ~ 2 岁的宝宝，每天大约需要 600 毫克的钙量，其中 400 毫克完全可以从母乳或配方奶中取得，因此一些宝宝每天需补 200 毫克的钙剂。

慎重购买“二合一”钙剂

父母应慎重给宝宝服用大量添加维生素 D 的补钙剂，尤其是同时在服用鱼肝油的宝宝。因为服用维生素 D 过量，会产生积蓄中毒现象，使宝宝食欲减退、反应迟钝、心律不齐，还可能出现肝肾功能损伤。

宝宝缺锌小常识

此阶段的宝宝是以喝母乳或配方奶为主，只要喂养合理，一般不会出现营养缺乏的情况，但父母也要注意不要出现宝宝缺锌的情况。缺锌的宝宝最有可能出牙慢，长蛀牙；容易口腔溃疡；视力差，怕光；皮肤无光泽；注意力不集中，反应慢；记忆力差；多动；厌食、偏食；发育慢，长不高；免疫力差；易感冒发热。

补充维生素的 3 大误区

◎**给喝配方奶的宝宝额外补充维生素 A 和维生素 D**。配方奶中已经添加了维生素 A 和维生素 D，再补就很容易过量，易造成宝宝的蓄积性中毒。

◎**为了提高宝宝的免疫力而大量补充维生素 C**。服用太多的维生素 C 容易造成泌尿系统结石。

◎**补充维生素迷信“大而全”**。复合维生素很是诱人，小小一片药丸将维生素家庭中的大部分成员一网打尽。可这样没有目的地全面补充，很容易产生维生素之间的失衡，该补的量不足，不需补的反而偏多。

正确补充碘

碘少碘多都有害，长期过量摄入碘，易造成高碘性甲状腺肿大。

硒对提升宝宝免疫力有好处

硒能提高宝宝的免疫力。缺乏硒的时候可能导致心脏疾病和癌症高发，但是如果吃得过多也会导致中毒。因此，补硒不可过量，食补最为安全可靠。海产品和动物内脏中含硒丰富。

吃一些含硒的食物，对提升宝宝免疫力有好处。

本月宝宝的日常照顾

注意保护宝宝的眼睛和耳朵

2 ~ 3 个月宝宝的眼睛和耳朵是非常需要保护的。父母平时在给宝宝洗头时，要注意不让水流进他的眼睛和耳朵里，用专门的无刺激的洗发水给宝宝洗头。在给宝宝的床上挂玩具时也要注意方法，以免眼病的形成；尽量避免宝宝待在声音嘈杂、噪声严重的环境里，以免影响宝宝的听觉发育。

眼睛的保健重点

婴儿期是视觉发育最敏感的时期，如果有一只眼睛被遮挡几天时间，就有可能造成被遮盖眼永久性的视力异常，因此，一定不要随意遮盖宝宝的眼睛。

保护宝宝的耳朵

宝宝的耳朵很软，如果你看到它们折到了一个不可思议的角度，你也别太惊讶。因为他们耳朵中的软骨尚未发育成熟，很易曲折，但几周后，它会逐渐变硬，宝宝的耳朵就会像大人的一样，保持正常姿势了。

呵护宝宝的眼睛和耳朵，让宝宝健康成长。

帮宝宝建立规律睡眠

到 2 ~ 3 个月时，大多数宝宝可以整夜睡眠 7 ~ 8 个小时不醒。如果宝宝 2 ~ 3 个月时仍然不能整夜持续睡眠，父母可以鼓励他在下午或晚上保持更长时间的清醒。在这些时间内主动与他玩耍，或者让他加入家庭成员在起居室的活动，保持他在睡眠时间以前清醒。在将要上床睡觉前增加他的喂奶量（如果是母乳喂养，延长他的喂奶时间），以免因为饥饿而过早醒来。这个月龄的宝宝宜仰卧睡觉。如果父母耐心并坚持的话，宝宝的睡眠方式将很快发生变化。

建立规律睡眠的方法

◎**帮助宝宝清醒**。早晨吃过奶后，用温湿的毛巾轻轻地给宝宝擦擦脸，让他慢慢地精神起来。

◎**让宝宝迎接曙光**。抱着宝宝走到窗边，接受清晨和煦的阳光，和宝宝一起呼吸一天中最新鲜的空气，帮助宝宝慢慢认识早晨。

◎**白天父母应在宝宝睡觉时该做什么就做什么**。妈妈在宝宝白天睡觉的时候，不要刻意限制自己的生活，如关掉电视机、禁止交谈等，尽可能维持正常的生活，让宝宝明白白天的睡眠和晚间的睡眠是不一样的。

◎**调节光线，让宝宝理解白天与黑夜**。白天睡觉的时候，尽可能保持正常的光线；而夜晚，不要开灯，过多接触灯光会打乱宝宝的生物钟，让宝宝习惯在全黑的状况下入眠，这也是理解黑夜的一种方式。

调整宝宝睡眠黑白颠倒的现象

即使在为宝宝建立一个相当规律而合理的睡眠方式以后，仍然可能出现问题。例如，这个时间的宝宝很容易黑白颠倒，使得他们在白天的大多数时间内睡眠。宝宝白天的睡眠延长时，夜间睡眠相应减少。如果他在夜间醒来时，获得喂奶和安慰，他就会很自然接受这种新的睡眠周期。为了预防或打破这种习惯，在夜间要尽快地使宝宝重新睡着，不要开灯、谈话或与他玩耍。如果你必须给他喂奶或换尿布，尽可能轻，以免惊醒他。白天要尽量保持宝宝清醒，在夜里 10 点或 11 点以前尽量不要让他睡着。

如何对待宝宝早上过早醒来

许多宝宝早上会过早醒来而使父母感到不适应。有时使用深色的窗帘阻挡早上的阳光进入房间会改善这种状况，宝宝醒来哭闹几分钟后，可能重新入睡，也可以让宝宝晚上晚一点儿睡觉。随着宝宝的成长，床边的玩具可以占用他更多的时间，这样父母就可以有更长的睡眠时间。

解读宝宝睡眠不安的原因

◎**饮食不当**。摄入量不足或摄入量过多，食物过凉，食物搭配不合理。

◎**环境因素**。噪声大，室内湿度过高或过低，室内温度过高或过低，光线太强、异味太重。

◎**护理不当**。衣着不适，盖被太厚或太薄，尿布湿了没有及时更换，抱睡、含奶头睡、陪睡等不良睡眠习惯。

◎**疾病因素**。佝偻病可造成宝宝烦躁不安、易惊、多汗等症状；湿疹会使宝宝因有奇痒而影响睡眠；中耳炎导致宝宝因耳道疼痛不适而引起睡眠不安；肠痉挛表现为阵发性的腹部疼痛，宝宝多有惊叫、哭闹；其他疾病，如感冒鼻塞、支气管炎症引起的咳嗽也会使宝宝睡不好觉。

多带宝宝去户外活动

本月应多抱宝宝到户外活动。户外活动对宝宝的认知能力和体格锻炼都是有好处的。外界不同季节具有的空气浴及冷空气对宝宝的刺激，有助于宝宝的体格发育，提高宝宝的抗病能力。同时还有日光浴，经过阳光照射可以提高宝宝的体质，增加他的抵抗力。所以户外活动对宝宝的成长是非常必要的，不要紧紧地把宝宝关在家里。父母要选择晴朗的天气带宝宝外出，气温最好在 20℃以上。夏季外出，不要在强烈阳光下暴晒，可在有阴凉处散步；寒冷季节，要在阳光明媚时外出。这时带宝宝到公共场所还为时尚早。

春季，妈妈最好带宝宝去公园等人比较少的地方活动。

春季户外活动

春季阳光充足，应该增加宝宝的户外活动，一天最好不少于 2 个小时。进行户外活动时，不需要戴帽子、手套，要让宝宝直接接触阳光，增强体质并促进钙的吸收，避免宝宝患佝偻病、发生贫血。户外的活动量加大，穿得过多容易出汗，一遇冷风会导致感冒。因此，穿衣应以进行一般活动不出汗为标准。最好在此基础上进行少穿训练，增强宝宝对外界气温变化的适应能力，提高机体免疫力。当然，春季父母尽量少带宝宝去人员密集的地方，如火车站、电影院、商场等。父母要给宝宝养成进门先洗手的习惯。哺乳期的妈妈如果患感冒，应戴好口罩再给宝宝哺乳。

夏季户外活动

夏季可在通风凉爽的树荫下、房檐下做些安静的活动，这些地点有折射的紫外线，其量为直接阳光照射的 40%，同样能使体内产生抗佝偻病的维生素 D 。天气暖和时多到户外活动，维生素 D 便储存在体内，补充冬季的需要。

秋季户外活动

虽然天气一天比一天冷，但不要因为天气凉就不带宝宝出门，研究证明，适当的寒冷刺激有助于宝宝发育，每天都带宝宝出去玩 1 ～ 2 个小时，让宝宝每天都有丰富的生活经验，他的自信心会逐渐增强，运动能力也会越来越强，对新鲜事物的求知欲望也增强，并且善于与人接触，这些良好的素质将使他一生受益。

冬季户外活动

冬季户外活动，除非天气特别恶劣，一般情况下也应该每天带宝宝外出活动半个小时。让宝宝的皮肤和呼吸适当感受到冷空气的刺激，这也是一种很好的锻炼。另外，室内温度不要过高，以免室内外温度悬殊太大，宝宝从较热的室内外出活动，容易着凉，所以外出时也要做好准备。宝宝可以在背风处晒晒太阳，戴一个有沿的帽子，以免阳光刺激眼睛；给宝宝洗净脸后，擦点儿婴儿护肤品，以保护脸部皮肤；保持鼻子通气，以免张口呼吸。据报道，冬季天气晴朗时，户外活动，即使仅是面部和手暴露在阳光下，也有预防佝偻病发生的作用。

专家医生来帮忙

预防宝宝出现肥胖症

通常把超过同年龄同身高正常体重20%的宝宝称为肥胖症儿。肥胖症大多是单纯性的。

但过多的脂肪不仅对机体是一个沉重的负担，而且与高血压、糖尿病、动脉粥样硬化、冠心病、肝胆疾病及其他一系列代谢性疾病密切相关。患有肥胖症的宝宝通常不好动，有自卑感，性情较孤僻。因此，父母应该注意不要让宝宝成为“小胖墩儿”。

在婴儿期就应该预防肥胖症

肥胖症主要是因营养过剩导致的。研究证明，在婴儿期，尤其是从胎儿第30周至出生后1岁末，是脂肪细胞增殖活跃期，若此时营养过度可使过多的脂肪细胞一直留在体内，引起难以治愈的肥胖症。因此，肥胖症应注重早期预防，对于有肥胖症家族史的宝宝尤其如此。

预防肥胖症的良方

母乳喂养至少要4个月；6个月前不宜喂固体食物；摄入能量应按照各月龄的需要来定，能保证正常生长发育即可；1～3岁饮食要有规律，不要用哺喂的方法制止非饥饿性哭闹；及早锻炼身体、多活动。

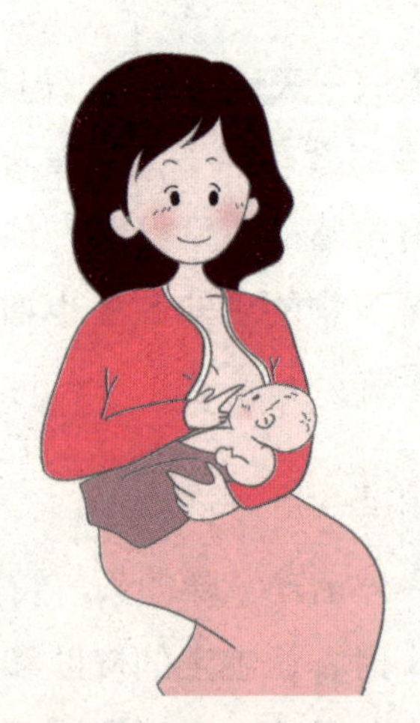

母乳喂养至少4个月是预防宝宝肥胖的重要途径。

通过舌头判断宝宝的健康状况

每位妈妈都非常关心宝宝是否吃饱穿暖，却没有留心观察一下宝宝的小舌头有什么变化。只有宝宝吃饭不好或是异常哭闹时，妈妈才会让他张开嘴巴，看看嗓子红不红，可也不会注意宝宝的小舌头有什么变化。

其实，小舌头就像一支反映宝宝身体健康状况的“晴雨表”，尤其是宝宝的肠胃消化功能更是在小舌头上表现得淋漓尽致。如果妈妈对小舌头的变化能够有所了解，就能及早发现宝宝的异常，防患于未然。这样，就可使宝宝减少生病，更加健康地成长。

妈妈在逗宝宝时，可留心观察一下宝宝的小舌头，便于及早发现异常。

宝宝发热时的舌头

宝宝感冒发热，首先表现在舌体缩短，舌面发红，经常伸出口外，舌苔较少，或虽然有舌苔但苔少发干。如果发热较高，舌质绛红，说明宝宝热重耗伤津液，所以他经常会主动要求喝水。如果同时伴有大便干燥，往往口中会有秽浊气味。这种情况经常会发生在一些上呼吸道感染的早期或传染性疾病的初期，妈妈应该引起重视。发热严重的宝宝，还可看到舌头上有粗大的红色芒刺，犹如市场上的杨梅一样，这种“杨梅舌”多见于患猩红热或川崎病的宝宝。

处理对策：①应注意及时为宝宝治疗引起发热的原发疾病，并及时进行物理降温。②注意多给宝宝饮白开水。③可购买新鲜的芦根或者干品芦根煎水给宝宝服用。

宝宝的舌头像地图

地图舌是指舌体淡白，舌苔有一处或多处剥脱，剥脱的边高突如框，形如地图，每每在吃热粥时会有不适或轻微疼痛。地图舌一般多见于消化功能紊乱，或宝宝患病时间较久，使体内气阴两伤。

患有地图舌的宝宝，往往容易哭闹，潮热多汗，面色萎黄无光泽，体弱消瘦，怕冷，手心发热等。

处理对策：①多喂白开水，适量减少喂哺，同时注意忌喂易导致上火的食物。②如果宝宝面色白、较烦躁、汗多、大便干，多为气阴两伤，可用百合、莲子、银耳适量煲汤饮用，会使地图舌得到改善。

宝宝的舌头光滑无苔

有些经常发热、反复感冒、食欲不好或有慢性腹泻的宝宝，会出现舌质绛红如鲜肉、舌苔全部脱落、舌面光滑如镜子等特征，医学上称之为镜面红舌。此外，往往还会伴有食欲不振、口干多饮或腹胀如鼓的症状。

处理对策：①对于镜面红舌的宝宝千万不要认为是体质弱而大补或增加哺喂次数。应该多喂白开水或新鲜果菜汁，如黄瓜汁、西红柿汁、白萝卜汁等煎煮的菜水；②可把西瓜、苹果、梨、荸荠榨汁后稀释饮用，或早晚用山药、莲子、百合煮粥给宝宝食用，也会收到很好的效果。

夏季宝宝舌头生疮时的表现

在炎热的夏季由于气温较高，如果宝宝喝水少或感染病毒、细菌后，会引起口舌生疮。突出的表现是舌质红赤、舌尖发红、舌苔发黄而厚，舌边或舌头表面可见到白色的溃疡面，同时伴有口臭和流口水。

同时，大多数宝宝还伴有发热不退、烦躁哭闹、夜晚睡觉不安稳、尿少而黄、大便干结等现象。

处理对策：要更注意宝宝的口腔清洁。每天用生理盐水为宝宝清洁口腔，注意多给宝宝饮白开水。

除此之外，还可到药店去为宝宝购买一些新鲜的芦根或者干品芦根，加入适量菊花或淡竹叶煎水代茶服用。如果小舌面上有疱疹或溃疡，可用锡类散涂口腔，或用十六角蒙脱石少许涂在小舌面上的溃疡处，对创面可起到止痛作用，帮助小舌面上的溃疡早日愈合。

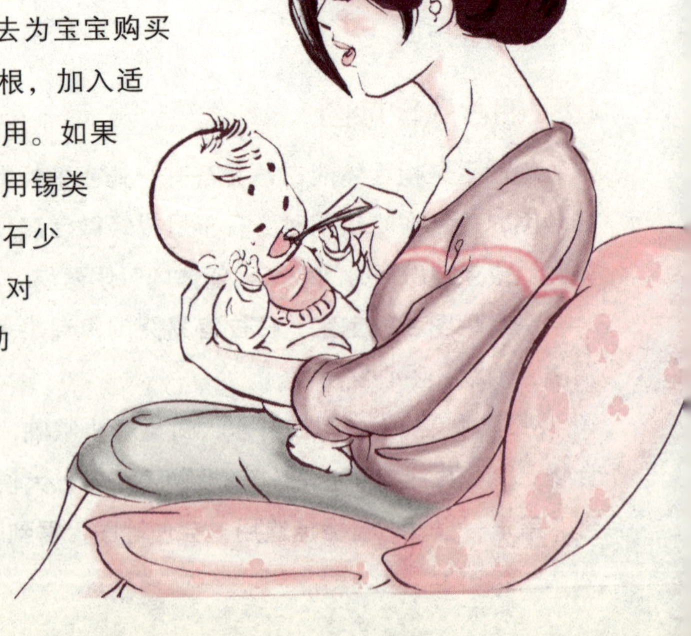

妈妈要每天为宝宝清洁口腔，以避免出现疱疹或溃疡。

关注宝宝的夜啼

有的宝宝常常在夜间啼哭不眠，甚至通宵达旦，可一到白天却又很少啼哭，妈妈为此很担心。其实这是一种病态，医学上称之为“夜啼”，即民间俗称的“夜哭郎”。“夜啼”多见于1岁以内的宝宝。要求从怀孕期间注意调理，以免宝宝受母体积热或寒凉的影响。孕妇怀孕期及哺乳期内要注意忌口。

宝宝夜啼的主要原因

宝宝夜啼除了生物钟尚未转向成人化之外，还有其他一些原因。宝宝白天受了惊吓，如白天看见异常的事物，听见奇怪或刺耳的声音而心神不宁，以致入夜常常在梦中惊哭、惊啼不寐。

◎宝宝乳食不节，脾胃运化不利，导致乳食积滞，这是夜啼的另一个主要原因。

◎环境的温度与湿度太冷、太热、太闷都会使宝宝不适而哭闹。

◎有一些宝宝半夜一定要喂一次奶，如果不喂就哭闹不止。有的宝宝尿布湿了，如果不及时更换也要哭闹。

宝宝常常在夜间啼哭不眠，妈妈要怎么办呢？

◎某些疾病（佝偻病、尿布疹等）也可引起夜间啼哭。

纠正夜啼的方法

◎对宝宝生物钟日夜颠倒的现象要逐步纠正，白天不要让宝宝的睡眠次数过多、时间过长，宝宝醒时要充分利用声、光、语言等逗引他，延长清醒时间。

◎晚上则要避免其过度兴奋而不入睡或产生夜惊。

◎卧室内外要安静，温度适宜。

◎如果有疾病应及时治疗。

◎对于受了惊吓或乳食积滞引起的夜啼， 还可在医生的指导下，采用简便的推拿方法为宝宝进行治疗使其痊愈。

脾胃虚寒型夜啼的食疗方法

宝宝脾胃虚寒的特点是每至夜间啼哭，伴有面色苍白、四肢欠温、腹部发凉，睡觉时喜欢俯卧，吃得少，大便稀薄。治疗时要以温中散寒为主。如在乳汁中或牛乳中滴几滴白豆蔻汁或生姜汁等。

红糖

◎**葱姜红糖饮**。葱根 2 根（切断），生姜 2 片，红糖 15 克，水煎开 3 分钟，热饮频服。

◎**骨头生姜煲**。鸡骨头、猪骨头各 250 克，生姜 50 克，加醋少许，加水炖煮 1 小时，取汁食用。

◎**饴糖糯米粥**。粳米或糯米常法煮粥，将熟时入饴糖适量，频服。

◎**韭菜饮**。韭菜汁、姜汁各等份，开水冲服。

韭菜

受惊夜啼的食疗方法

此类在夜啼中最多见，特点是夜啼而伴有面赤唇红、烦躁不安、睡中易惊、尿黄便干等。治疗时应注意清心安神。可采用以下食疗方法调理。

◎**红豆水**。红小豆煮水代茶饮。

◎**莲子饮**。莲子 30 ~ 60 克，煎水加冰糖代茶饮。

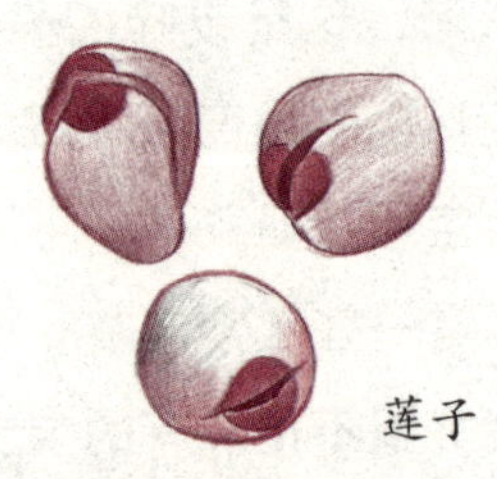
莲子

◎**龙眼芡实粥**。龙眼肉、芡实各 10 克，粳米 100 克，共煮成粥，取汁频服。

◎**冰糖百合饮**。将鲜百合 20 克洗净，加冰糖适量，以小火煮汁，至百合熟烂为止，取汤汁代茶饮。

◎**小麦粥**。浮小麦 30 克，粳米 60 克，大枣 5 枚，同煮为粥，频服。

大枣

亲子游戏时间

多让宝宝照镜子

1 益智目标：让宝宝初步认识自己的影像。

2 游戏准备：镜子1面。

3 游戏步骤：妈妈抱着宝宝走到镜子前，告诉宝宝："这是宝宝。"如果宝宝没有反应，妈妈要想办法吸引宝宝的注意力，让宝宝注视镜子里的人物，并拿宝宝的小手去摸镜子里的宝宝。宝宝注意到镜子后，妈妈拿走镜子，宝宝会追视镜子。

4 注意事项：准备的镜子一定要完好无缺、带有框，以免宝宝触摸时伤害到宝宝。

5 专家指点：给宝宝照镜子是发展宝宝认知能力的最佳方法之一。因为在给宝宝照镜子的时候，宝宝的视线注视镜子，并会随镜子移动，这能对宝宝形成一定的视觉刺激，从而促进宝宝的视觉发育。

此外，照镜子可以让宝宝初步感知镜子及其特点，而宝宝在触摸镜子时，有真实的玻璃镜子的触觉感受，能在一定程度上刺激宝宝触觉能力的发展。

爸爸在哪儿

1 益智目标：培养宝宝与爸爸的感情；训练宝宝的寻找能力和小手的运动能力。

2 游戏准备：手帕1块。

3 游戏步骤：①妈妈抱着宝宝，和爸爸面对面地坐着，爸爸哄逗宝宝吸引宝宝的注意力，然后爸爸突然用手帕蒙住脸，问宝宝："宝宝，爸爸在哪儿？"

②宝宝听到爸爸的声音，但看不到人，正不知所以然时，妈妈拿着宝宝的小手去拉开蒙在爸爸脸上的手帕，同时爸爸对宝宝说："喵——爸爸在这里，宝宝真聪明。"

4 注意事项： 在做这个游戏时，妈妈需要注意不要让宝宝等太久才去拉开蒙在爸爸脸上的手帕，以免宝宝注意力不集中后对爸爸在哪儿不感兴趣。

5 专家指点： 这项训练对促进宝宝和爸爸的交往、建立两人情感尤为有益。多玩几次这样的游戏后，宝宝会主动去拉开手帕，甚至还会学着大人的样子用手帕盖住自己的脸，然后自己拉下来，这对宝宝寻找能力的启发和小手的运动能力发展有促进作用。

魔术变变变

1 益智目标： 训练宝宝小手的灵活性和协调性；帮助宝宝练习寻找。

2 游戏准备： 红色小积木 1 块。

3 游戏步骤： ①妈妈抱着宝宝，与爸爸面对面地坐着，爸爸将双手摊开在宝宝的面前，妈妈将红色小积木放在爸爸的左手，爸爸将双手都握住。

②妈妈拿着宝宝的小手去扒开爸爸的右手，爸爸对宝宝说："咦？爸爸的这只手中没有啊。"然后妈妈再拿着宝宝的小手去扒开爸爸的左手找积木。

4 注意事项： ● 可以用包装鲜艳的糖果或其他色彩鲜艳的小物体代替红色小积木。

● 在宝宝扒爸爸的手指时，爸爸可以将手稍微握紧一些，让宝宝用力才能扒开。

5 专家指点： 3个月的宝宝还不会有目的地抓握物体，但小手不再呈握拳状态，而是张开，家长要充分利用这一时机，训练宝宝手指的抓握或抓取能力，以锻炼宝宝小手的灵活性。

这个简单的寻找游戏不仅能为宝宝变魔术，培养宝宝的探索精神，还能引导宝宝的小手进行用力、抓取等动作，对宝宝小手的灵活性和手指协调性的发展有促进作用。

第4章

我的世界丰富多彩

宝宝生长发育月月查

本月宝宝体格发育状况

进入到第4个月的宝宝的生长速度虽然比前3个月慢了下来，但很多动作较前3个月都熟练了很多。爸爸妈妈不必为宝宝几乎看不出增长而烦恼，只要宝宝健康就好。

这个阶段宝宝高兴时能发出清脆的笑声，并且喜欢与人玩耍，对周围的事物产生了较大的兴趣，而且能认识熟人的面孔。

体重	这个月的宝宝体重会增加0.6～1千克。
身高	这个月宝宝身高的增长速度与前3个月相比会慢下来，一个月大约会增长2.5厘米。
头围	这个月宝宝的头围会增长1.4厘米。
胸围	胸围的实际尺寸已开始超过头围的实际尺寸。男宝宝的胸围平均为42.4厘米；女宝宝的胸围平均为41.4厘米。
前囟	宝宝的前囟门对边连线在1.0～2.5厘米不等（通常情况下，这么大的宝宝后囟门已经闭合）。

本月宝宝智力发育状况

4个月大的宝宝对周围的各种物品都非常感兴趣，会主动用手拍打和够取眼前的玩具。

动作能力

◎平卧时，宝宝的双手会自动合拢在胸前，成相握状，还会出现抬腿的动作。

◎俯卧时，宝宝能把头抬起，与肩膀呈90°角。

◎仰卧时，宝宝有可能会俯卧过来，甚至还不断地挣扎着要翻身。

◎宝宝呈坐位时，他的头会不自觉地向前倾；当手臂或身体移动或者转头时，宝宝的头基本保持稳定，偶尔会出现晃动。如果让宝宝挺直身体坐时，仅腰部会出现弯曲。

◎当宝宝靠近桌子时，会用手摸、抓桌面。

认知能力

◎当有玩具进入自己的视线，宝宝会立即明确地注意玩具，同时还会出现双臂挥举的动作；将玩具放在宝宝小手附近时，宝宝会主动地抓握，甚至举起，笨拙地要把玩具放入嘴中；宝宝初步具备分辨红、绿、黄等纯正颜色的能力。

◎当有物体发出声响时，宝宝的注意力会被声音吸引过去，并主动转头寻找发声的物体。

语言能力

◎宝宝的音调变高，能发出较好听的声音。

◎宝宝的词汇更加丰富，在发元音的基础上，能发出b、p、d、n、g和k等辅音和da-da、ba-ba、na-na等重复音节，偶尔出现ma-ma和pa-pa等声音。

听觉发育状况

此时的宝宝已能辨别不同音色，区分男声女声，对语言中表达的感情也较敏感，并且还能表现出不同的反应。宝宝还能安静地倾听周围的声音、轻快柔和的音乐，更喜欢听爸爸妈妈对他说话。

喂养也要讲科学

增加辅食的正确方法

3 ~ 4 个月的宝宝肠胃功能还未完善，不宜添加辅食。不过妈妈要提前做足功课，对辅食材料的选择和制作有所了解，不要一下子就让宝宝吃各种不同的辅食；辅食的添加要遵照从少到多，从细到粗的原则；不要立刻用辅食代替配方奶。总之，增加辅食要循序渐进。

添加的辅食必须与月龄相适应

过早添加辅食，宝宝会因消化功能不成熟而出现呕吐和腹泻，消化功能发生紊乱等现象；而过晚添加辅食会造成宝宝营养不良，甚至宝宝会因此拒吃非乳类的流质食品。

添加辅食应从一种到多种

要按照宝宝的营养需求和消化能力逐渐增加食物的种类。刚开始时，只能给宝宝吃一种与月龄相宜的辅食，待尝试了 3 ~ 4 天或 1 周后，如果宝宝的消化情况良好、排便正常，再让他尝试另一种比较安全的辅食添加法。而且这样做还有一个好处，如果宝宝对某一种食物过敏，在尝试的几天里就能观察出来。

添加辅食应从稀到稠

宝宝在开始添加辅食时，都还没有长出牙齿，因此妈妈只能给宝宝喂流质食品，逐渐再添加半流质食品，最后发展到固体食物。如果一开始就添加半固体或固体的食物，宝宝肯定会难以消化，导致腹泻。应该根据宝宝消化道的发育情况及牙齿的生长情况逐渐过渡，即从菜汤、果汁、米汤过渡到米糊、菜泥、果泥、肉泥，然后再过渡到软饭、小块的菜、水果及肉。这样，宝宝才能吸收好，不会发生消化不良。

添加的辅食应从细小到粗大

宝宝食物的颗粒要细小，口感要嫩滑，因此菜泥、果泥、蒸蛋羹、鸡肉泥、猪肝泥等“泥”状食品是最合适的。这不仅锻炼了宝宝的吞咽功能，为以后逐步过渡到固体食物打下基础，还让宝宝熟悉了各种食物的天然味道，养成不偏食、不挑食的好习惯。而且，“泥”中含有膳食纤维、木质素、果胶等，能促进肠道蠕动，容易被消化。另外，在宝宝快要长牙或正在长牙时，妈妈可把食物的颗粒逐渐做得粗大，这样有利于促进宝宝牙齿的生长，并锻炼宝宝们的咀嚼能力。

辅食由细小到粗大，可促进宝宝牙齿的生长，锻炼其咀嚼能力。

添加辅食应从少量到多量

每次给宝宝添加新的辅食时，一天只能喂一次，而且量不要大。如添加蛋黄时先给宝宝喂 1/4 个，三四天后宝宝没有什么不良反应，而且在两餐之间无饥饿感、排便正常、睡眠安稳，再增加到半个蛋黄，以后逐渐增至整个蛋黄。

如遇宝宝不适要停止喂食辅食

宝宝吃了新添的辅食后，妈妈要密切观察宝宝的消化情况，如果出现腹泻或便里有较多黏液，就要立即暂停添加该辅食，等宝宝恢复正常后再重新少量添加。

宝宝在刚开始添加辅食时，大便可能会有些改变，如便色变深，呈暗褐色，或便里有尚未消化的残菜，这些一般属于正常情况。

吃流质或泥状辅食的时间不宜过长

通常宝宝在开始添加辅食时，都还没有长出牙齿，因此流质或泥状辅食非常适合他们消化吸收。但不能长时间给宝宝吃这样的辅食，因为这样会使宝宝错过发展咀嚼能力的关键期，可能导致宝宝在咀嚼食物方面产生障碍。

辅食要鲜嫩、卫生、口味好

妈妈在给宝宝制作食物时，不要只注重营养，而忽视了口味，这样不仅会影响宝宝的味觉发育，为日后挑食埋下隐患，还可能会使宝宝对辅食产生厌恶，从而影响营养的摄取。辅食应该以天然清淡为原则，制作的材料一定要鲜嫩，可稍添加一点儿糖，但不可添加味素和人工色素等，以免增加宝宝肾脏的负担。

不可很快让辅食替代乳类

有的妈妈为了让宝宝吃上丰富的食物，在宝宝 6 个月以内便减少母乳或其他乳类的摄入，这种做法很不可取。因为宝宝在这个月龄，食物还是应该以母乳或配方奶粉为主，其他食品只能作为一种补充辅食。

培养宝宝进食中的愉快心理

妈妈们都很重视宝宝从辅食中摄取的营养量，却往往忽视培养宝宝进食的愉快心理。妈妈在给宝宝喂辅食时，首先要为宝宝营造一个快乐和谐的进食环境，最好选在宝宝心情愉快和清醒的时候喂食。宝宝表示不愿吃时，千万不可强迫宝宝进食，因为这会使宝宝产生厌倦感，给日后的生活带来负面影响。

4 ~ 12 个月宝宝辅食的添加顺序

◎ **5 ~ 6 个月：**添加鲜果汁、青菜水、米糊、烂粥、蛋黄、鱼泥、豆腐、动物血、菜泥、水果泥。

◎ **7 ~ 9 个月：**添加烂面、烤馒头片、饼干、鱼、蛋、菜末、肉末、油等。

◎ **10 ~ 12 个月：**添加稠粥、软饭、面条、馒头、面包、碎菜、豆制品等。

给宝宝添加辅食的注意事项

对第一次当妈妈的人来说，要帮宝宝添加乳类以外的食物可不是一件容易的事，若不小心，就会把宝宝的肠胃搞坏，或是引起宝宝过敏或消化不良等状况。添加辅食需要注意一些要点。

不要用成人奶粉喂养宝宝

因为宝宝的肾功能及免疫系统在 2 岁左右才发育完全，若长期饮用成人奶粉，会影响宝宝体内的电解质平衡，埋下高血压疾病的隐患。

食物要新鲜干净

宝宝肠胃不适及腹泻，一般是食用不清洁或者不新鲜食物引起的，需注意给予宝宝新鲜干净的食物。

需注意糖分的控制

不要让宝宝从婴儿时期就习惯过重的口味。医学资料显示，近年来有宝宝患糖尿病比例上升的趋势，原因之一是现在的父母多习惯以市售含糖饮料来喂宝宝，导致体内大量吸收糖分。其实白开水才是最适合人体的饮料。

口味要以清淡为主

盐分过多会给宝宝的身体造成过大的负担，并会让他养成不良的饮食习惯，因此建议不给 1 岁以下的宝宝辅食中加盐。

不要添加容易引起过敏的食物

家长要注意了，一些容易引起过敏的食物，如花生、菠萝、芒果、茄子、海鲜等，最好不要给 1 岁以内的宝宝吃。

本月宝宝的日常照顾

本月宝宝的睡眠

本月宝宝的平均睡眠时间是每天 16 ~ 18 个小时，白天时会睡 3 次，每次 2 ~ 3 个小时。这是一个过渡阶段，宝宝马上就要在白天有规律地睡 2 次了。若他在白天只睡 2 次，那么他在晚上就会有更长的睡眠了。这个年龄大部分宝宝会将一天中大部分的睡眠时间放在晚上，白天他们醒着的时间会更长。

培养好的睡眠习惯

宝宝现在已经会做一些事情让自己平静下来并入睡了。父母应帮助他形成一种规律的睡眠习惯，以提高其睡眠质量。对于4个月大的宝宝来说，好的睡眠习惯是十分重要的，所以要尽量保证每天的日间小睡和夜晚就寝的时间和方式都相同。

睡眠的好坏影响宝宝健康

本月的宝宝大多数能一夜睡到天亮，睡眠好坏不仅影响宝宝健康和智力发育，也牵动父母和全家的精力和情绪。首先要严格实行入睡、起床的时间，加强生理节奏周期的培养；卧床时应避免饥饿，上床时或夜间不宜饮水过多，以免扰乱睡眠；宝宝最好单独睡小床，研究证明单独睡比和母亲同床睡能睡得更好；要使宝宝学会自己入睡，避免睡前养成要哄或含乳头入睡的习惯，夜间醒来也要求这样，不然就哭闹；睡前1～2个小时避免剧烈活动或玩得太兴奋；白天睡眠时间不宜过多。

给宝宝选择一个合适的枕头

在一个正确的时机，为宝宝选择一款合适的枕头，对于宝宝顺畅呼吸、维持头部的血液循环以及协调神经，帮助头颈和脊柱的健康发育都有至关重要的作用。从4个月开始，父母就应该给宝宝使用枕头睡觉了。

给宝宝选择枕头的误区

◎简单地以“可爱”作为选择宝宝枕头的标准。

◎认为宝宝枕头就是比成人枕头小的枕头。

◎不了解宝宝开始使用枕头的合适时机，过早或过晚。

◎一个枕头伴随宝宝从小到大。

给宝宝选择枕头的方法

◎刚出生的新生儿平躺睡觉时，背和后脑勺在同一水平面，颈、背部肌肉自然松弛，而且新生儿头偏大，几乎与肩同宽，侧卧时也很自然，因此，3个月以内的宝宝无须使用枕头。如果使用过早，反而容易影响宝宝头颈的发育。

◎宝宝出生3个月后开始学习抬头，脊柱颈段出现向前的生理弯曲，这时应开始使用高度在1～2厘米的枕头；当宝宝长到7～8个月大时，肩部开始增宽，应使用高度在3～4厘米、长度与宝宝肩宽相同的枕头。

◎在给宝宝挑选枕头时，应选择荞麦皮、灯芯草、蒲绒等材料填充，透气、吸湿性好，软硬适中的枕芯。如果枕头过软，容易导致宝宝窒息，而过硬又不适合宝宝颅骨柔软的特点，容易导致宝宝头颅变形。枕套应以纯棉布的为最佳。

为宝宝买一个睡袋

很多妈妈担心宝宝睡眠时把被子蹬开而受凉，常常把宝宝包得很紧，但这样做很不利于宝宝的发育，而宝宝睡袋可以很好地解决这个问题，它可以给宝宝提供一个舒适、宽松的生活环境，保暖性能又好，不会被宝宝蹬开，既解除了家长的后顾之忧，又简便易做，因此，可给宝宝使用睡袋睡眠。

抱被式的小睡袋

宝宝可以只穿全棉内衣，外加小薄袄。如果开窗或是抱宝宝外出，可以将宝宝放进抱被式小睡袋。因为它后面有一个宽宽的短带设计，可将手腕伸进去，很方便着力，抱宝宝也特别顺手。小睡袋的上部设计，展开是一个平软的小枕，拉起拉链，就是外出时挡风的帽子。小睡袋可以在颈部稍微收口，不用担心宝宝转头时，颈部进风受凉。

◎**价格**。一般在 30 ~ 60 元。

◎**特点**。可当抱被，而且比起里三层外三层的毛衣和棉衣，显得更舒服、更宽松，尤其是换尿布或洗澡时，非常方便。

◎**适合年龄**。特别适合新生儿期到 3 ~ 4 个月的宝宝使用。

铺满小床的大睡袋

在童床里垫好棉褥子，然后再把大睡袋放上去。宝宝晚上睡觉时只穿全棉内衣，放入小睡袋，然后再放进大睡袋，这样就好比宝宝垫了三层褥子，盖了两层被子。即使在很冷的冬天，也顶多只需要在大睡袋上再添一条毛毯保暖。

◎**价格**。知名品牌的宝宝用品专卖店多有出售，多与床围、枕头等配套出售，质地优良、做工精细的价格会在几百至上千元。

◎**特点**。适合铺满整张童床，为宝宝营造宽松、温暖的睡眠空间。可单独用，也可配合其他睡袋使用。

◎**适合年龄**。1 ~ 3 岁的宝宝都适用。

背心式的睡袋

前面一条长拉链，穿上后从胸口往下拉到腿部，换尿布很方便。每晚洗好澡，把活泼乱动的宝宝放进去，像一只可爱的虫宝宝。背心式的睡袋既可保暖，又不会限制宝宝双手的活动，给大人和宝宝都带来方便。

◎**价格**。多为百元以上或数百元。

◎**特点**。宝宝的手臂可以自由活动。

◎**适合年龄**。6 个月 ~ 2 岁。

妈妈自制“毛衣睡袋”

妈妈的旧羊毛衫，把袖子一剪，套在宝宝身上，就是一个“毛衣睡袋”。因为“毛衣睡袋”有收缩性，又暖和，宝宝在秋天或冬天室温比较高的时候，很适合用。需要注意的是，最好选用低领套头毛衫。

去哪里买睡袋

大睡袋和抱被式小睡袋比较常见，一般大商场都可买到，价格也比较实惠。背心式的睡袋，在品牌宝宝用品专卖店更为多见。另外，购物网站的宝宝用品目录，可供选择的睡袋也有很多。

选择婴儿车要谨慎

婴儿车是带宝宝进行户外活动的必备用具。父母在逛街购物的时候都可以将宝宝放在婴儿车里。既然是户外用品，安全使用当然是最重要的。因此要为宝宝选择一款安全可靠的婴儿推车，在使用时父母也不能马虎。

选购婴儿车的注意事项

要将说明书读懂、读透，保证婴儿车的正确安装，留意安全警示语及适用的年龄范围。否则，在使用中有可能给宝宝带来安全隐患。因此，在购买婴儿车时，不必一味追求高档，价格并不是衡量产品质量的唯一标准。如果遇到价格很便宜，但外观却与正品相差无几的婴儿车，往往存在质量问题与安全隐患。某些婴儿车所用的塑料是再生料，强度差，耐用性也较差，内在品质相距甚远。另外，尽量挑选功能单一的婴儿车，最好“专车专用”，如婴儿车最好不要与学步车功能合一的那种。功能单一的婴儿车不仅结构设计科学，而且也合理。相比之下，功能多的产品，设计时难免顾此失彼。

使用婴儿车时要注意安全

◎使用前要进行安全检查，如车内的螺母、螺钉是否松动，躺椅部分是否灵活可用，轮闸是否灵活有效。如果有问题，一定要及时处理。

◎宝宝坐车时一定要系好腰部安全带。

◎新生儿一般不能控制其头部，应避免将靠背竖起使用（应将靠背置于最平躺的位置使用）。

◎宝宝在车内乘坐的时间以每次 30 分钟至 1 小时为宜。

◎不要在楼梯、电梯或有高低差异的地方使用婴儿车。

◎晚上宝宝睡觉时不能放在车里，因为宝宝睡着了一翻身或打滚，就很容易摔下车或受到磕碰等伤害。

◎推车散步时，如果宝宝睡着了，要让宝宝躺下来，以免使腰部的负担过重，受到损伤。

◎宝宝坐在车里，位置比较低，容易呼吸到地面上的灰尘，应该推车到环境优美的地方散步。

宝宝吞食异物的处理要点

这个时期的宝宝，身体活动更加灵活，他们的四肢大动作快速发展，手指的精细动作也有进步，所以经常用双手将面前摆放的各种东西，都“逐个进行检查”，以探个究竟。无论什么东西，手一抓住，就往嘴里放，万一把纽扣、硬币、别针、玻璃球等小物品吞入口中就危险了。

这些小物品一旦放进嘴里后，极易掉进气管而出现阻塞，严重者可致命。吸入气管的异物即使未引起窒息，也很少能自然咳出，有时可进入小支气管而引起一系列肺部慢性病变，损害宝宝健康。因此，父母对宝宝周围的东西一定要严格检查，凡是体积较小的东西，或者吃后有核的果类都应特别注意。

吸入异物后的症状

异物进入气管后，立刻会引起反射性的剧烈咳嗽。剧咳时，宝宝会面红耳赤、涕泪俱下，有时候还会咳得弯腰弓背，透不过气，经过几阵剧烈咳嗽之后，气道内的异物可能像子弹一样被咳出。

如果没有发现有异物排出，父母则需要密切注意宝宝是否有以下 3 种情况，如果有则需要尽快去医院紧急处理。

◎**呼吸时发出哮鸣声**。若气管内存有异物，被异物堵住的气道就会变得很狭窄，气体通过时就会发出高音调的哮鸣音，当宝宝张口呼吸时，哮鸣音更明显。

◎**声门撞击声**。宝宝在呼吸时，气流在气道内冲击异物，使异物在气道内滑动，异物会随着呼吸声而撞击声门发出拍击声，在宝宝咳嗽时，发出的撞击声更加响亮。

◎**异物撞击感**。如果把手放在宝宝的气管上，可以感觉到手掌下有轻微的物体撞击感，这个感觉与宝宝的呼吸声或者撞击声是同步的。

预防吞食异物的要点

◎在早期哺喂时就要养成宝宝良好的进食习惯。哺喂时父母应集中注意力，不要一边哺喂一边看电视、与他人谈笑等。大人也不应在宝宝吃东西时逗引其发笑或哭闹，因为哭、笑、讲话时可将口内的食物、汤水呛入气管。

◎要常注意宝宝是否把纽扣、硬币、玻璃珠、别针、图钉、果核、豆子、瓜子、泡泡糖等小物品含在口里玩耍，0 ~ 2 岁宝宝最好不给吃硬糖粒或含核干果，更不应将糖果、花生仁、药片等丢入宝宝口中逗玩，这些都可能误入气管而发生窒息。

◎给宝宝喂药时千万不能捏住鼻孔，待宝宝张嘴透气时，突然把药粉或药片灌入口内，这样很容易引起吸入异物的意外事故。

吞食异物后的处理办法

一旦宝宝误吞食异物，家长可用一只手捏住宝宝的腮部，另一只手伸进他的嘴里，将异物掏出来；若发现异物已经吞下，可刺激宝宝咽部，促使他吐出来；若发现宝宝翻白眼，应把宝宝的双脚提起来，脚在上，头朝下，拍他的背部，促其将东西吐出来；若已出现呼吸困难，应紧急去医院耳鼻喉科，请医生尽快将掉入气管内的异物取出来，以免发生意外。

专家医生来帮忙

给宝宝服用中药要特别小心

一些家长在宝宝生病时，喜欢自行给宝宝服中药，他们认为服中药比较安全，不食反应又小，小毛病用不着上医院。其实，随便服用中草药可能严重危害婴幼儿健康。

服用清热解毒的中草药要谨慎

家庭中给婴幼儿服用的中草药最常见的是清热解毒药。有些家长在宝宝咽喉肿痛，或患扁桃体炎、暑疮热疖等病症时，喜欢买些夏枯草、菊花、栀子、鱼腥草、淡竹叶、芦根、生地等中草药，或六神丸、珍珠丸等中成药给宝宝服用。但这类中药中含有生物碱、挥发油以及矿物质等复杂的化学成分，肝肾功能发育尚不健全的婴幼儿服用后，很有可能会加重肝肾脏的负担，损害其功能。

中成药如果服用不当会产生不良反应

有些中成药宝宝服用后会产生不良反应。如六神丸含有蟾酥，服用过量可引起消化、循环系统功能紊乱，从而发生恶心、呕吐，甚至心律失常、惊厥等症状。

又如珍珠丸含有朱砂成分，少量服用能解毒、安神、明目、定惊，而超量服用或长期服用，会导致出现齿龈肿胀、咽喉疼痛、唾液增多、恶心呕吐，以及多梦、记忆力减退、不安、失眠等症状。所以家长们千万不能给宝宝滥用中药。

宝宝便秘的护理措施

宝宝一般每天 1 ~ 2 次大便，便质较软。有的宝宝 2 ~ 3 天解 1 次大便，而且大便质软量多，也属正常。如果宝宝 2 ~ 3 天不解大便，而其他情况良好，则有可能是一般的便秘。但如果出现腹胀、腹痛、呕吐等情况，就不能认为是一般便秘，应及时送医院检查治疗。

宝宝发生便秘以后，解出的大便又干又硬，干硬的粪便刺激肛门会产生疼痛和不适感，时间长了会使宝宝惧怕解大便，而且不敢用力排便。这会导致便秘的症状更加严重，这时，父母就要采取一些措施了。

宝宝便秘的两大类型

宝宝便秘的原因有很多，可分为两大类：一类属功能性便秘，这一类便秘经过调理可以痊愈；另一类为先天性肠道畸形导致的便秘，这种便秘通过调理是不能痊愈的，必须经外科手术矫治。一般情况下，绝大多数的宝宝便秘都是功能性的。

宝宝便秘的主要原因

◎宝宝饮食太少，消化后的余渣就少，自然大便也少。

◎奶中糖量不足，造成大便干燥。

◎如果长期饮食不足，则导致营养不良，腹肌和肠肌缺乏力量，不能解出大便，可出现顽固性便秘。

◎大便的性质与食物成分有关。如果食物含有多量的蛋白质而缺少碳水化合物（糖和淀粉），则大便干燥而且排便次数少；如果食物中含有较多的碳水化合物，则排便次数增加且大便稀软；如果食物中含脂肪和碳水化合物都高，则大便润滑。某些精细食物缺乏渣滓，进食后容易引起便秘。

◎有些宝宝生活没有规律，没有按时解大便的习惯，使排便的条件反射难以养成，导致肠管肌肉松弛无力而引起便秘。

◎患有某些疾病如营养不良、佝偻病等，可使肠管功能失调，腹肌软弱或麻痹，也可出现便秘症状。

◎母乳不足。如果母亲乳汁分泌不足，宝宝总是处于吃不饱的半饥饿状态，可能 2 ~ 3 天才大便 1 次。除大便次数少外，还有母乳分泌不足的表现，如吃奶时间长于 20 分钟、吃后无满足感、体重增长缓慢、睡不踏实等。对于此种问题，只要及时补充配方奶粉，宝宝的情况多会马上好转，如果仍未好转则需要询问一下医生。

◎母乳蛋白质含量过高。妈妈的饮食情况直接影响着母乳的质量，如果妈妈顿顿喝猪蹄汤、鸡汤等富含蛋白质的汤类，乳汁中的蛋白质就会过多，宝宝吃后，大便偏碱性，表现为硬而干，不易排出。因此，妈妈要保证饮食均衡。

合理的饮食搭配可预防宝宝便秘

目前由于营养不良导致的便秘已经不多了，主要是由于营养过剩和食物搭配不当导致的便秘。

很多父母一味地增加宝宝的营养，让食物中的蛋白质量很高，而蔬菜相对较少。许多高级的儿童食品都是些精细粮食制品，缺少渣滓，宝宝很少吃膳食纤维及含渣滓多的食物，容易导致便秘。

对宝宝来说，合理的食物搭配不仅可以预防便秘的发生，而且对便秘还有良好的治疗作用。建议可以让宝宝吃一些玉米面和米粉做成的辅食。

当宝宝 5 个月大以后，如果出现便秘则可以喂蔬菜粥、水果泥等辅食，蔬菜中所含的大量膳食纤维等食物残渣，可以促进肠蠕动，达到通便的目的，这时也可以吃点儿香蕉泥，它能在短期内发挥润肠通便的作用。

养成良好的排便习惯

父母要增强帮助宝宝从小养成良好排便习惯的意识。宝宝若有 2 天以上不排便，或是有便意但排不出，这就是便秘了。便秘对宝宝的消化功能会造成直接影响，不利于宝宝的生长发育。

因此应该从婴儿时期就开始训练宝宝的排便习惯。3 个月以上就可以训练宝宝定时排便，每天早上让他排便，即使排不出也要坚持，1 个月左右大脑就形成条件反射，宝宝就会有便意了。

写给父母

缓解便秘的几种简易方法

◎按摩法。右手四指并拢，在宝宝的脐部按顺时针方向轻轻推揉按摩。这样不仅可以帮助排便，而且有助消化。

◎肥皂条通便法。用肥皂削成铅笔粗细、3 厘米多长的肥皂条，用水润湿后插入婴儿肛门，可刺激肠壁引起排便。

◎萝卜条通便法。将萝卜条削成铅笔粗细的条，用盐水浸泡后插入肛门，可以促进排便。

◎开塞露。将开塞露注入小儿肛门，可以刺激肠壁引起排便。这种方法尽量少用。

预防宝宝患小儿呼吸道传染病

春季和冬季是小儿呼吸道传染病的高发季节，也是流感等呼吸道传染病流行的季节。当上呼吸道感染治疗不及时还可引起一系列并发症，包括中耳炎、鼻窦炎、肺炎及脑膜炎等，严重影响宝宝健康。

父母要了解宝宝呼吸道疾病的特点，做到及时预防、及时治疗，并避免走入一些误区。

呼吸道传染病的传播途径及表现

病原微生物通过A宝宝的呼吸道侵入，然后随着这个宝宝的呼吸道分泌物向外传播，又侵入另一易感B宝宝的呼吸道，这样B宝宝就得了呼吸道传染病。

不要以为呼吸道传染病就是指流感，常见的病毒性呼吸道传染病还包括麻疹、流行性腮腺炎、水痘、风疹等；细菌性呼吸道传染病有猩红热、流行性脑脊髓膜炎等。

◎**流行性腮腺炎**。以腮腺急性肿胀、疼痛并伴有发热和全身不适为特征。

◎**风疹**。临床特点为低热、皮疹和耳后、枕部淋巴结肿大，全身症状轻。

◎**水痘**。全身症状较轻微，皮肤黏膜分批出现迅速发展的疱疹。

◎**流脑**。主要表现为突发高热、剧烈头痛、频繁呕吐、皮肤黏膜淤斑、烦躁，可出现颈项强直、神志障碍及抽搐等。

◎**流感**。一般表现为发病急，有发热、乏力、头痛及全身酸痛等明显的全身症状，咳嗽、流涕等呼吸道症状轻。

◎**肺结核**。是一种慢性传染病，主要表现为发热、盗汗、咳嗽、咳痰、咯血、胸痛、呼吸困难等。

呼吸道传染病的防治

◎**搞好家庭环境卫生**。保持室内和周围环境清洁，经常开门窗通风或喷洒空气清洁剂，常晒被褥。

◎**养成良好的卫生习惯**。家长出入公共场所后，最好先洗手、换衣物后再去接触宝宝。

◎**平衡膳食**。多喝牛奶、肉类、蛋、水果、蔬菜等，这样可以增强身体的抵抗力，仅以碳水化合物喂养的宝宝易患贫血、佝偻病，抵抗力差。

◎**注意宝宝的保暖**。随着气温变化及时增减衣服。尤其季节交替时节，早晚温差也很大，如果骤然减去太多衣物，极易降低人体呼吸道的免疫力，使得病原体极易侵入。也不可穿得太多，这样会压迫宝宝的身体，使其活动受限，影响消化。衣着以脊背无汗为适度。

◎**让宝宝多饮水**。多饮水，有利于排尿和发汗，使体内的毒素和热量尽快排出，帮助宝宝预防发热。

◎**注意宝宝皮肤的清洁**。勤洗勤换衣裤，尤其注意保持宝宝鼻周皮肤的清洁。宝宝呼吸道感染后，常常流鼻涕，时间长了，鼻子周围，尤其是鼻子下面的皮肤会发红，宝宝会感到很疼。可以用温湿的毛巾给宝宝敷一敷，然后涂一些消炎药，如金霉素眼药膏。

◎**远离患者**。远离患有呼吸道疾病的人群，避免受到感染是最直接的方式。外出时，不带宝宝到人群密集、通风不良的影剧院、商场、超市等地方去。

◎**给宝宝制订锻炼计划**。锻炼身体对提高抵抗力、增强体质很有帮助，增强体质是防病的第一重要因素。上午 10 点到下午 4 点是最佳锻炼时间，在这段时间做一些户外活动，可充分利用日光浴、空气浴，以提高宝宝对周围环境冷热变化的适应力。但注意雾天不要外出，因为浓雾中含有大量有害物质。

◎**休息**。要注意训练宝宝养成良好、有规律的作息习惯。良好的睡眠才能保证宝宝健康的体质，不断提升宝宝抵御疾病入侵的能力。

宝宝夜盲症的防治方法

夜盲症的患儿夜间视力极差，在黑暗中不能看到物体。有两种性质完全不同的眼病，都可出现夜盲症。一种是遗传病所致的视网膜色素变性，传统医学对此无特殊疗法。

另一种是营养缺乏（特别是缺维生素 A）所致的夜盲症，近年此类夜盲症在青少年中较为常见，学龄前儿童也有上升趋势。

导致夜盲症的原因

由于父母的遗传基因造成的，称为先天性夜盲。遗传造成的视网膜色素变性，杆状细胞发育不良，以致丧失了合成视紫红质的能力，从而产生夜盲症。另外，由于全身病变继发引起的眼部病变，也会产生获得性夜盲。例如，弥漫性脉络膜炎、广泛的脉络膜缺血萎缩等，这种夜盲可随疾病的痊愈而好转。

另外，由于营养不良维生素 A 缺乏引起，此种夜盲者为暂时现象，只要不缺乏维生素 A 就会好转。所以，在给宝宝的食物中要注意维生素 A 的含量。

夜盲症的防治方法

◎**预防**。在宝宝的辅食制作中注意维生素 A 的含量。许多食物中含维生素 A 很高，如胡萝卜、猪肝等，可适量添加。

◎**治疗**。对夜盲症进行治疗，先要找出病因，如属后天性夜盲，治疗并不十分困难。主要是全面加强营养，及时从食物中补充维生素 A，可让宝宝多吃富含维生素 A 的辅食，如用肝、禽、蛋、乳类和新鲜蔬菜、水果等制作的汤、面、粥等断奶辅食。对病情较重者，应去医院诊治，可加服或注射维生素 A。

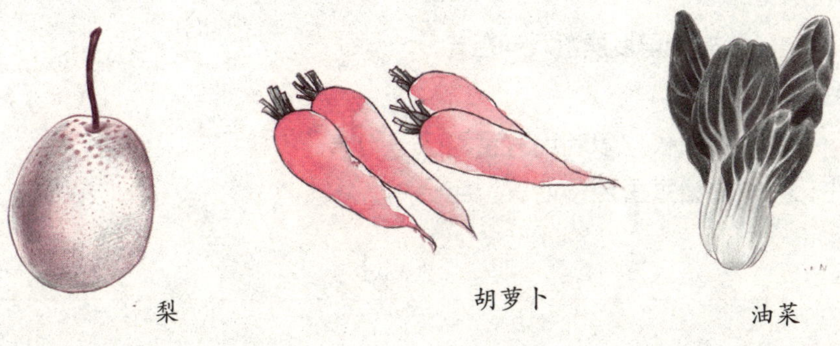

写给父母

需提醒父母，维生素 A 并非吃得越多就对眼睛越好，临床上常遇到维生素 A 过多症，表现为食欲不振、头疼、视物模糊，更严重者为皮肤泛黄、头发脱落，甚至诱发药源性肝炎。为确保安全，需多补维生素 A 时，应向医生咨询。

亲子游戏时间

认识我的小手

1 益智目标： 让宝宝认识自己的手；培养宝宝的语言理解能力。

2 游戏准备： 哄逗宝宝，让宝宝保持好心情。

3 游戏步骤： ①妈妈握住宝宝的小手，引导宝宝把小手张开（图1）。

②妈妈握住宝宝其他四个手指，把大拇指举起放在宝宝的眼前，说："大拇哥。"（图2）

③妈妈握住宝宝的大拇指和其他手指，将食指单独露出来，说："二拇弟。"（图3）

④让宝宝的中指单独露出来，说："三中娘。"（图4）

⑤让宝宝的无名指单独露出来，说："四小弟。"（图5）

⑥让宝宝的小手全露出来，并按住小手指："五个妞妞爱看戏。"（图6）

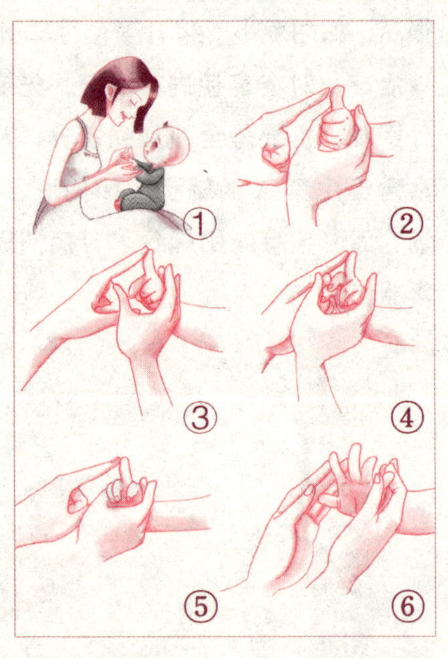

4 注意事项： 妈妈可变换游戏的方式，如将双手手指相对后玩。

5 专家指点： 家长可以利用宝宝对小手的关注和喜爱，让宝宝更多地认识自己的小手。

杂货包

1 益智目标： 训练宝宝取拿物体的能力；培养宝宝的探索精神。

2 游戏准备： 纸箱、小鸭娃娃、小皮球各1个，小积木多块。

3 游戏步骤： ①妈妈引导宝宝注意自己的动作，并在宝宝的注视下，将小积木、小鸭娃娃、小皮球放入纸箱内。

②妈妈握着宝宝的手，对宝宝说："宝宝，来，我们一起把它们拿出来。"然后让宝宝帮忙把纸箱中的玩具拿出来，每拿出一种，妈妈都要介绍这是什么玩具。

③“玩具全拿出来喽，我们再把它们放回去。”然后握着宝宝的手将玩具放回纸箱。

4 注意事项： 妈妈可以使用家中已有的玩具来训练宝宝，但注意选择的玩具不要有锐利的棱角，以免宝宝受到伤害。

5 专家指点： 这个阶段，宝宝的握持反射逐渐消失，两只小手变得更加灵活，可以自由地合拢和张开。

家长可以充分利用这个时机，让宝宝多运用自己的小手拿持物体，使小手肌肉、手眼协调能力得到锻炼。宝宝身体的运动与大脑的发育是存在密切联系的，因此在对宝宝进行运动训练时，可以同时进行智力训练，给宝宝提供新的探索办法，以吸引宝宝对日常生活中活动的注意，从而促进宝宝右脑创新思维的发展。

逗逗飞

1 益智目标： 训练宝宝的语言理解能力；锻炼宝宝小手的运动能力。

2 游戏准备： 哄逗宝宝，使宝宝保持良好的精神状态。

3 游戏步骤： ①妈妈抱着宝宝坐在毛毯上，宝宝背对着妈妈，妈妈双手分别握住宝宝的双手。

②妈妈握住宝宝的大拇指和其他3个手指，使食指单独露出，然后让宝宝把两手的食指尖相对，嘴里说：“逗逗……”，说的同时妈妈将宝宝的两个食指分开，说：“飞！”

4 注意事项： 注意轮换其他手指进行游戏，让宝宝的每个手指都得到锻炼。但是每个手指训练的时间不宜过长，以免使宝宝产生疲倦感。

5 专家指点： 4个月时，宝宝在语言发育和情感交流上的进步较快，不仅能大声笑，还可以发出“咯咯咕咕”的声音回应大人。因此，家长对这个阶段的宝宝进行训练时，要特别注重宝宝语言能力的发展，让宝宝形成新的语言记忆，从而促进宝宝对语言的理解。这里推荐的这项“逗逗飞”不仅是一项逗乐游戏，而且还是对宝宝语言理解能力的训练。

当然，很多训练所起的作用并不是单一的，在训练宝宝语言能力的同时，宝宝小手的灵活性、手眼的协调性都能得到很好的训练。

我是妞妞

1 益智目标： 训练宝宝的语言理解能力。

2 游戏准备： 让宝宝的精神保持良好状态。

3 游戏步骤： ①爸爸抱着宝宝坐在毛毯上，背对着妈妈。

②妈妈叫爸爸：“爸爸——爸爸——”，

③如果宝宝回头看妈妈，妈妈就对宝宝说：“我叫爸爸，不是叫你。”如果宝宝不回头，妈妈接着叫宝宝的名字：“妞妞——妞妞——”如果宝宝回头，并发出回应的声音，妈妈则要亲一下宝宝，鼓励她：“妞妞，你就是妞妞。真聪明！”如果宝宝不回头，爸爸妈妈则要重复地对宝宝说：“妞妞，妞妞，你是妞妞。”

4 注意事项： ●爸爸妈妈要有耐心地进行这项游戏，如果刚开始宝宝没有做出回应，千万不能急躁，以免打击宝宝的积极性。

●如果叫宝宝名字时，宝宝有反应并主动寻找声源，爸爸妈妈要及时回应，并夸奖和鼓励宝宝，让宝宝增强自信心和加深对自己名字的印象。

5 专家指点： 在宝宝智力开发中，语言能力的发展十分重要，但宝宝要经过训练才会听懂和表达，因此对宝宝进行语言训练就显得十分重要了。

这些手语用处多

1 益智目标： 培养宝宝与人交往的能力；训练宝宝的语言理解能力。

2 游戏准备： 让宝宝的精神保持良好状态。

3 游戏步骤： ①妈妈抱着宝宝（宝宝背对着妈妈），双手分别握着宝宝的双手，让宝宝拍手，说：“拍拍手，欢迎您。”（图1、图2）

②妈妈帮助宝宝把一只手放在另外一只手上，并呈握拳状态，说：“做个揖，谢谢您。”（图3）

③妈妈挥舞宝宝的右手，说："摆摆手，再见了。"（图4）

4 注意事项： 刚开始训练时，如果宝宝不会，妈妈要耐心地多做几次示范，切忌因宝宝暂时不会就责骂宝宝。

5 专家指点： 宝宝对语言的理解要比他能说出的多得多，家长可以适当地教宝宝一些动作，增加宝宝的表达方式，帮助宝宝更好地与人交流。家长可以教宝宝一些约定俗成的动作，如摇头表示"不"，点头表示"是"、"好的"等。也许有的家长以为宝宝不能理解，教了也没有用，其实，如果家长能不断地重复，让宝宝对这些动作形成记忆，并训练宝宝在日常生活中多使用，宝宝也能在一段时间后将这些"手语"运用自如。

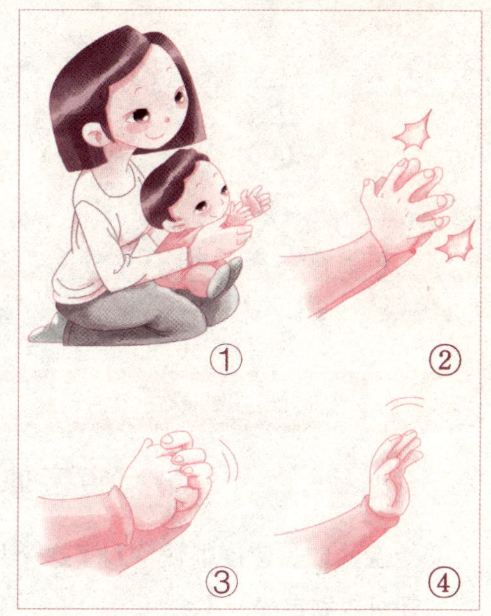

我要做『大力士』

1 益智目标： 训练宝宝生活自理能力；锻炼宝宝的手部肌肉。

2 游戏准备： 奶瓶1个。

3 游戏步骤： ①妈妈抱着宝宝，用奶瓶喂宝宝，让宝宝自己用双手抱住奶瓶把奶嘴放入口中。

②然后妈妈在空奶瓶中装入适量的奶，扶住瓶底，让宝宝"自己吃奶"。

4 注意事项： ● 这个月龄的宝宝，双手还不能负重，妈妈要帮助宝宝托住瓶底，以免宝宝吸入大量的空气而加重打嗝和溢奶。

● 在进行这项训练时，妈妈要温柔地跟宝宝说话，夸奖宝宝是"大人"了，能自己"吃饭"了，宝宝"真了不起"。

5 专家指点： 到了第4个月，在宝宝吃奶、喝水的时候，让他自己扶着奶瓶，使他既有新的触觉体验，又锻炼了小手，这对宝宝生活自理能力的发展十分有益。此外，家长为宝宝提供独立的机会，能让宝宝有主动做事的欲望和热情，这对以后宝宝独立性的培养有十分重要的意义。

宝宝生长发育月月查

本月宝宝体格发育状况

宝宝的成长速度很快，到了这个月时，他要比以前活泼好动多了，有的宝宝还可以独自坐一小会儿。

宝宝到这个月大时，能时常表露出喜怒哀乐等不同的情绪，不顺心时会大声哭泣，高兴时经常会笑出声来。此外，对看过的事物也开始有了记忆力。

体重	从这个月开始，宝宝体重的增长速度开始下降，从第4个月开始，每个月会增加0.5～0.8千克。
身高	到这个月，宝宝的平均身高会增加2厘米，宝宝身高的平均值会存在一定的差异，父母不要太担心。
头围	从这个月开始，宝宝头围的增长速度也会开始降低，平均每个月会增长1厘米。
胸围	胸围较上个月平均增长0.7～0.9厘米。男宝宝的平均胸围为43.3厘米；女宝宝的平均胸围为42.1厘米。
前囟	这个月宝宝的囟门可能会有所减小，也可能没有什么变化。

本月宝宝智力发育状况

4 ~ 5 个月大的宝宝更加强壮，更加活泼。趴着时，宝宝可以用双臂撑起上身，伸长脖子看周围的世界发生了什么。同时，宝宝手的抓握动作进一步发展，能伸手取物，抓握悬挂的玩具，两手可各持一个玩具，能判断声源，在一定距离和他说话，他能很快找到说话的人，望镜中人笑。能长时间拉长声发喉音，发单调音节“啊”。可以拿着东西往嘴里放。

大动作能力

- 俯卧时，宝宝能用双手支撑身体，并能长时间保持抬头姿势。
- 宝宝靠着能坐稳，大人扶住宝宝的腰，宝宝能勉强坐立片刻；将宝宝放在床上，宝宝能用手支撑床面独自坐立 5 秒钟左右。
- 仰卧时，宝宝能举起双腿，能翻身至俯卧位，并从胸下抽出双手。

精细动作能力

4 ~ 5 个月大的宝宝靠着能坐稳，会直立跳跃，手眼逐渐协调，伸手抓物从不准确到准确，能摇、敲、拍玩具。如果把玩具悬挂在宝宝胸前，宝宝偶尔能举起小手抓取；将玩具放在距离宝宝 2.5 厘米远的桌子上，宝宝能够用手和整个身体去抓取。

认知能力

- 初具探索精神，会将抓到的东西反复玩弄、注视，甚至放到嘴边啃一啃。
- 宝宝开始学会分辨声音，柔和的音乐能让宝宝高兴，嘈杂的声音会吓到他。

语言能力

- 偶尔发出哼哼声和尖叫声。
- 家长叫宝宝名字时，宝宝会立即有反应；当看到熟悉的人和物品时，能发出咿咿呀呀的声音。家长跟宝宝说话时，宝宝会注视并模拟发声。

社交能力

- 看到熟悉的食物时，会很关注并表示出想吃的欲望。

- 家长亲吻时，宝宝会表现得比较安静。
- 喜欢看着镜中的自己发笑，并用手拍打，有时候还会咿咿呀呀地跟“自己”说话。

自理能力

- 宝宝的味觉迅速发育，不仅能比较明确而精细地区别出酸、甜、苦、辣等各种不同的食物味道，而且还会留下“记忆”，当遇到自己不喜欢的食物时会拒吃。
- 初步具有吞咽功能，能吞咽部分液体和流质食物。

视觉发育状况

4 ~ 5 个月大的宝宝的视觉又有了进一步的发展，他的眼睛能随着活动的玩具移动，玩具掉到地上，宝宝会用目光追随掉落的玩具。这时候的宝宝看见东西就想去抓，眼手动作比较协调。

听觉发育状况

4 ~ 5 个月大的宝宝听觉更加灵敏，他对许多声音都能作出反应。宝宝能够很熟练地分辨出亲人的声音，根据声音能很快地找到爸爸妈妈。他喜欢听节奏性强的歌，虽然听不懂歌词的意思，但他喜欢听歌曲的声音和节奏。

嗅觉和味觉发育状况

嗅觉和味觉宝宝一出生就具备了，并且新生儿的嗅觉和味觉是相当灵敏的，也可以说这是他的本能，而真正地开始成熟，是在 4 ~ 5 个月大的时候。

心理发育状况

4 ~ 5 个月大的宝宝已经能够随自己的需要是否得到满足而产生和表现出喜、怒、哀、乐等各种情绪。例如，当宝宝正在喝奶的时候，突然不给他喝了，他就会用哭来表示生气和不满的情绪。宝宝记忆力逐渐增强，他知道去寻找掉到地上的玩具，不过，当新的玩具出现在他眼前时，他会很快忘掉刚才正在玩的玩具。

本月宝宝的日常照顾

保护宝宝的乳牙

宝宝的乳牙一般会在出生后的4～10个月里开始陆续萌出，在2～2岁半左右出齐20颗乳牙。乳牙可谓是身兼数职：可咀嚼食物，吸收营养；帮助宝宝学说话；促进整个面部颌骨的正常发育以及配合丰富的表情；为恒牙的生长打下基础，等等。因此，保护乳牙的工作不容忽视，要从日常生活中的点滴做起。

保护乳牙从孕期开始

◎**妈妈在怀孕初期的身体健康很重要**。胎儿的“牙胚”发育早在妈妈的怀孕初期就开始了。如果此期间，孕妇患了风疹、中毒、内分泌失调等疾病，就可能间接造成胎儿的牙齿发育不全甚至牙齿畸形。

◎**在孕期用药要慎重**。很多药物都会对胎儿的口腔和牙齿发育造成影响。例如，安定（地西泮）、可的松一类药物有可能引起胎儿唇裂；而四环素一类药物则会影响宝宝今后的牙齿着色且不够坚固。

◎**孕妇应远离香烟**。如果孕妇自己经常抽烟或者被动吸入二手烟，宝宝发生面颌及口腔发育畸形的概率会比较高。

◎**保证孕妇的全面营养和钙磷等矿物质的供给**。怀孕3～6个月，是胎儿牙齿发育的重要阶段。孕妇要吸收全面的营养和钙、磷等矿物质，尤其要防止缺钙，可以适当多晒太阳，多喝牛奶、多吃虾皮等含钙丰富的食物。从孕中期开始，还可以适量口服钙剂作为补充。

◎**及早治疗孕妇的龋齿**。因为龋齿多为细菌引起，如果孕妇有龋齿，那么在以后给宝宝喂食的时候，难免会发生细菌感染。这样，小宝宝也就比较容易患上龋齿了。

母乳喂养有利于保护乳牙

母乳喂养有利于宝宝的颌骨及口腔牙齿的正常发育。因为一般宝宝出生，其下颌骨相对处于稍稍后缩的状态，而在母乳喂养时，宝宝会反复做吮吸动作，可以使下颌调整到正常状态。

必须人工喂养时，妈妈也应尽量选择模仿母乳喂养状态的仿真奶嘴，并采取正确姿势。在喂养时，要注意奶瓶的倾斜角度，使宝宝吮吸时下颌做前伸运动，就如吮吸母乳一般。

出牙前的保护措施

◎出牙前，宝宝会因牙床不适而变得喜欢咬乳头或啃手指，妈妈一定要留心查看宝宝的口腔，保护好宝宝的口腔黏膜，不洁的手指或任何一点的口腔外伤都可能会引起口腔的局部感染。不要让宝宝乱咬东西而伤了口腔。

◎注意口腔清洁，漱口最有效。这个阶段的宝宝，虽然还是主要以母乳或配方奶粉喂养，但也应该开始重视口腔清洁了。妈妈可以在喂完奶，给宝宝加喂几口白开水。这种漱口方式简单而有效，基本可以清除口腔里的乳渣或辅食残渣。

◎身体健康是保证宝宝牙齿发育的基础。不少急慢性疾病都可能会影响宝宝的面颌部及口腔的正常发育。如麻疹、水痘等，会损害牙体组织的发育，从而影响将来牙齿的形态；而胃肠炎、消化不良等疾病，则会严重破坏宝宝的营养状况，妨碍上下颌骨的正常发育，甚至造成牙齿畸形。所以，出牙前要预防各种急慢性疾病。

注意出牙时的饮食

及时正确地添加辅食，是宝宝的牙齿和口腔健康发育的保障。需注意的是，辅食添加要按照由软到硬、由细到粗的原则，符合宝宝牙齿生长规律，逐步让宝宝学会咀嚼和吞咽。

5 ~ 6 个月以上的宝宝就应该开始添加辅食了。辅食不仅为宝宝乳牙生长提供了必要的营养，而且磨牙饼干、苹果条等食品还能有效地锻炼宝宝乳牙的咀嚼能力，有助于牙齿的健康发育。出牙期间要给宝宝适量增加能补充钙、磷等矿物质及多种维生素的食物。钙和磷等矿物质是组成牙骨质的主要成分，而牙釉质和骨质的形成又需要大量的 B 族维生素和维生素 C，牙龈的健康也离不开维生素 A 和维生素 C 的供给。长期缺乏维生素 A 或维生素 C，牙齿就会长得小而稀疏甚至参差不齐。

因此，及时为宝宝提供充足的钙、磷等矿物质和各种维生素对乳牙发育极为重要。

尽早护理宝宝第一颗乳牙

新萌出的乳牙最容易患龋齿，应该尽早开始护理。这是因为新萌乳牙表面的钙质发育不完善，硬度也比较低，而此时宝宝的食物又仍以甜食为主，这就给龋齿细菌的生长繁殖提供了有利的条件。所以，妈妈尤其要重视新萌乳牙的清洁护理工作，保护好宝宝的第一颗乳牙！

出牙后控制含糖食物的摄入

尽量不给宝宝喝一些糖分高的饮料或果汁，即使是喝自制果汁也应适量，还是建议给宝宝多喝白开水。在睡前最好不要给宝宝吃东西或喝奶，尤其不要让宝宝喝着奶或糖水入睡。如果宝宝有睡前喝奶的习惯，可以在他喝奶后喂一些水漱口。

训练咀嚼能力

在日常生活中，妈妈应多为宝宝提供相对坚硬耐磨的食物（如新鲜水果丁、馒头片、胡萝卜条等）来帮助宝宝练习咀嚼，充分锻炼口腔肌肉的功能。咀嚼时间越长，分泌的唾液也就越多，而这些多分泌出来的唾液就会把牙齿清洗干净。而且宝宝多锻炼咀嚼动作，还可以有效提高牙齿的坚固性。

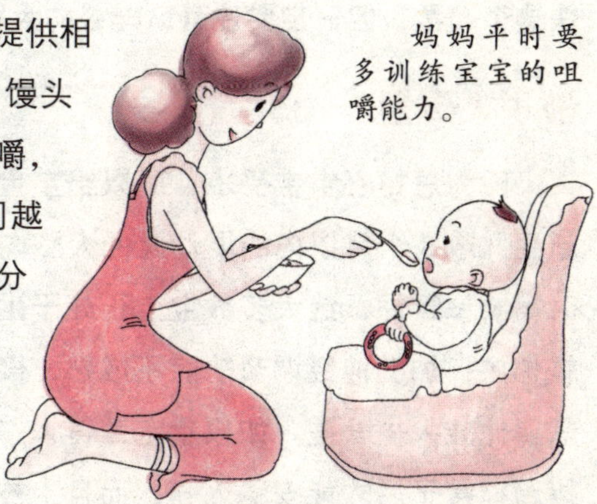

妈妈平时要多训练宝宝的咀嚼能力。

清洁口腔和牙齿

除了帮宝宝养成在进食后漱口的习惯外，妈妈可以用干净的纱布包裹住自己的食指，蘸些许淡盐水或白开水，轻轻擦拭乳牙及牙床上的附着物，清洗宝宝口腔，这种口腔护理的方法简单有效，可以持续到宝宝乳牙全部萌出为止。

定期做牙科检查

宝宝的乳牙是恒牙生长的基础。而很多宝宝的乳牙疾病在早期症状并不明显，如龋齿、牙齿错位等，而到后期发现时则已经错过了最佳的预防和治疗时机。所以，保护牙齿要防患于未然，建议在宝宝出牙后就可以定期做牙科检查，做好预防和早治工作。

宝宝为什么会蹬被子

许多爸爸妈妈为宝宝蹬被子而发愁。为了预防宝宝因蹬被子而着凉，父母往往会夜间多次起身检查，常常为自己及时地查出宝宝蹬被子的“险情”而暗自庆幸。可是，尽管百般关照，还是有疏忽的时候，蹬被子的恶果依然不时出现——宝宝感冒或腹痛、腹泻。其实，要想解决宝宝蹬被子的问题，就必须找出宝宝蹬被子的原因，并采取相应的改进措施，仅凭每夜起来检查的毅力是远远不够的。

另外，一般的宝宝在睡觉时都不会很老实，他们会经常动，这也可能导致宝宝盖不好被子。除家长要时时注意外，还可以为宝宝选择一个睡袋来解决这个问题，但一定要注意，睡袋的大小、薄厚必须合适。

被子太厚重

因为总担心宝宝受凉，所以给宝宝盖的被子大多都比较厚重。其实，除新生儿或 3 个月以内的婴幼儿的大脑内的体温调节中枢不健全，环境温度低时需要保暖外，绝大多数宝宝正处于生长发育的旺盛期，基础代谢率高，比较怕热；加上神经调节功能不成熟，很容易出汗，因此宝宝的被子总体上要盖得比成人少一些。如果宝宝盖得太厚，感觉不舒服，睡觉就不安稳，最终以蹬掉被子后才能安稳入睡；而且，被子过厚、过沉还会影响宝宝的呼吸，为了换来呼吸通畅，宝宝会使劲儿把被子蹬掉，结果宝宝夜里长时间完全盖不到被子，就容易受凉。

因此，给宝宝盖得太厚反而适得其反容易让宝宝蹬被子受凉；少盖一些，宝宝会把被子裹得好好的，蹬被子现象也就自然消失了。

睡觉时感觉不舒服

宝宝睡觉时感觉不舒服也会蹬被子。不舒服的常见因素有：穿过多衣服睡觉、环境中有光刺激、环境太嘈杂、睡前吃得过饱等。这样，宝宝会频繁地转动身体，加上其神经调节功能不稳定、情绪不稳或出汗，结果将被子蹬掉了。所以，除少盖一些让宝宝舒服外，还要注意睡觉时别让宝宝穿太多衣服，一层贴身、棉质、少扣、宽松的衣服是比较理想的。此外，宝宝睡觉时还应避免环境中的光刺激，要营造安静的睡觉环境，睡前别让宝宝吃得过饱，尤其是别吃含高糖的食物等。总之，尽量稳定宝宝的神经调节功能，使宝宝少出汗，从而避免蹬被子。

要重视宝宝的安全问题

防止触摸危险物品

以宝宝的高度为准，随时检查宝宝活动范围内是否有危险物品，如尖锐物、热水、药品、易燃烧物、未覆盖的插座和电线等。宝宝的好奇心越来越强，肢体动作开始向外探索，所以冲牛奶、准备食品时，热水、筷子、勺子、桌布等要远离宝宝，以免他好奇乱摸时被伤到。

防止摔伤

婴儿床栏杆的高度或栏杆间的距离务必适当，以防宝宝摔下，或头被栏杆卡住。会翻身的宝宝睡觉及游戏时，一定要有安全护栏，以免他在睡梦中或睡醒、游戏时摔倒而受伤。

防止异物吞入

宝宝现在喜欢把手里的东西往嘴里送，因此大人务必手疾眼快，将所有宝宝可能塞入嘴里造成危险的物品都拿走，如不经意掉落的花生仁、瓜子、纽扣、硬币、水果籽、玩具零件或塑料袋等。长牙时的宝宝特别喜欢啃咬，因此所有给宝宝的玩具、物品，都必须留意是否有易脱落的小零件，免得宝宝因吞食而出现意外。

洗澡时应注意安全

为宝宝洗澡时，应先放冷水，再加热水，以防其因迫不及待要洗澡，冷不防伸出手、脚到水里而被烫伤。宝宝在水中总是喜欢动来动去，所以最好在浴盆内放入毛巾或防滑垫，防止宝宝滑倒。

专家医生来帮忙

预防宝宝脑震荡

宝宝脑震荡会导致失明、发育缓慢和大脑永久性损害。5 岁以下的儿童最易因脑震荡而受伤，2 ~ 4 个月的宝宝危险性更大。宝宝脑震荡在 1974 年首次被列为病症，该病症可以致命，大约每 4 名受震荡的宝宝就有 1 名死亡。那些幸存者则可能因脑部或眼部出血而失明，或脑部受损，包括弱智、麻痹、发音困难和学习能力低下。宝宝脑震荡尤为令人惋惜，因为大多是因无知而造成的。研究结果显示，37% 的父母或宝宝看护人不知道摇荡宝宝是危险的。父母应该对此情况提高警惕。

切勿用力摇晃宝宝

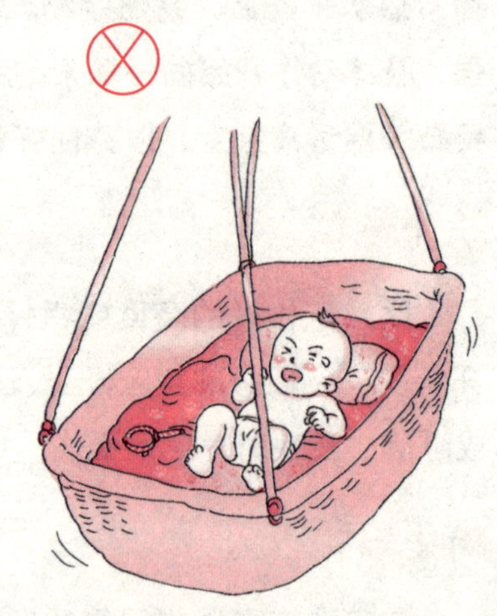

切勿用力摇晃宝宝，不仅不能使宝宝入睡，还会使宝宝头部受到震动，很容易造成脑损伤。

宝宝脑震荡不仅是由于碰了头部才会引起，而且有很多还是由于人们的一些习惯性动作，在无意中造成的。比如，有的家长为了让宝宝快点儿入睡，就用力摇晃摇篮、推拉婴儿车；为了让宝宝高兴，把宝宝抛得高高的；有时带宝宝外出，让宝宝躺在过于颠簸的车里等。这些一般不太引人注意的习惯做法，会使宝宝头部受到一定程度的震动，严重者可引起脑损伤，留有永久性的后遗症。宝宝经受不了这些被大人看做是很轻微的震动，因为宝宝在最初几个月里，各部位的器官都很纤弱柔嫩。尤其是头部，相对大而重，颈部肌肉软弱无力，遇有震动，自身反射性保护功能差，很容易造成脑损伤。

照料宝宝时要控制烦躁情绪

大部分宝宝脑震荡都是在婴孩啼哭时发生。当看护宝宝的人情绪激动，猛烈摇晃宝宝，希望用这种不当的方法制止宝宝啼哭时，就形成了恶性循环。父母及宝宝看护人应更好地了解宝宝的行为，并控制自己的情绪，可大大降低脑震荡的发生概率。在确定宝宝没有危险后，可离开房间一会儿，冷静下来，想一想宝宝啼哭的可能原因，是否生病、饥饿、尿湿裤子、长牙、受伤或受惊。尝试采用安抚方法，如轻拍、搂抱、说话或唱歌。如果宝宝发出不寻常的哭叫声或过分啼哭，则应及时带宝宝到医院检查治疗。

沙眼的防治

沙眼主要通过接触传染，所以父母要注意宝宝的清洁卫生，不要让他接触病源，一旦发现宝宝已经感染，要及时治疗。

沙眼的症状及危害

患儿有流泪、怕光、异物感、眼分泌物多而黏稠。结膜充血，表面有许多隆起的乳头状增生颗粒和滤泡。1 ~ 2 个月后变为慢性期，睑结膜变厚，乳头和滤泡逐渐被瘢痕组织代替。在急性期、亚急性期及没有完全形成瘢痕之前，沙眼有很强的传染性。随着病情的进展，角膜可出现新生血管，像垂帘状长入角膜，称为沙眼角膜血管翳。沙眼的严重危害在其并发症和后遗症，久治不愈的重症沙眼可引起睑内翻倒睫、实质性结膜干燥症、角膜溃疡、慢性泪囊炎等，并常引起视力障碍。

沙眼的传播及防治

沙眼主要通过接触传染。凡是被沙眼衣原体污染了的手、毛巾、手帕、脸盆、水及其他公用物品都可以传播沙眼。沙眼的预防，重要的是培养宝宝从小养成爱清洁、讲卫生的习惯。坚持一人一巾一帕，使用的手帕、毛巾要干净。父母应勤洗手，尽可能采用流水洗手、洗脸，不用脏手、衣服或不干净的手帕去擦拭宝宝眼睛等。

写给父母

防治沙眼的小偏方

◎用干桑叶 50 克，加 1 碗水烧开，每日洗眼 3 ~ 5 次，连用 1 周。

防治宝宝口腔炎症

在各种婴幼儿口腔疾病中，口腔炎症是比较常见的，包括鹅口疮、疱疹性口炎、口角炎、口疮、口腔溃疡、流行性腮腺炎等等。

鹅口疮

鹅口疮即口腔发生白色念珠菌感染，好发于出生 1 年内的宝宝。口腔内的念珠菌数通常都很少，但是念珠菌与其他菌种间的平衡，可能会因为使用抗生素或患有一般疾病而受到破坏。口腔疼痛使宝宝拒绝饮食，舌头和口腔内壁可能会出现乳黄色或白色的斑点。医生检查宝宝的病情，可能会从口腔内刮取检体以便进行分析，也可能会在宝宝的口腔内使用抗真菌软胶或口滴剂。为了防止宝宝反复发生感染，父母在消毒奶瓶和奶嘴时，应特别小心。如果是母乳喂养，那么医生可能会使用可以涂在乳房上的抗真菌软膏。

疱疹性口炎

这种较常见的疾病，会使口腔出现疼痛的溃疡。它最初是由于单纯疱疹病毒感染所致，但此病毒也会引发唇疱疹。疱疹性口炎好发于冬春季节，6 个月至 2 岁的婴幼儿较容易患这种病。这是因为宝宝出生后，身体内有来自母体的抗体存在，起到了保护宝宝的作用，而这种来自母体的抗体一般在 6 个月左右消失，2 岁前，宝宝体内还未能充分产生新的抗单纯疱疹病毒的抗体，所以宝宝没有抵抗力，感染病毒后就很容易发病。

口角炎

夏季，一些宝宝的口角部位很容易发生乳白色糜烂和裂口的症状，医学上把它称为口角炎。造成口角炎的主要原因，可能是由于宝宝体内缺少一种名为核黄素（即维生素 B_2）的营养物质。经常患口角炎的宝宝应多吃新鲜蔬菜、水果以及由肉类、蛋类制成的食品。

口疮

防治口疮，首先应注意口腔清洁，勤漱口、多饮水、多吃新鲜水果及蔬菜，一定要注意口腔护理，保持大便通畅。家长要注意奶瓶、奶嘴及餐具的清洁消毒工作。

宝宝患痢疾的防治措施

近年来宝宝痢疾有增多趋势，这是因为宝宝饮食趋于多样化，有的宝宝辅食增加过早、品种增加过多，再加上不注意饮食卫生。

例如，刚刚满月不久的宝宝，家长就开始给其喂西瓜水、苹果泥等，还有的家长过早地给宝宝进食鱼虾、肉松等。这些食品在保存和喂食过程中，很容易被病菌污染，因而增加了感染机会。

父母要重视宝宝痢疾的防治，注意饮食卫生，不要过早给宝宝添加容易污染的水果等食物，发现腹泻患儿要做大便常规检查，一旦确诊，就要选用有效的抗生素治疗，并进行隔离。

宝宝患痢疾的特点

◎**发病季节已不局限于夏秋季节**。几乎全年都可以见到痢疾，甚至冬天宝宝痢疾也不少见，因为近几年来水果、鱼虾等食品一年四季都可以吃到，在冬天吃西瓜而感染痢疾的宝宝已屡见不鲜。

◎**宝宝痢疾容易与普通的腹泻混淆**。年龄越小，其临床症状就越不典型。开始多为水样便，常常伴有呕吐，以后才出现大便次数增多，但大便量减少、变黏，出现黏液便等，反复发病的患儿还会出现脱肛的现象，如果不做大便化验很容易漏诊或误诊。因此，家长就诊前最好留一点儿大便，在1个小时内拿到医院检查。

◎**容易演变为慢性痢疾**。一般菌痢病程如果超过2个月即可诊为慢性痢疾。慢性痢疾因为长期腹泻，必然影响食物营养的消化与吸收，导致宝宝生长发育障碍。

◎**容易出现水、电解质紊乱和中毒症状**。宝宝肠壁较成人薄，但血管丰富，一旦肠道感染，更易导致脱水和毒素的吸收，发生高热、惊厥、神志障碍，甚至是中毒性痢疾而危及生命。所以，对于宝宝痢疾要早治，千万不可掉以轻心。

◎**宝宝服药困难，常常不能坚持足够的疗程以致病程迁延**。许多对成人疗效不错的药物都不适合宝宝使用。静脉输液又因其带来的恐惧和疼痛而常遭到患儿和家长的拒绝，加上价格较贵，也不利于推广使用。

痢疾的症状

宝宝患痢疾时，随体温升高，可出现精神委靡、嗜睡和烦躁，甚至惊厥，排便前常因腹痛而哭闹不安。

宝宝更易患痢疾，主要是因为消化系统特点和机体反应性差两方面造成的。

◎**消化系统特点**。消化系统发育不成熟，胃酸和消化酶分泌较少，消化酶的活性较低。对食物的耐受力差，不能适应食物质和量的较大变化；因生长发育快，所需营养物质相对较多，消化道负担较重，经常处于紧张状态。因此易于发生消化功能紊乱。

◎**机体反应性差**。胃内酸度低（乳汁尤其是牛乳，使酸度更为降低），而且宝宝胃排空较快，对进入胃内的细菌杀灭能力减弱；血液中免疫球蛋白和胃肠道分泌型IgA水平均较低；正常肠道菌群对入侵的致病微生物有拮抗作用，新生儿出生后尚未建立正常肠道菌群。

痢疾的治疗方法

而痢疾对人体体能损伤较大，一天排便的次数较多，很容易造成失水和体液失去平衡，宝宝精神疲惫。所以及时、恰当地滴注液体，保证体液平衡是非常重要的，这需要临床医师配液，根据病情在液体中掺入抗菌药物。

除了抗生素治疗外，在家中每天奶具高温沸煮消毒，延长吃奶时间，多喝白开水（少加点儿盐）或饮用医用口服补液盐，避免腹部受凉（但不能穿太多），配合使用肠道益生菌和肠粘膜保护剂，但如果脱水现象就该立即到医院就诊。

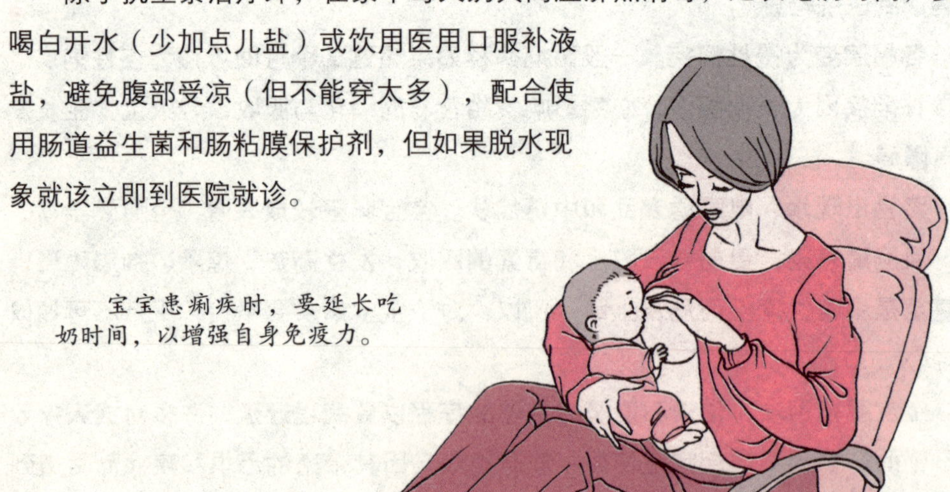

宝宝患痢疾时，要延长吃奶时间，以增强自身免疫力。

亲子游戏时间

寻找拨浪鼓

1 益智目标： 训练宝宝的听觉能力，帮助宝宝辨别方位。

2 游戏准备： 拨浪鼓 1 个。

3 游戏步骤： ①妈妈抱着宝宝靠坐在沙发上，爸爸坐在旁边，让宝宝拿着拨浪鼓自己玩。

②当宝宝放下拨浪鼓时，爸爸把拨浪鼓藏到身后，并使拨浪鼓发出声音。

③妈妈问宝宝：“拨浪鼓在哪里呢？”

④爸爸说：“宝宝快找找。”然后引导宝宝找到爸爸身后的拨浪鼓。

4 注意事项： 可以用其他可以发出声响的玩具代替拨浪鼓，如铃铛、响球等。

5 专家指点： 从宝宝 5 个月大起，家长要重视对宝宝听觉的训练，让宝宝感知并习惯外界的声音。同时也让宝宝感知不同的音调和音质，以促进宝宝听觉能力的发展。

1 益智目标： 训练宝宝的语言发展能力和听觉能力；锻炼宝宝的手部运动能力。

2 游戏准备： 奶粉罐若干个，塑料盆、塑料盒子若干个，筷子 1 双。

3 游戏步骤： ①让宝宝坐在铺有毛毯的地方，在他面前放上奶粉罐、塑料盆、塑料盒子。

②妈妈用筷子敲击奶粉罐、塑料盆和塑料盒子，然后鼓励宝宝敲击这些物品。

③当宝宝敲响这些物品时，每敲响一下，妈妈就按照宝宝敲击的物品所发出的声音进行模拟，如“叮——咚——”，并念：“罐子叮咚响，宝宝听了乐呵呵。”

4 注意事项： 宝宝接触的东西要保持干净，且没有锐利棱角，以保证宝宝的安全。

5 专家指点： 5 个月大的宝宝听觉迅速发育，不仅能通过声音寻找发声物体，还有了辨别声音的能力。如果家长在此时给宝宝玩能够敲出响声的奶粉罐、塑料盆、塑料盒子等，不仅能让宝宝听各种声音，而且还会使宝宝形成对这种声音的记忆。

小小接线员

1 益智目标： 训练宝宝的语言理解能力。

2 游戏准备： 玩具电话 2 部。

3 游戏步骤： ①妈妈抱着宝宝坐在床上，爸爸坐在对面。

②爸爸拿起玩具电话的听筒，对着电话说：“喂，宝宝在家吗？”

③妈妈帮助宝宝拿起电话的听筒，说：“铃铃铃，电话响啦，宝宝接电话吧，看看是谁打电话来了？”

4 注意事项： 注意电话的卫生状况，最好在使用前消消毒。此外，不要让宝宝把电话塞进嘴里哨。

5 专家指点： 5 个月大的宝宝，语言越来越丰富了，除了能发出元音和部分辅音、重叠音以外，宝宝还试图用吹气、咿咿呀呀、尖叫、笑等方式来“说话”。当爸爸妈妈跟宝宝说话时，宝宝还会练习使用自己的小舌头来发出“呸呸”的爆破声，以表达自己想和爸爸妈妈交流、亲热的期望。

这时，家长可以根据宝宝的语言特点，用多种游戏的方式来促进宝宝自主练习发声，同时加强宝宝对某种声音的记忆和理解能力，如拨浪鼓发出的“咚咚咚”声等。

把玩具拉过来

1 益智目标： 锻炼宝宝小手的运动能力和自己解决问题的能力。

2 游戏准备： 毛绒玩具 1 个，长线 1 根，枕头、靠枕若干。

3 游戏步骤： ①宝宝坐在床头的靠枕上，妈妈坐在宝宝的身后，爸爸把系有长线的毛绒玩具放在离宝宝较远的地方。

②爸爸将线的一头交给宝宝，妈妈鼓励宝宝拽着长线把玩具拉过来，当宝宝拉过来时，爸爸要在旁边鼓励："宝宝真棒！"

③爸爸将枕头、靠枕等放在宝宝和毛绒玩具中间，爸爸妈妈仔细观察宝宝是否能把玩具拉过来。

4 注意事项： 爸爸注意调整障碍物的位置，以让宝宝更好地解决问题，如果宝宝总是不能将玩具拉过来，会失去信心，从而对游戏失去玩的兴趣。

5 专家指点： 宝宝 5 个月大时，爸爸妈妈可以教他抓、拽物体，以锻炼宝宝小手的抓握能力和手臂肌肉。此处推荐的训练游戏，不仅能帮助宝宝锻炼手臂肌肉，而且还能训练宝宝解决问题的能力，对宝宝独立性和生活自理能力的培养具有重要意义。

第6章

知道别人喊他名字啦

宝宝生长发育月月查

本月宝宝体格发育状况

宝宝的生长不是“照本宣科”，每个宝宝都有自己的生长规律和特点，只要他健康、快乐，爸爸妈妈就不必替宝宝担心。

体重	这个月的宝宝，体重会增长 0.5 ~ 0.8 千克，因为开始添加辅食，所以食量大，食欲好的宝宝，体重增长度可能会比上个月还要大。
身高	这个月的宝宝身高会增加 2 厘米左右，运动对宝宝身高的增长有很大的促进作用。
头围	这个月的宝宝头围会增加 1 厘米。
胸围	胸围较上个月平均增长 0.6 厘米。男宝宝的平均胸围为 43.9 厘米；女宝宝的平均胸围为 42.9 厘米（38.9 ~ 46.9 厘米）。
前囟	这个月宝宝的前囟门尚未闭合，大多数宝宝的前囟门在 0.5 ~ 1.5 厘米个体之间可以存在较大的差异。

本月宝宝智力发育状况

大动作能力

- 能比较熟练地从仰卧位翻身至俯卧位。
- 拉宝宝坐起时，宝宝能直起身子并举头，还能自由地转身、转头；坐在椅子上时，能保持身体挺直，如果因为外力原因，身子倾倒后会自主直起身子；让宝宝坐在平面上时，宝宝能双臂伸展并用双手支撑在平面上。
- 扶腋站立时，宝宝能反复蹦跳。

精细动作能力

- 宝宝能弯曲手指，将桌上的玩具以大把抓的方式抓离桌面。
- 宝宝双手各拿一个玩具时能拿稳。
- 脚开始成为宝宝喜欢把玩的“玩具”，宝宝还会吃脚趾。如果用手帕或毛巾盖住宝宝的脸，宝宝会用手把手帕或毛巾掀开。

认知能力

- 宝宝手眼协调能力进一步发展，会追视在眼前移动的玩具；当玩具掉落时，宝宝会用眼睛去寻找玩具。
- 让宝宝从面前的积木堆上抓取积木，宝宝能抓住3块积木；当宝宝手上有一块积木时，如果把杯子放在宝宝眼前，宝宝会拿着积木注视着杯子。
- 能区分两个单一物体的大小。

语言能力

- 在宝宝耳朵后方轻轻叫宝宝的名字，宝宝会下意识地回过头来寻找叫他名字的人。
- 听到妈妈的声音时，会把头转向妈妈；妈妈鼓励宝宝，宝宝会表现得比较兴奋；如果妈妈责备宝宝，宝宝也会做出相应的反应。
- 不开心的时候，宝宝会发出喊叫声。
- 能更好地控制自己的声音，对不同的声调、音量有不同的反应。
- 宝宝哭时，能发出“ma”的唇音。
- 这时宝宝偶尔能发出“pa-pa”、“da-da”的辅音。

社交能力

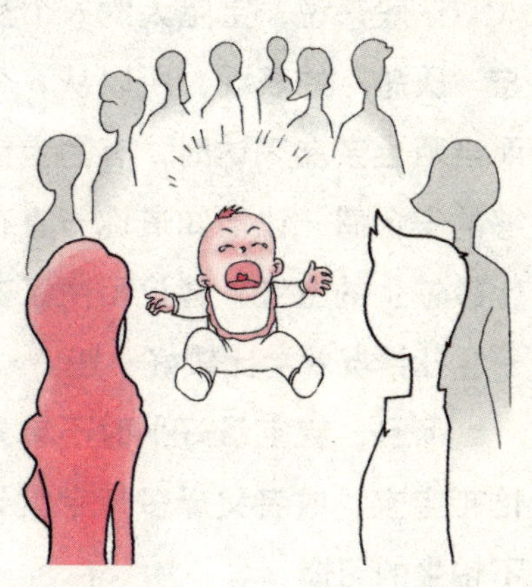

- 听到亲切的话语会比较愉快，如果听到的是严厉的话语，则会表现出不安或发出尖叫。
- 见到熟悉的人会微笑，开始学会区别大人和小孩；不见父母会怕生。
- 开始喜欢玩多人游戏；见到陌生的宝宝会伸手去摸。
- 喜欢和熟悉的人接触，见到陌生人会表现出明显的不喜欢，甚至害怕、苦恼等。
- 玩具被别人拿走时，会用尖叫声来表达自己的不满。

自理能力

- 当大人给宝宝喂食、洗脸时，宝宝往往会表现出不愿意的情绪，不仅会转过头去，还会用手推开。
- 会自己拿饼干吃。不需要爸爸妈妈过多的帮助，宝宝就能在围椅、沙发或围床上独坐 30 分钟左右。
- 开始有自己吃饭的欲望，看到大人拿勺子喂自己时，会伸手去拿勺子。

视觉发育状况

宝宝 5 ~ 6 个月大的时候，视觉可以调焦距了，他们的视力越好，就越能准确地区分周围人的不同。他们已经能从几米远处认出爸爸妈妈了。此时他也能判断出谁是让他害怕的陌生人，开始怕生。喜欢捉迷藏，通过这个游戏他可以一再确定一个令人安慰的事实：即便有时看不到自己认为很重要的东西，但它们仍继续存在。

听觉发育状况

5 ~ 6 个月大的宝宝的声定位能力已发育到较高的水平，如果在他的背后轻轻呼唤他的名字，他会立刻把头转向声源。有时不用呼唤而是用强音，如竹板、锣等敲出的声音，也可观察宝宝是否去转头寻找声源。如果宝宝不转头去寻找，也没有什么反应，可能是听力有问题。

情感发育状况

一般来说，宝宝大约 6 个月之后，会开始出现比较明显的对人“喜爱”与“厌恶”的表现，所以从 6 个月后，妈妈可能会觉得宝宝变得比较黏人，而当陌生亲友来访时，有的宝宝可能会哇哇大哭。其实家长只要给予宝宝足够的安全感，让他知道你一直在附近，就不用担心宝宝怕陌生人了。如果是比较怕生的宝宝，建议陌生亲友不要马上抱他，让他减少恐惧感，多逗宝宝一会儿情况就会比较好一些。

而且，宝宝最好平时不单只有妈妈照顾，如常找爷爷奶奶或其他亲属帮忙带宝宝，或者父母多带宝宝到邻居家走走或到公园散步，也能让宝宝养成不怕生的习惯。

宝宝怕生，所以陌生亲友要想尽办法逗逗他，他慢慢就不害怕啦。

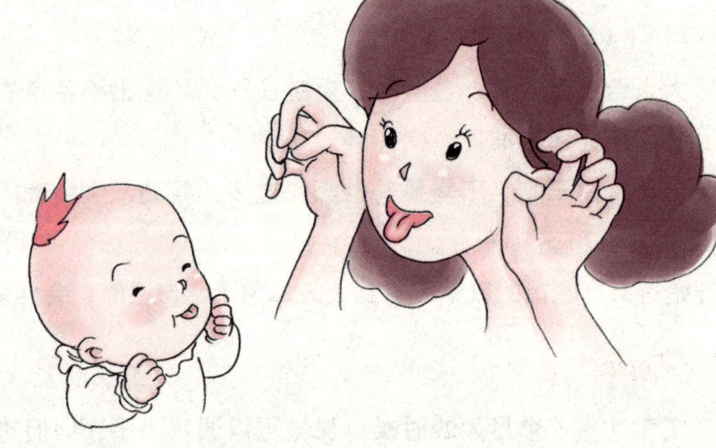

心理发育状况

如果宝宝一直到 6 个月，对别人甚至父母都没有产生亲密、喜爱的感情，就要注意是否有自闭症等问题。

一般而言，宝宝从 5 ~ 6 个月开始，就会试着模仿大人的声音与动作，模仿力比较强的宝宝可能 8 个月时就会跟着大人拍手、挥手，或是做出某些简单的动作。

当然，有些时候，如果宝宝不想学做什么动作，大人就不要刻意勉强，等宝宝发育到了一定阶段，自然而然就能够做很多事了。不要认为宝宝很小什么都不懂，其实家长的爱意、情绪，都会感染宝宝！

喂养也要讲科学

合理安排宝宝的饮食

此阶段的宝宝开始对乳汁以外的食物感兴趣了，不妨吃点粗颗粒食物。因为此时的宝宝已经准备长牙，偶尔有宝宝已经长出了 1 ~ 2 颗乳牙，可以通过咀嚼食物来训练宝宝的咀嚼能力，同时，每天可给宝宝吃一些鱼泥、菜泥、肉泥、猪肝泥等食物，可补充铁和动物蛋白。如果现在宝宝对吃辅食很感兴趣，可以酌情减少一次奶量。

一日饮食安排列举

◎**早晨 6 点**。母乳（或配方奶）。

◎**上午 9 点**。蛋黄泥。

◎**中午 12 点**。母乳（或配方奶）。

◎**下午 3 点**。水果泥，果汁。

◎**下午 5 点**。粥（加碎菜、鱼泥或肝泥、肉末）。

◎**晚上 8 点**。母乳（或配方奶）。

◎**晚上 11 点**。母乳（或配方奶）。

◎**夜间停喂**。

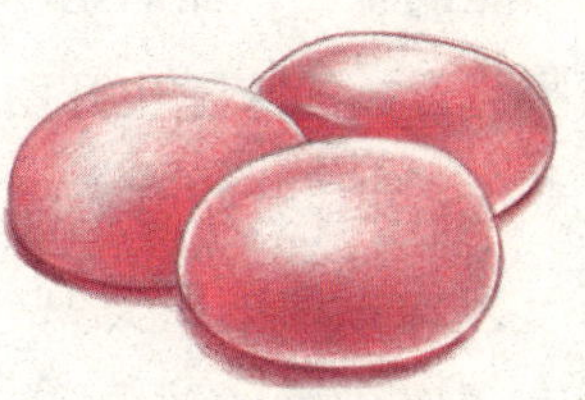

蛋黄

给宝宝喝粥

刚开始可慢慢喂宝宝一点儿较稠的粥，等他能接受 3 ~ 4 勺粥时，就可以把豆腐、蛋黄、菜泥、鱼泥等喂给他吃，但要注意量和种类上的由少到多。宝宝粥的比例为：大米∶荤菜∶蔬菜∶豆制品 = 50 克∶20 克∶35 克∶25 克，另加植物油 5 ~ 10 克。

常见的宝宝营养粥

◎**蛋花粥**。将 1 个熟鸡蛋碾碎后加入已煮好的粥中煮开即可。

◎**鱼泥粥**。洗净去内脏的鱼，如青鱼、草鱼、鳗鱼等，整条蒸熟去骨，将鱼肉研碎拌入米粥中，加适量葱末熬至成泥状，即成鱼粥。

草鱼

宝宝不爱喝奶粉怎么办

父母应先了解一下宝宝不吃奶粉的原因，然后才能拿出有效的解决方案。

饮食过量导致厌奶

母亲长期给予过量的奶粉，造成宝宝肝脏和肾脏的负担过重，长期超负荷消化、吸收、排泄过多的奶粉，总有一天胃肠道会因疲劳而罢工，宝宝就表现出厌食奶粉。了解了上述原因，即使宝宝厌食奶粉，父母也不要太着急，不要怕宝宝不吃奶粉会饿坏，更不能拼命硬灌。应谅解宝宝，让宝宝的胃肠道得到充分的休息，让其恢复功能。

宝宝厌奶期

到 4 ~ 5 个月，宝宝逐渐长大，一方面，他可能添加了辅食，比较喜欢新口味的食品，而对奶粉暂时失去了兴趣，因为这时宝宝的体内乳糖酶开始减少，舌头的味觉也开始产生变化，胃口开始改变；另一方面，他的听觉视觉有了突破性的进展，使得他对外界更感兴趣，往往一有风吹草动就会转移注意力，心思不完全放在吃奶上了。

充分利用不喝的奶粉

可以把宝宝不喝的奶粉利用起来，加入今后将要添加的辅食里，既避免浪费，又可以补充奶的摄入量，两全其美，食谱如下。

◎**牛奶甘薯粥**。将剩奶粉煮开，放入已经煮好的甘薯块，等甘薯化开后，加入调好的玉米面糊再煮一会儿就行了。

◎**黄瓜盅蒸蛋**。切 2 段黄瓜，中间的籽用勺子挖掉，但不要挖到底，留一点儿当底就成了黄瓜盅。鸡蛋黄打散，加入喝剩的奶粉，搅匀倒入黄瓜盅里。上锅隔上蒸熟即可。

宝宝断奶的过渡方法

随着医学知识的普及，年轻妈妈大都知道了母乳哺育宝宝的好处，但宝宝习惯吃母乳以后，到了该断奶时又有了新问题：不少妈妈不忍心让宝宝受罪，奶断了一次又一次，到宝宝满周岁时仍断不了。

事实上，母乳是 0 ~ 6 个月内的宝宝最好的食品，但从 6 个月开始母乳已达不到宝宝身长所需的营养，此时就该考虑给宝宝添加辅食为今后断奶做好准备了。到 1 岁以后如果宝宝仍不断奶，宝宝又不喜欢吃辅食，就可能会出现营养不良。父母应该在正式断奶之前做好充分的过渡工作，了解断奶的最佳时间和方式，这样可以帮助宝宝顺利断奶。

要及时断奶

首先，随月龄的增加，宝宝对各种营养的需求量逐渐增多，母乳也不能完全满足宝宝的需要了。

其次，随着乳牙依次萌出，咀嚼、消化功能的逐渐成熟，宝宝已能适应半流质或半固体食物的饮食，所以合适的断奶时机对宝宝身体发育是有益的。

再者，断奶越晚，宝宝的恋乳心理就越强，不愿吃粥、吃饭、吃面食及其他辅食，最终造成消瘦、营养不良、体质差、经常生病等后果，营养不良严重者甚至影响智力发育。所以，从 6 个月开始父母就可以为宝宝添加半流质或半固体的辅食，为断奶做准备。

改变不正确的断奶方式

有的妈妈认为给宝宝断奶很简单，只要几天不给宝宝吃母乳就可以了。于是使用各种手段，如挑选一个假日回娘家，宝宝由爸爸或者家里的奶奶爷爷带。有的妈妈在乳房上涂黑药膏，甚至抹一些辣椒粉，使宝宝害怕得不敢再吃。这些其实都是极不合适的断奶方法。因为对宝宝来说，由于没有一个适应过程，很难接受其他食物，或者勉强接受了，但宝宝胃口极差，弄不好会出现腹泻、营养不良的情况。另外，这些断奶方法也会影响到宝宝的心理健康，对出生后一直依恋妈妈的宝宝来说，几天的分离，可能让他们产生焦虑情绪。

选择合适的断奶时机

必须选择宝宝身体状况良好时断奶，否则会影响宝宝的健康。因为断奶，改吃奶粉和辅食后，宝宝的消化功能需要有一个适应过程，此时宝宝的抵抗力可能略有下降，因此断奶要考虑宝宝的身体状况，此外，宝宝生病期间更不宜断奶。

断奶最好选择气候温度适宜的季节，避免在夏季炎热时断奶，因为夏季天气炎热，宝宝本来就容易发生胃肠功能紊乱，此时断奶更可能加重这种情况，搞不好还会生病。选择春、秋两季较为理想。如果母乳充足，宝宝的体质又不够好，那么迟一些断奶也是可以的，但不宜延长到 1 岁半以后。

恢复月经不是断奶的理由

产妇在产后恢复月经是一个自然的生理现象。恢复的时间有早有晚，早的可在宝宝满月后即来月经，晚的要到宝宝 1 岁后才恢复月经。不论月经在什么时候恢复，都不是断奶的理由。一般说来，产后月经的恢复与妈妈是否坚持母乳喂养有一定关系。哺乳时期越长，宝宝吸吮乳头的次数越多，越有利于血浆内催乳激素水平的增高，这对抑制月经恢复能起一定的作用。如果较早停止哺母乳，血浆内催乳激素的水平降低，抑制月经的作用减退，月经也就很快恢复了。

月经恢复时，一般乳汁分泌量减少，乳汁中所含蛋白质及脂肪的质量也稍有变化，一般蛋白质的含量偏高些，脂肪的含量偏低些。这种乳汁有时可引起宝宝消化不良症状，但这是暂时的现象，待经期过后，就会恢复正常。因此，无论是处在经期或经期后，都无须停止喂哺，还应坚持一段时间的母乳喂养。

换乳期食品的营养搭配

换乳期是指宝宝由液体食物（单纯母乳）喂养为主向固体食物喂养为主过渡的生长发育时期。在换乳期内乳类（母乳 + 配方奶）仍是供应能量的主要来源，泥糊状食品是必须添加的食物，是基本的过渡载体。换乳期从 5 ~ 6 个月起至 15 ~ 18 个月，甚至到 2 岁才完全断掉母乳，开始向其他配方奶或者从吃泥糊状食品到成人固体食物的过渡期。换乳并不是换掉一切乳品和乳制品。泥糊状食品是宝宝这一阶段的主要食品，可逐步替代三顿喂奶成为宝宝的正餐食品。

换乳食品的选择

宝宝刚进入换乳期时，消化功能较弱、消化酶活性较低，咀嚼能力还不够完善，还需锻炼，因此，宝宝需要从学吃泥糊状食品开始。

换乳食品或泥糊状食品可分为两大类：成品泥糊状食品和家庭制作的泥糊状食品。

◎**成品泥糊状食品**。它是宝宝的理想食品，并符合营养学原则：营养齐全，比例恰当；口感好，易消化，适于换乳期宝宝食用；不含激素、糖精、色素、防腐剂；不含盐和调味剂，不会加重宝宝肾脏负担，也不会造成宝宝“口重”的不良饮食习惯，减少成人慢性病（高血压、心脑血管病）的发生概率。

◎**家庭制作的泥糊状食品**。它也是不可缺少的宝宝食品。如菜水、果汁、菜泥、果泥、肉泥（鱼泥、肝泥等）、菜末、肉末、碎菜、碎肉、米汤、稀粥、米糊、粥、烂面、稠粥、面条等。这些食品需科学精心地为宝宝制作。传统的“以粥断奶”的做法从营养学角度来说是不够科学合理的。因为在食物选择上既要考虑营养投入又要考虑营养结构，以上两类食品合理搭配，互为补充，是最佳选择。

宝宝一日饮食安排

5 ~ 6 个月大的宝宝的主食可以是母乳或者婴幼儿配方奶粉；餐次及用量为每隔 4 小时喂 1 次；给宝宝添加的辅助食物，可以是水果汁、菜汤、烂米粥、面片汤等；每日最好是 1 ~ 2 次，上午 9 ~ 10 点和下午 2 ~ 5 点。

一日饮食安排列举

◎**早晨 6 点半**。母乳或婴幼儿配方奶 180 毫升。

◎**上午 9 点**。蒸鸡蛋（取蛋黄）1 个。

◎**中午 12 点**。稀粥或面条小半碗，熟菜泥或鱼肉占粥量的 1/3。

◎**下午 4 点**。母乳或婴幼儿配方奶 180 毫升。

◎**晚上 7 点**。少量副食，婴幼儿配方奶 150 毫升。

◎**晚上 11 点**。母乳或婴幼儿配方奶 180 毫升。

宝宝辅食的制作方法

制作辅食之前，要洗净材料、餐具及手，严格注意卫生问题。

宝宝的牙齿及吞咽能力未发育完全，制作时要将食物处理成汤汁、泥糊状或细碎状，宝宝才容易消化。

初期给予宝宝辅食时，食物浓度不宜太浓，如蔬菜汁（仅限黄瓜、西红柿，其他宜水煮食用，不可生食，以免对宝宝产生不良反应）、新鲜果汁，最好加水稀释；辅食尽量采用自然食物，且最好不要加调料，如香料、味精、食盐等；在材料的烹煮方面，尽量不要太油腻；辅食如果用到配方奶，不要煮沸，配方奶适宜的冲服温度是 35 ~ 60℃（不同配方奶要求不同，应按配方奶说明书做），如果加配方奶，食物温度不宜超过 60℃。

西红柿

烹调后的辅食不宜在室温内放置过久，以免食物腐坏；制作辅食要注意食物温度，不宜放置在微波炉中加高温，以免破坏食物中的营养。

草莓麦片粥

材料 麦片 50 克，草莓适量。

做法 将 500 毫升水烧沸，放入麦片煮 2 ~ 3 分钟；将草莓绞烂，然后放入麦片，在锅内边煮边混合，煮片刻即可。

推荐理由 加草莓糊使粥色泽鲜亮，增加宝宝进食兴趣。

草莓

烂面条糊

材料 细面条 50 克，香油 7.5 克。

做法 将水烧开，下入面条煮熟；将面条沥去水分，装入搅拌机中，搅烂，盛入盘内加入香油即可喂食。

推荐理由 此面条糊软烂、味美，含有丰富的蛋白质、脂肪、碳水化合物，还含有一定量的钙、磷、铁、锌等矿物质及多种维生素，是宝宝较佳的一种辅食。制作中，可以加入麻酱、香油等，以增加面条糊的味道。

要注意宝宝的饮食禁忌

父母在养育宝宝的过程中，要了解一些宝宝饮食方面的禁区，否则会给宝宝的身体带来不必要的伤害。因为有些在成人看来很有营养的东西，却并不一定适合半岁的宝宝食用，还有一些不科学的喂养习惯也要引起父母们的注意。

宝宝不宜多喝果汁

宝宝半岁以内不要多喝果汁。果汁的维生素与矿物质含量较多，口感好，因此乐于被宝宝接受，但最大的缺陷在于没有对宝宝发育起关键作用的蛋白质和脂肪。

如果喝很多果汁，果汁强占胃的空间，导致母乳或者婴幼儿配方奶摄入减少，而母乳或配方奶才是宝宝获取正常发育所需养分的主渠道，所以喝果汁会破坏宝宝体内营养平衡。宝宝月龄越小，影响越大。专家建议，不足6个月的宝宝最好不要喝果汁，6个月以上的宝宝也要限制饮用量，以每天不超过100毫升为妥。

宝宝不宜喝豆奶

成年人经常食用大豆制品有益，能使体内的胆固醇降低，保持体内激素的平衡，预防或减少乳腺癌或前列腺癌的发生。

但是，宝宝食用大豆却不会有如此益处，这是因为宝宝对大豆中高含量的抗病植物雌激素的反应与成年人相比完全不同。宝宝摄入体内的植物雌激素只有5%能与雌激素受体结合，使其他未能吸收的植物雌激素在体内积聚，这样就有可能对每天大量饮用豆奶的宝宝将来的性发育造成危害。专家指出，喝豆奶的宝宝患乳腺癌的概率是喝牛奶或母乳喂养的宝宝的2～3倍。

不要用嘴喂宝宝辅食

用嘴喂宝宝吃饭，或者把咀嚼好的食物放在宝宝嘴里都是一种不卫生的习惯。这种方式很容易传播疾病，而且食物里的营养会被嚼的人吸收了，宝宝吃到的只是一些残渣而已。另外，咀嚼也是宝宝应该锻炼的一项能力，宝宝的辅食里之所以要有一些稍硬点儿的食物，就是为了让他通过咀嚼锻炼口腔的协调能力，为以后学习说话做好准备。

本月宝宝的日常照顾

练习用勺子给宝宝喂食物

宝宝愿意或不愿意吃勺里的食物是一种行为习惯，是在不知不觉中逐渐形成的。宝宝天生对各种饮食有兴趣，他们会按照家庭的饮食习惯，被动地接受各种食物，并在成长过程中受生理、心理、种族、家庭和社会经济等因素的影响，逐步形成自己的饮食习惯。

从婴儿时期培养宝宝用勺吃饭

宝宝是否肯吃用勺喂的食物是一种逐步养成的饮食习惯。大多数宝宝在婴儿阶段就已经习惯家长用勺喂食，因为这一阶段的宝宝喜欢用嘴、舌头来尝试各种物体，包括触及嘴角的勺，因此，宝宝比较容易适应新的食物及新的喂养方式，这一年龄期是培养宝宝饮食习惯的关键时期。

培养宝宝用勺喂食习惯的注意事项

应尽早用勺喂食，母乳喂养在母乳不足时即可用小勺喂奶；人工喂养在补充水果汁时也用小勺喂食；若需补充钙粉，也应用小勺喂；添加米粉等半固体辅助食品时，应调成糊状用勺喂，不提倡把米粉调稀后与配方奶一起用奶瓶喂，这样不仅不利于养成用勺喂食的习惯，也不利于配方奶中矿物质的吸收。

妈妈应该尽量用勺子喂宝宝吃饭，但是一定要注意一些用勺的喂食习惯。

让宝宝喜欢用勺喂食的方法

让宝宝对小勺发生兴趣，并愿意接受，可使用外形可爱，不易破碎的小勺；在第一次改用勺喂食时，可以先喂宝宝平时就喜欢吃的食物。

注意事项

母乳喂养的宝宝在母乳不足时即可用小勺喂奶；人工喂养的宝宝在补充水果汁时也应用小勺喂食；若需补充钙粉，也应用小勺喂；添加米粉等半固体辅助食品时，应调成糊状用勺喂。不提倡把米粉调稀后与牛奶一起用奶瓶喂，这样不仅不利于养成用勺喂食的习惯，也不利于牛奶中矿物质的吸收。

宝宝口水多

宝宝口水多的原因

新生儿时期的宝宝是不会流口水的，因为他们的唾液腺不发达，分泌的唾液较少，宝宝嘴里没有多余的唾液流出；加上此时宝宝的主食是奶或流质食品，对唾液腺的刺激不大。宝宝长牙期是口水流得最频繁的时期，乳牙萌出时，乳牙顶出牙龈向外长，会引起牙龈组织轻度肿胀不适，刺激牙龈上的神经，唾液腺反射性地分泌增加。

一般宝宝到 1 岁半时就会停止流口水，而部分宝宝要到两岁时才会停止流口水，因为两岁左右宝宝肌肉运动功能趋于成熟，可以逐渐有效地控制吞咽动作，嘴边也不再湿嗒嗒了。

写给父母

宝宝口水太多，又没有适时清理，口水便会沿着嘴角蔓延到下巴、脖子、前胸，造成湿疹和种种过敏反应。父母应先带着宝宝给医生诊断，视个别症状开出适合的类固醇药膏。

年幼的宝宝喜欢东舔西舔，翻坐不停，为免发生误食药膏的意外，白天父母可先为他擦掉嘴角、身上的口水，然后晚上趁他睡着的时候，在患处擦上薄薄的一层药膏和凡士林，作为肌肤的防护膜，加速其痊愈。

宝宝流口水时的护理

◎要随时为宝宝擦去口水，擦时不可用力，轻轻将口水拭干即可，以免损伤宝宝局部皮肤。

◎常用温水洗宝宝口水流到的地方，然后涂上油脂，以保护下巴和颈部的皮肤。最好给宝宝围上围嘴，以防止口水弄脏衣服。

◎给宝宝擦口水的手帕，要求质地柔软，以棉布质地为宜，要经常洗烫。

◎如果宝宝口水流得特别严重，就要去医院检查，看看宝宝口腔内有无异常病症、吞咽功能是否正常等。

◎宝宝如果趴着睡觉，枕头要勤洗勤晒，以免里面滋生细菌。

父母不必过分担心

宝宝6个月左右，由于出牙的刺激，唾液分泌增加，而宝宝又不能及时咽下，就会出现流口水的现象，这是一种正常现象。由于唾液偏酸性，里面含有消化酶和其他物质，因口腔内有黏膜保护，不致侵犯到深层。

但当口水外流到皮肤时，则易腐蚀皮肤最外的角质层，导致皮肤发炎，引发湿疹等宝宝皮肤病。这时要注意给宝宝戴围嘴，并经常洗换，保持干燥。不要用硬毛巾给宝宝擦嘴、擦脸，而要用柔软干净的小毛巾或餐巾纸来擦。

专家医生来帮忙

宝宝为什么经常发热

6个月以后，宝宝时常会出现发热现象，这可能与宝宝抵抗力下降有关。如果你感觉到宝宝的头部发烫，应给他测量体温。可选择腋下体温计、肛门体温计，或宝宝专用体温计。一般来说，宝宝的体温超过37.0℃，怀疑发热；超过37.4℃应认为发热了。发热实际上反映了身体的状况，宝宝发热的程度与病情的轻重并不一定成正比。除了服药打针，父母还应向医生请教护理方法。

6 个月以后的宝宝抵抗力较弱

新生儿期，宝宝的抗病能力是比较强的，这是因为新生儿从母体中获得了比较多的免疫球蛋白，这些免疫球蛋白可以抵抗常见细菌和病毒的侵袭。6 个月以内的宝宝一般较少发生感冒，也较少发生其他感染性疾病。

宝宝 6 个月以后，其体内从母体获得的免疫球蛋白逐渐减少，并开始产生自己的免疫球蛋白，6 个月至 2 岁的宝宝产生免疫球蛋白的能力也比较低，因此抗病能力也比较差。

从免疫能力的形成来看，6 个月至 3 岁以内是宝宝抗病能力最低的时期，容易患感冒等感染性或传染性疾病。所以，父母要针对宝宝生长时期的不同特点，适时参加计划免疫，合理安排宝宝的饮食，多晒太阳，适当补充维生素 A 和维生素 D，这样才能够促进宝宝免疫系统成熟，减少宝宝患病概率，使宝宝健康成长。

宝宝发热的对策

宝宝发热要及时到医院就诊，不要盲目给孩子乱喂药，因为可能引起宝宝发热的原因很多，家长是很难鉴别的。当宝宝发热时，有的家长会给宝宝捂太多太厚的被褥，以便发汗、退热。其实，这样做不仅不容易退热，而且还会因出汗过多，出现脱水现象，危及生命。

预防宝宝贫血

贫血是宝宝常见的疾病。它不但影响宝宝的生长发育，而且还是一些感染性疾病的诱因。贫血是指外周血液中血红蛋白的浓度低于患者同年龄组、性别和地区的正常标准。

6 个月之后，由母体得来的造血物质基本用尽，若补充不及时，就易发生贫血。必须分析贫血的原因，是饮食原因还是疾病造成的，尽早纠正贫血。在家时，注意观察宝宝面色、口唇、皮肤黏膜是否苍白，如果是，应考虑到贫血，并到医院进一步检查。

判断宝宝贫血的标准：

出生 10 天以内血红蛋白值低于 145 克／L；

10 天～3 个月时血红蛋白值低于 100 克／L；

6 个月 ~ 6 岁时时血红蛋白值低于 110 克 / L；

14 岁时血红蛋白值低于 120 克 / L。

缺铁性贫血

宝宝发生缺铁性贫血多半是饮食不当引起的。

女性在怀孕后期，胎儿会从母体内得到足够的铁，储存在肝脏，以应付出生后 0 ~ 6 个月内的使用。

如果 5 ~ 6 个月后宝宝不及时添加辅食，身体内的铁用完后，从奶粉或母乳中摄取的铁不能维持正常需要时，就会出现缺铁性贫血。

一旦经医生诊断为缺铁性贫血后，在积极治疗的同时，要注意改善宝宝饮食结构，及时添加含铁量丰富的辅食，如蛋黄、鱼、肝泥、肉末、动物血、绿色蔬菜等。一般来说，动物性食物中铁的吸收利用率要比植物性食物高一些。

油麦菜

宝宝贫血的治疗方法

轻度贫血（血红蛋白为 90 ~ 110 克 / 升）可不必用药，而采取改进饮食营养来纠正。

◎**膳食疗法**。膳食安排要根据宝宝营养的需要和季节蔬菜供应情况，适当地搭配各种新鲜绿色蔬菜、水果、肝类、蛋类，鱼虾、鸡、猪、牛、羊的肉和血，再加豆类食物，尽量做到每日不重样。烹调时，注意色、香、味。就餐以前再给宝宝介绍一下菜肴的特点和营养，以使宝宝喜欢吃。

◎**药物疗法**。在医师指导下进行。根据贫血的原因和贫血程度选择药物，如果为大细胞性贫血，应以维生素 B_{12}、叶酸为主；如果为缺铁性贫血（小细胞性贫血），则以铁剂为主。铁剂宜在两餐之间服用，避免与茶水或大量牛奶同服，以免影响铁的吸收。

赤小豆

亲子游戏时间

我的水上乐园

1 益智目标： 培养宝宝身体的协调运动能力和小手的精细动作能力。

2 游戏准备： 充气玩具小鸭子 3 ~ 4 个，温水适量，浴盆 1 个。

3 游戏步骤： ①在浴盆中放入适量温水，水深至宝宝胸前即可，然后将玩具小鸭子放入水中。

②将宝宝放入浴盆中，引导宝宝拍打小鸭子，在水中嬉戏，妈妈同时念："我家有个淘气包，爱洗澡呀，爱和小鸭子一起笑。"

③引导宝宝捉住小鸭子，用小手捏出响声，同时妈妈在旁边说："小鸭子嘎嘎叫，和淘气包一起洗澡一起笑。"

4 注意事项： ● 水温不宜太低，以免宝宝着凉。

● 在宝宝玩的过程中，妈妈注意不要让宝宝喝水，也不要把水弄到鼻子里。

● 给宝宝玩水的时间不宜太长，以免水变凉而使宝宝着凉感冒。

5 专家指点： 研究表明，宝宝对水有天生的好感，即使家长不教宝宝玩水，宝宝在接触水时也会有意无意地玩一下。

因此，家长可以充分利用宝宝的这一天性，让宝宝玩水。可以让宝宝拍水，锻炼宝宝肢体的运动能力和协调能力。

也可以在水中放上可以发声的玩具，让宝宝抓握，可使宝宝的小手更加有力，手眼的动作更加协调。家长也可以跟宝宝一起玩水，让宝宝感知水、认识水。

我也是化妆师

1 益智目标：锻炼宝宝小手肌肉；激发宝宝的想象力。

2 游戏准备：红色、黑色贴纸若干，剪刀1把。

3 游戏步骤：①妈妈用剪刀将黑色贴纸剪出眉毛的形状，将红色贴纸剪出几个小圆圈。

②妈妈将贴纸撕下来，给宝宝贴上眉毛和红脸蛋，然后引导宝宝给自己贴上眉毛和红脸蛋。

③待宝宝贴好后，妈妈要鼓励宝宝："宝宝，你真了不起，懂得帮妈妈化妆啦！"

4 注意事项：●注意不要让宝宝把"化妆"用的纸放入嘴中。

●给宝宝的贴纸不要太锋利，以免划伤宝宝的小手。

5 专家指点：6个月大的宝宝精细动作的训练不仅包括抓握玩具、扔掉再拿和倒手等内容，还包括拿持比较小的物体。因此，在对宝宝进行训练时，所选择的物体要逐渐从大到小，让宝宝努力拿持较小的物体，帮助宝宝从满手抓逐步过渡到用拇指和食指捏取。"化妆"游戏可帮助宝宝锻炼手指的灵活性和小手肌肉，而且让宝宝随意给妈妈"化妆"，也许他不会像成人一样贴得恰到好处，可能贴到了额头或者下巴等其他地方，家长不要阻止或指责，这很可能就是宝宝想象力的开端。

我的厨房我做主

1 益智目标： 让宝宝认识多种声音，锻炼宝宝的听觉，培养宝宝的节奏感。

2 游戏准备： 干净的碗、小锅、汤盆若干，筷子1双。

3 游戏步骤： ①将碗、小锅、汤盆扣在地上，妈妈向宝宝示范用筷子敲打的动作。

②引导宝宝用筷子尽情地敲打碗、小锅、汤盆，让宝宝体验这场自己主宰的“音乐盛会”。

4 注意事项： ● 如果宝宝拿起碗、小锅、汤盆等，注意不要让宝宝扔在地上，以免摔碎这些物品并伤害到宝宝。所准备的这些物品也要保证没有缺口，否则宝宝淘气拿起时，容易割伤小手。

● 如果宝宝在吃饭的时候喜欢抓住勺子模仿这一游戏，家长要及时教育宝宝吃饭的时候不能敲碗。

5 专家指点： 让宝宝接触多种发声物体，在玩乐的过程中体会声音的变化和音调的高低，对宝宝听觉能力和语言能力的发展有促进作用。

让宝宝敲击锅碗瓢盆，还能帮助培养节奏感，而节奏感是宝宝的一种音乐潜力，节奏感的掌握对宝宝调整自己的内部节奏、协调身体各部分的合作都有重要意义。

谢谢爸爸的好礼物

1 益智目标： 训练宝宝对玩具的认知；培养父子之间的感情。

2 游戏准备： 毛巾 1 块，小电筒或其他宝宝没有见过的玩具 1 个。

3 游戏步骤： ①妈妈抱着宝宝坐在沙发上玩，爸爸突然出现，把包裹着东西的毛巾拿到宝宝的面前，说："宝宝，爸爸要送给你一件好玩儿的礼物。"

②妈妈引导宝宝打开毛巾，拿出礼物，并告诉宝宝："啊，爸爸送了一个小电筒给宝宝。来，跟爸爸说声谢谢。"然后引导宝宝向爸爸作揖。

4 注意事项： 用毛巾包裹着的礼物最好是宝宝没有见过的玩具，如果是宝宝经常玩的或者不喜欢的，宝宝会失去对游戏的兴趣。

5 专家指点： 宝宝 6 个月大时，他的注意力会逐渐集中，在大多数时候，他的眼睛不仅变得炯炯有神，而且这种专注能力会维持十几秒钟，他也因此获得更多的学习机会。如果这个阶段家长变换游戏方式，让宝宝接触新的事物，让他跟大人进行交流，他的大脑不仅会加强对新东西的记忆和认知，还会以自己喜欢的方式回应大人。

积木撞撞撞

1 益智目标： 锻炼宝宝的听觉分辨能力；训练宝宝小手的灵活性和协调性。

2 游戏准备： 积木 2 块。

3 游戏步骤： ①让宝宝坐在妈妈怀里，使宝宝的每只手里拿着一块积木；妈妈帮助宝宝将两块积木相撞，并使其发出声响，同时说："听，这是积木相撞的声音。"

②然后妈妈调整积木撞击的力度，让宝宝感受不同力度所撞击出的声音大小的不同；引导宝宝自己拿着积木撞击。

4 注意事项： 让宝宝自己拿积木时，注意不要让宝宝吃积木。此外，在宝宝撞击积木时，也要注意不要让积木撞到宝宝的手而使宝宝受伤。

5 专家指点： 在这个阶段，家长要多给宝宝玩能发出声音的玩具，以加强对宝宝听力的训练。此处推荐的撞击积木的游戏，积木发出的声响不仅可以有效地刺激宝宝的听觉，而且在宝宝拿着积木撞击的过程中，可以很好地锻炼宝宝小手肌肉的力量，可谓一举两得。

脚踏车跟爸爸一起骑

1 益智目标： 训练宝宝的肢体运动能力。

2 游戏准备： 在宝宝洗澡后、心情好时进行。

3 游戏步骤： ①让宝宝躺在床上，爸爸双手轻轻地握住宝宝的双脚，帮助宝宝的双脚做蹬自行车的活动。

②在宝宝运动的同时，爸爸要对宝宝说："宝宝，加油，骑上脚踏车，载上妈妈，跟着爸爸一起去旅行！"

4 注意事项： ●爸爸握住宝宝的双脚进行运动时，动作要轻柔，太过用力会损伤宝宝的关节。

●运动的时间不宜过长，以 10 ~ 15 分钟为宜，以免宝宝太过劳累。

●可以在宝宝洗澡后进行，如给宝宝抹上乳液或油，一边游戏一边为宝宝按摩，效果也不错。

●除了爸爸以外，妈妈、爷爷、奶奶等其他家庭成员也可以参与游戏，以增进和宝宝之间的感情，让宝宝尽快地熟悉家庭成员。

5 专家指点： 此处推荐的蹬自行车游戏，看似普通，其实是根据宝宝生长发育的特点量身定制的，它能帮助宝宝锻炼小腿运动能力，对今后宝宝学习站立、行走有着十分重要的意义。

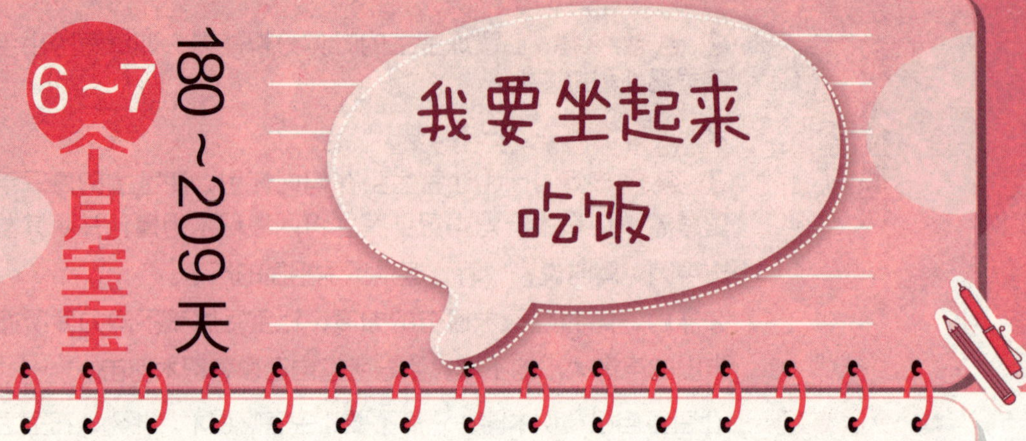

宝宝生长发育月月查

本月宝宝体格发育状况

这个月，宝宝的体重和身高的增长已不太明显，与出生不久的增长情况相比，现在的增长曲线已很缓慢。但是，宝宝智能方面的能力却发展得相当快。

体重	这个月宝宝的体重平均会增加 0.3 ~ 0.8 千克，与身高相比，体重会有比较大的波动性。
身高	这个月宝宝的平均身高会增加 1 厘米，实际个体之间会存在比较大的差异。
头围	这个月宝宝的头围平均会增长不足 1 厘米。
胸围	胸围较上个月平均增长 0.6 厘米。男宝宝的平均胸围为 43.9 厘米；女宝宝的平均胸围为 42.9 厘米（38.9 ~ 46.9 厘米）。
前囟	一般 7 个月大的宝宝前囟还不会闭合，一般为 0.5 ~ 1.5 厘米。前囟已经很小了，有的宝宝会出现假闭合。就是外观上看似乎已经闭合了，但 X 线检查并没有真正的闭合。

本月宝宝智力发育状况

这段时期是宝宝智能发育的关键时期，其行为模式也出现飞跃式的发展，宝宝独立性进一步加强，宝宝能仔细观察大人无意间做出的一些动作。这时期的宝宝懂得选择玩具，逐步建立了时间、空间、因果关系的观念。

大动作能力

- 仰卧时，不仅能自己将脚丫放进嘴里吃，还能自己把头抬起来。
- 俯卧时，宝宝能用双手支撑身体，用膝盖帮助身体爬行；如果家长用玩具逗引宝宝，宝宝的下肢还可以做旋转动作。
- 在没有任何支撑的情况下，能直起身体独自坐立 1 分钟。
- 如果大人拉着宝宝的手臂，让宝宝从坐姿转至站姿，宝宝只能站立片刻。

精细动作能力

- 小手更加灵活，不仅可以弯曲手指做抓痒的动作，而且还可以用拇指和其他手指捏起较小的物体，如小丸子等。
- 如果让宝宝的一只手拿着玩具，另一只手空着，精细动作发展得好的宝宝能将玩具换到空着的一只手上，然后再拿其他玩具。
- 让宝宝抓握积木，他抓握到的积木不在手心，而是偏向桡侧手掌。
- 抓握时，宝宝的拇指倾向于与其他手指的指头相对。
- 宝宝看见玩具或其他物品时，会只伸出一只手去拿物体，而不再像以前双手同时伸向物体。

认知能力

- 如果宝宝眼前的玩具突然不见了，宝宝会用眼睛去寻找；宝宝开始学会辨别物体距离自己的远近，并有空间感。
- 能把声音和声音的内容联系起来，如玩具鸭子发出的声音会让宝宝转头去找鸭子。
- 能够有意识地比较物品的大小。

● 开始喜欢看图画书，喜欢翻书的声音；如果给宝宝播放他喜欢的音乐，他会有强烈的反应。

● 给宝宝照镜子时，宝宝能把镜子里的形象和自己联系起来。

6～7个月的宝宝开始喜欢看图画书。

语言能力

● 语言发展进入敏感期，可以发出比较明确的声音，如“da-da”、“ma-ma”等双唇音，但都没有具体的指向和明确的意义。

● 语言模仿能力进一步发展，能模仿咳嗽声、舌头咔哒声、咂舌声等。

● 对熟人和陌生人的回应也有所差异，具体体现在宝宝与对方交流时发音的频度、力量和情绪等方面。

社交能力

● 看到镜中的自己，会伸手去摸、拍打、亲吻、微笑等。

● 会用不同的方式表达自己的情绪，如哭表示不喜欢、笑表示喜欢等；如果给宝宝他不喜欢的东西，他还会伸手推掉；如果玩具在远处，他懂得示意让家长给他拿。

● 如果跟宝宝说话的声音很亲切，宝宝会比较安静、开心；如果跟宝宝说话的声音充满斥责和懊恼，宝宝会有沮丧，甚至害怕的表情。

● 叫宝宝名字时，宝宝会有反应。

自理能力

● 将宝宝喜欢的玩具放在他伸手拿不到的地方时，他会移动身体去拿玩具。

● 能自己拿着固体食物吃，学习用牙龈咬固体食物。

● 不仅能自己扶着奶瓶吃奶，甚至能主动调整奶瓶的倾斜度。

视觉发育状况

已具有空间关系感，视觉记忆提高，而后能发现隐藏物品。能仔细观察大人无意间做出的一些动作。

听觉发育状况

这时的宝宝已经能熟练地找到生源，尤其对父母发出的声音更加敏感，这是可以进行一些声音刺激，来锻炼宝宝的听觉。

知觉发育状况

◎“知觉恒常”指当知觉条件（如距离、形状、明度等）在一定的范围内发生变化时，知觉的印象仍能保持相对稳定。例如，一只小鸟，它飞来飞去，在我们的眼里，小鸟的大小、位置变来变去，但我们知道不管它在我们眼中呈的像如何千变万化，它始终是那只鸟。有了知觉恒常，人们才会对外界事物有比较稳定的认识。一般认为宝宝在半岁后具有知觉恒常性，如可以追着看一个滚动的物体，而且还能把它看成是同一个物体。知觉恒常性的出现，使宝宝能更好地认识事物的一些稳定的特征。

◎“客体永存”指的是当物体从人的视线中消失时，我们知道这个物体并不是不存在了，而只是我们看不见了。

心理发育状况

◎**自我意识**。能把自己的动作和动作的对象区分开来，把主观意识和客观事物区分开来。认识到自己与事物的联系。

◎**记忆力**。开始有了明显的记忆力，宝宝保持记忆力只有几天，其记忆力与后天培养和宝宝是否有很大的兴趣有关。

◎**个性**。已有特征性个性，有的宝宝表现得活泼、有的沉静、有的灵活、有的呆板。但这种个性并不是固定不变。

◎**思维**。这个时期宝宝的思维发育程度较低，主要是具体形象思维，表现为有目的地用动作来解决问题，如可找到藏在某地方的物体。

◎**好奇心**。这个时期宝宝的好奇心逐渐增强，喜欢到处触摸，到处看。这对宝宝开阔眼界，增长知识，探索周围世界有很大帮助。

喂养也要讲科学

宝宝断奶的正确方法

宝宝半岁以后大部分上班族妈妈就要上班了，所以就要给宝宝半断奶了，在正式断奶期间，父母要掌握正确的方式。特别是父亲，不要以为断奶只是宝宝和妈妈之间的事。其实，在这个过程中，爸爸也起着关键的作用。

断奶方式因人而异

断奶的时间和方式取决于很多因素，每个妈妈和宝宝对断奶的感受各不相同，选择的方式也因人而异。

◎**快速断奶**。如果妈妈已经做好了充分的准备，妈妈和宝宝也都可以适应，断奶的时机便已成熟，妈妈可以很快给宝宝断掉母乳。特别是加上客观因素，如果妈妈一定要出差一段时间，那么很可能几天就完全断奶了。如果妈妈上班后不再希望宝宝吃奶，那么白天的奶也很快就会断掉。

◎**逐渐断奶**。如果宝宝对母乳依赖很强，快速断奶可能会让宝宝不适，或者妈妈非常重视哺乳，又天天和宝宝在一起，突然断奶可能有失落感，妈妈可以采取逐渐断奶的方法。从每天喂母乳 6 次，先减少到每天 5 次，等妈妈和宝宝都适应后，再逐渐减少，直到 1 岁后完全断掉母乳。

循序渐进的断奶方法

妈妈要理解断奶是一个循序渐进的过程，断奶的准备其实从添加辅食就开始了，不但要让宝宝生理上适应，心理上也要适应。

◎**哺乳次数递减**。等到宝宝 6 ~ 7 个月时，每天可以先减去一次母乳，以辅食替代。以后继续减少母乳次数，至 1 岁左右就可以完全断掉母乳了。

◎**食物过渡**。宝宝月龄在 5 个月左右时，家长应该适当给宝宝喂一些蛋黄、菜泥等易消化的辅食；添加辅食的几个月里，慢慢让宝宝从吃流质转变为吃固体的混合饮食。

◎**饮食方式改变**。不仅食物改变了，吃的方式也改变了，从吮吸乳汁转为自己用牙咬切、咀嚼后才吞咽下去。通过吮吸妈妈乳头进食转为用杯、碗喝，用小勺送入口中，从妈妈一个人喂食转为爸爸、奶奶等人都可喂食。

◎**从白天开始断奶**。白天有很多吸引宝宝的事情，所以，他不会特别在意妈妈，但当早晨和晚间时，宝宝会对妈妈非常依恋，需要从吃奶中获得慰藉，因此不易断开，在断掉白天那顿奶后再慢慢停止夜间喂奶，直至过渡到完全断奶。

断奶小建议

◎如果宝宝是跟妈妈睡一张床，那么在决定断奶的时候应该让宝宝睡宝宝自己的床，或者跟家里的其他人一起睡。但是如果宝宝特别抗拒这种改变，他可能反而要求更多次地吃奶，以保持与妈妈的亲近感。

◎只在宝宝主动要求吃奶的时候才喂他。此方法可帮助宝宝更顺利地接受辅食，成功断奶。

◎改变一些生活常规。可以尝试回家后先带宝宝出去玩一会儿，而不要急着喂他。如果在家里就有固定的喂奶地方，妈妈应尽量避免和宝宝一起在那里待着。

◎争取家里其他人的帮助。如果宝宝的习惯是早晨醒来就要吃奶，那妈妈可以试着在宝宝醒之前就起床，然后让爸爸来帮宝宝穿衣服和做起床后的其他事情。

◎在宝宝想起来要吃奶之前先给他一些替代物或者是能分散他注意力的东西，给他吃点儿辅食或者带他去他很喜欢的地方玩。

◎缩短喂奶的时间或者看看他是否接受拖延喂奶间隔的时间。

断掉临睡前和夜里的喂奶

大多数的宝宝都有半夜里吃奶和晚上睡觉前吃奶的习惯。宝宝白天活动量很大，不喂奶还比较容易。最难断掉的，恐怕就是临睡前和半夜里的喂奶了，可以先断掉夜里的奶，再断临睡前的奶。

这时候需要爸爸或家人的积极配合，宝宝睡觉时，可以改由爸爸或家人哄宝宝睡觉，妈妈避开一会儿。宝宝见不到妈妈，刚开始或许要哭闹一番，但是没有了回应，稍微哄一哄也就睡着了。

断奶刚开始会折腾几天，直到宝宝闹的程度一次比一次轻，直到有一天，宝宝睡觉前没怎么闹就乖乖躺下睡了，半夜里也不醒了，断奶初期便顺利完成过渡。

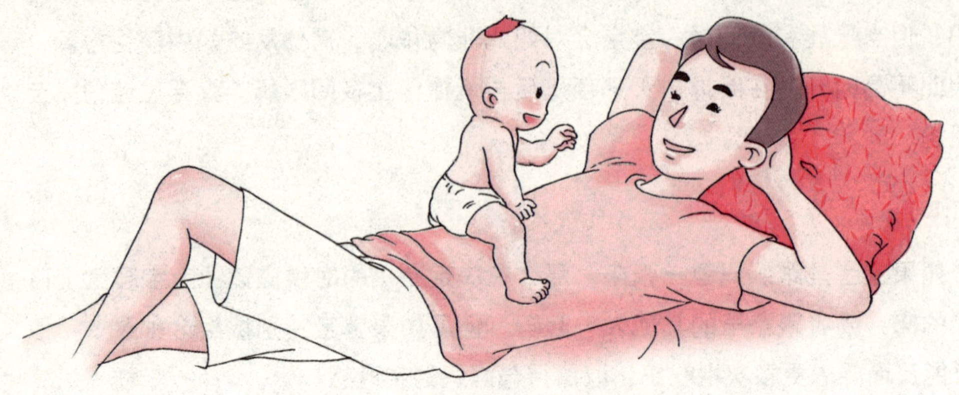

断奶前，爸爸多陪陪宝宝，可减少宝宝对妈妈的依赖。

爸爸的作用不容忽视

断奶前，要有意识地减少妈妈与宝宝相处的时间，增加爸爸照料宝宝的时间，给宝宝一个心理上的适应过程。刚断奶的一段时间里，宝宝会对妈妈比较黏，这个时候，爸爸可以多陪宝宝玩一玩。刚开始宝宝可能会闹情绪，逐渐习以为常也就好了。让宝宝明白爸爸一样会照顾他，而妈妈也一定会回来的。对爸爸的信任，会使宝宝减少对妈妈的依赖。

培养宝宝良好的行为习惯

断奶前后，妈妈因为心理上的内疚，容易对宝宝纵容，要抱就抱，要什么给什么，不管宝宝的要求是否合理。

但要知道越纵容，宝宝的脾气越大。在断奶前后，妈妈适当多抱一抱宝宝，多给他一些爱抚是必要的，但是对于宝宝的无理要求，不要轻易迁就，不能因为断奶而养成了宝宝的坏习惯。

写给父母

断奶期间宝宝不良的饮食习惯是断奶方式不当造成的，可不是宝宝的过错。断奶期依然要让宝宝学习用杯子喝水和饮果汁，学习自己用小勺吃东西，这能锻炼宝宝的独立生活能力。

宝宝断奶后的喂养方法

断奶与辅食添加要平行进行。辅食不是因为断奶才开始吃，而是在断奶前已经吃得很好了，所以断奶前后辅食添加并没有明显变化，断奶也不应该影响宝宝正常的辅食。

有的父母会以为断奶后宝宝的饮食有了很大的变化，从而使用一些不正确的喂养方法。所以，宝宝断奶后的喂养也是很有讲究的。

断奶后的饮食安排

和平时一样，白天除了给宝宝喝奶外，还可以给宝宝喝少量 1 ∶ 1 的稀释鲜果汁和白开水。如果是在 1 岁以前断奶，应当喝婴儿配方奶粉，1 岁以后的宝宝喝母乳的量逐渐减少，要逐渐增加喝牛奶的量，但每天的总量基本不变（1 ~ 2 岁的宝宝应当每日 600 毫升左右）。

吃营养丰富和容易消化的食物

宝宝咀嚼能力和消化能力都很弱，吃粗糙的食品不易消化，易导致腹泻。所以，要给宝宝吃一些软、烂的食品。

一般来讲，主食可吃软饭、烂面条、米粥、小馄饨、饼干等，副食可吃肉末、碎菜及蛋羹等。值得一提的是，牛奶是宝宝断奶后每天的必需食物，因为它不仅易消化，而且还有着极为丰富的营养，能提供给宝宝身体发育所需要的各种营养素。

刚断奶的宝宝在味觉上还不能适应刺激性的食品，其消化道对刺激性强的食物也很难适应，所以避免给其吃刺激性食物。

富含淀粉的食物

宝宝最初吃的面粉是不含面筋且没有甜味的。其他富含淀粉的食物，如土豆、面团都可以给宝宝吃，这样可以丰富一下宝宝的食谱。

蔬菜和水果

在蔬菜与水果中有许多营养成分，也有一些膳食纤维和维生素。建议选择新鲜的蔬菜水果而尽量避免罐头或腌制蔬菜，要选择糖分和盐分含量不是太高的种类。

宝宝长到 10 个月，可以在晚上让他吃一点儿蔬菜，如让他喝带点儿面团的浓浓的蔬菜汤。

葡萄

鱼、畜肉和鸡蛋

鱼、畜肉和鸡蛋的营养价值很高，它们含有丰富的蛋白质、脂类和微量元素。但要避免过多地摄入蛋白质和脂类。每周要让宝宝吃一两次鱼。每周可以用鸡蛋来代替一次肉制品。

鲑鱼

其他食品

要注意让宝宝尽量少接触甜食，如巧克力、果酱、蜂蜜、甜的饮品，这样宝宝长大以后不容易养成吃甜食的习惯。建议让宝宝饮用含少量矿物质的水。

写给父母

断奶后饮食误区：

◎只吃饭少吃菜或只吃菜少吃饭。给宝宝添加辅食，有的父母只注重主食，软稀饭、面条、各种米粥、面点变着花样给宝宝吃，但鱼肉、蔬菜、豆制品吃得少，或是相反。这都违反了膳食平衡的原则，不利于宝宝的健康发育。

◎用汤泡饭。有的父母觉得汤水的营养丰富，还能使饭变软一点儿，因此总给宝宝吃汤泡饭。这显然是个误区，首先汤里的营养只有 5% ~ 10%，更多的营养还是在肉里。而且长期用汤泡饭，还会造成胃的负担，可能导致宝宝从小得胃病。

◎断奶后饮食正常，但仍在吃奶糕。奶糕是从母乳到稀饭的过渡食品，而且营养成分和稀饭没什么区别，都是碳水化合物。如果断奶后，宝宝可以吃稀粥、稀饭了，就不需要再吃奶糕了。长期给宝宝吃奶糕，不利于宝宝牙齿的发育和咀嚼能力的培养。

辅食应依据月龄变化而变化

宝宝7个月了，随着其生长发育的迅速，他所需要营养的物质逐渐增多，这些营养物质必须及时补充，否则将引起营养缺乏性疾病，如缺铁性贫血、佝偻病、手足抽搐症（低钙惊厥）等。各类食物是营养的重要来源，因此，要给宝宝增加辅食的种类了，以便让宝宝从多样化的辅食中吸取各种营养。

谷类食物

谷类食物是最容易为宝宝接受和消化的食物，所以增加辅食时要先从谷类食物开始，如粥、米糊、汤面等。

动物性食物及豆类

动物性食物主要指鸡蛋、肉、鱼、奶等，豆类食物指豆腐和豆制品，这些动物性食物和豆类食物含蛋白质丰富，可满足宝宝身体发育对蛋白质的需求。

蔬菜和水果

蔬菜和水果富含宝宝生长发育所需的维生素和矿物质，如胡萝卜含有较丰富的维生素D、维生素C，菠菜含钙、铁、维生素C，大部分绿叶蔬菜都含较多的B族维生素，橘子、苹果、西瓜含维生素C。

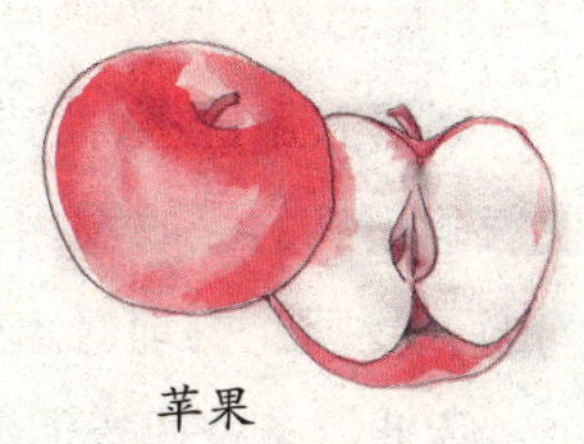

苹果

对于这个月的宝宝，除了把蔬菜和水果做成汁、泥外，还可以切成碎末以锻炼宝宝的咀嚼功能。

高热量食物

宝宝胃容量小，所吃的食物量少，热量不足，所以必须摄入体积小、但热量高的食物，如油脂、糖等食物，但要注意不宜过量。另外，油脂应是植物油而不是动物油。

白糖

过量补钙对宝宝的危害性

到了这个时期，宝宝慢慢地开始出牙。出牙状况与体内的钙有直接的关系，钙不足会延缓宝宝出牙。因此，有的妈妈特别注意给宝宝补充钙质，唯恐宝宝缺钙。但是，补钙是有讲究的，过量补钙会对宝宝造成很大的危害。

补钙过量的危害

◎补钙过多可使 1 岁以内的宝宝囟门过早闭合，头颅不能随着脑部发育而充分增大，一方面形成小头畸形，另一方面限制脑部发育。

◎骨骼中钙质过多，骨骼变脆，易发生骨折。

◎骨骼过早钙化闭合，使身高受到限制；吃太多的钙还会使宝宝肠胃不适、食欲不振，也将影响肠道对其他营养物质的吸收。

◎维生素 D 和钙过量都会导致宝宝高钙血症，血液中的钙含量过高，宝宝成年后罹患各种结石病的可能性大大增加，甚至会影响到心脏功能。

◎极少数宝宝长期补钙过量，还可能患上“鬼脸综合征”：长着一张大嘴、上唇突出、鼻梁平坦、鼻孔朝天，两眼距离甚远。这类宝宝往往还伴有消瘦、智力低下、心脏杂音等病症。

少给宝宝服用含磷或含镁的复合钙剂

磷摄入量过多，将与钙化合成不溶于水的磷酸钙排出体外，而镁过量不仅影响到钙的吸收利用，还会引起运动功能障碍。因为食物与水源方面的问题，我国北方地区大部分宝宝摄入的磷和镁都已超标。

因此，爸爸妈妈们要小心，千万别给宝宝服用含磷或含镁的钙剂。

宝宝补硒有讲究

硒可预防和治疗克山病和大骨节病。此外，硒还具有抗癌作用，被科学家称为“抗癌之王”。

防止宝宝缺硒

宝宝缺硒会怎样呢？大量的调查发现，缺硒的宝宝 80% 以上厌食、抵抗力弱、经常患病。因此，为了宝宝的健康成长，爸爸妈妈们要防止宝宝缺硒，适当地让宝宝摄入一些富含硒的食物。

日常生活中，含有硒的食物有很多，但含量各有不同，动物内脏和海产品是硒的良好来源。如海参、牡蛎，蛤蜊、猪肾、猪肝、羊肉、猪肉等。另外，小麦胚粉、干蘑菇、豌豆、扁豆也是硒的食物来源。

带鱼

硒过量危害宝宝健康

宝宝缺硒对其健康成长不利，然而，凡事都是过犹不及，硒过量同样会给宝宝带来危害。硒过量，可干扰宝宝体内的甲基反应，导致维生素 B_{12} 和叶酸代谢紊乱，还会导致铁代谢失常进而引发贫血。硒过量如不能及时治疗，对宝宝智力发育也有影响。硒过量和中毒的预防方法：可增加饮食中蛋白质和维生素的摄入量，如牛奶、大豆、蛋、鱼和植物油等，这些食品可增加硒的排泄，降低硒的毒性。

本月宝宝的日常照顾

正确处理宝宝吸吮手指的习惯

几乎所有的宝宝都有过吸吮自己手指的经历，尤其是婴儿出生后的 3 个月内。3 个月以后，会逐渐减弱。宝宝到了 6 ~ 7 个月以后吸吮手指可能是由于长牙，妈妈应为宝宝提供固体食物或磨牙器锻炼咀嚼功能。但是如果宝宝过于频繁地吸吮手指或随着月份的增加并未减少，这时父母就需要了解宝宝吸吮手指的原因，并采取正确的方式帮宝宝逐渐戒掉这个习惯。

要重视宝宝吸吮手指的现象

宝宝经常地吮吸手指或啃咬指甲，不单只是偶尔形成的不良习惯，对有些宝宝来说，则可能是一种病态行为。有关心理学家认为，宝宝到了一定年龄后，仍然固执地吮吸手指或咬指甲，这可能是心理障碍的症候。这一行为往往是宝宝内心紧张、不安、焦虑、烦躁、抑郁、忧虑、压力、孤独等一些消极情绪的表现。如果父母对宝宝的这一行为不予重视，忽略了宝宝的这些心理状态，宝宝未来心理的健康发展可能受到影响，其手指和牙齿的发育也会受到不良影响。因此，父母对宝宝的这一行为应予以重视，对已形成这一习惯的宝宝，应给以矫正。

宝宝吸吮手指的原因

◎**宝宝的生理需要得不到满足**。当宝宝饥饿而得不到满足时；或者，当宝宝的身体某一部位不舒服时，吮吸手指似乎可以缓解身体的不适感。

◎**宝宝的心理需要得不到满足**。因为宝宝对周围环境的认识能力有限，他们对父母有强烈的依恋感，需要得到他们的关心照顾和爱抚，从而获得心理上的安全感。如果他们对安全感的需要得不到满足，就会通过啃咬手指来缓解内心的紧张和不安。

◎**父母的养育方法不良**。有些家长认为宝宝爱吃尽管去吃，对宝宝的行为不予纠正。也有的父母看见宝宝吃手指就大呼小叫，本来宝宝最初吃手指是无意识的，家长的态度反而引起了他对这一行为的注意。还有的父母在哺乳期时，或者把橡胶奶嘴塞在宝宝口中。这使得宝宝把吮吸动作当作解除烦恼的手段，稍大以后，当宝宝遇到烦恼时则会习惯性地吮吸手指。

正确矫正宝宝吸吮手指的习惯

◎**查清原因，对症治疗**。当发现宝宝常常啃咬手指时，父母不要采取任何强制性措施急于制止，应分析造成这一行为的原因，然后有针对性地矫正。如果是宝宝生理或心理需要得不到满足造成的，就应在阻止宝宝的同时，多关心、照顾宝宝。如果是父母的养育方法不对造成的，就应改善养育方法。

◎**注意矫正方法，切忌强制粗暴**。在矫正过程中，有些父母缺乏耐心，态度粗暴，讥讽嘲笑宝宝，甚至打骂、恐吓宝宝；还有些父母用纱布把宝宝的手包上，以此来阻止这一行为。这些不良的矫正方法，往往加重了宝宝的心理负担，效果会适得其反。当看到宝宝啃咬手指时，父母应尽量用其他活动吸引宝宝的注意力，比如和宝宝玩耍，给宝宝玩具，让宝宝在不知不觉中终止这一行为。但是不建议让宝宝吸吮橡胶奶嘴，因为这对牙齿发育不利。

断奶综合征的护理

宝宝饮食从流质到半流质最后过渡到正常的固体饮食，一方面是宝宝身体成长的需要，另一方面是宝宝咀嚼能力、消化能力、吸收能力发展的重要表现。传统的断奶方式比较讲究效率，在短时间之内达到某种效果，但事实上，这种做法虽然可以取得表面收效，但并没有实质效果，宝宝往往需要独自承担断奶造成的不适应，这样身心都可能会受到伤害。

断奶综合征的症状

◎**消瘦，体重减轻**。强行断奶的宝宝，由于还没有适应母乳之外的食物，断奶之后对新食物兴趣不够，吃饭时经常会拒吃，引起脾胃功能紊乱，导致食欲差，每天摄入的营养不能满足身体正常的需求，通常会出现消瘦、面色发黄、体重减轻的症状。

◎**抵抗力差，易生病**。断奶之前没有做好充分的准备，没有给予宝宝丰富的辅食添加，很多宝宝会因此养成挑食的习惯，如只喝牛奶、米粥，食物种类单调，饮食以碳水化合物为主，缺乏蛋白质、矿物质，从而影响生长发育。这样的宝宝一般抵抗力较弱，爱生病，容易因为缺钙而发生佝偻病。

◎**爱哭、没有安全感**。母乳喂养对宝宝来说，除了满足身体发育的正常需求之外，还满足了他们正常的情感体验。如果事先没有足够的铺垫，粗暴断奶，宝宝会因为没有安全感而产生焦虑感，妈妈一走开就紧张焦虑，到处寻找。这种情况会造成情绪低落，害怕与别人交往，怕见陌生人。

断奶综合征的护理

◎**坚持很重要**。当宝宝出现不适应症状时，不要因为哭闹就拖延断奶的时间。父母在坚持的同时还需要对宝宝进行情绪上的安抚，多抱抱他，跟他说话，和他一起做游戏，陪在他的身边。

◎**循序渐进，辅食逐渐多样化**。不要急着增加新的辅食，尤其是在宝宝身体不舒服的时候，千万不要强迫他进食新食物。可以通过改变食物的做法来增进宝宝的食欲，使他产生对食物的兴趣，不愿意吃的时候就拿开，但中间不要喂其他食物；每次的量不要多，保持少食多餐。等宝宝完全适应新食物和饮食习惯后，再增加新的食物或者减少哺乳次数。

◎**尝试用餐具喂宝宝**。让宝宝习惯用餐具进食，可把母乳或果汁放入小杯中用小勺喂宝宝，让他们知道除了妈妈的乳汁之外还有很多好吃的。当宝宝习惯于用勺、杯、碗、盘等器皿进食后，会逐渐淡忘在妈妈怀里的进食方法。

◎**选择合适的时间**。断奶时间不要选择在炎热的夏天，因为这个季节，天气普遍较热，气温高容易影响宝宝胃口，这个时候断奶容易发生肠道紊乱，从而导致消化不良、腹泻。而春秋季节可以说是断奶的最佳期。

◎**症状严重请医生帮助**。如果宝宝出现比较严重的症状，如身体发育迟滞、情绪焦虑等，在这样的情况下，要请求医生的帮助。

宝宝出牙时常见的问题

出牙期的症状

◎**口水增多**。出牙时的宝宝有一个比较明显的特征，就是口水比较多，主要是因为他们的神经系统发育和吞咽反射差，控制唾液在口腔内流量的功能弱造成的，通常随年龄增大和牙齿萌出，流口水将逐渐消失。

◎**萌牙血肿**。牙龈上出现肿包，大小不等，肿包的表面呈现出蓝紫色，肿块一般出现在即将出牙的地方。

◎**发热、腹泻**。有些宝宝在长牙时还会有发热、腹泻的症状，大多数宝宝症状不会太严重，一般精神都比较好，食欲旺盛。

◎**烦躁**。出牙时的不舒服会让宝宝表现得烦躁不安，他们看起来比平时更爱哭，情绪不好。不过如果看到什么有趣的事情，通常会安静下来。

出牙期的护理

◎**保持口腔清洁**。每次进食过后，喝几口白开水或者用湿毛巾或者湿纱布缠绕在手指上轻轻擦拭宝宝的牙齿；不要让宝宝含着奶嘴一边吸一边睡觉。平时少给宝宝喝含糖饮料，尽量喝白开水。

◎**进行牙床锻炼**。可以让宝宝做些牙齿操以缓解宝宝流口水、牙肉痒的症状，可以使用磨牙饼或者牙齿训练器，让宝宝放在口中咀嚼，以锻炼宝宝的颌骨和牙床，促进牙齿萌出。

让宝宝养成良好的卫生习惯

要让宝宝不生病，就应讲卫生，增强体质，做到预防为主。宝宝生不生病，与饮食和卫生习惯的培养有很大关系，因此，爸爸妈妈和宝宝都应注意培养良好的卫生习惯。

饭前要洗手

吃饭前应该让宝宝安静地休息一会儿再吃，如果饭前活动量太大，会影响食欲、食量。同时让宝宝养成饭前洗手的好习惯，不用脏手、未洗干净的手拿东西吃。尽量让宝宝自己拿勺吃。另外，不要嚼东西喂宝宝吃，这很不卫生，很容易把疾病传染给宝宝；吃饭时不要惹宝宝哭，以免影响消化。

每天都要洗脸、洗手，经常洗澡

宝宝整天什么都摸，手和脸很容易弄脏，所以每天早晚和吃饭时都应清洗脸及双手。宝宝的指甲也应经常修剪，指甲长了容易藏脏东西，并随食物吃进肚子，从而引起疾病。

还要从小养成宝宝爱洗澡的习惯。洗澡是锻炼身体的办法，一方面能洗掉泥土，保持皮肤清洁；另一方面温水能刺激皮肤，增强抵抗力，不易患皮肤病。夏天常洗澡，预防生痱子、痱毒。洗澡时不要让水流进耳朵里，洗完后可用些爽身粉。

培养大小便的卫生习惯

要尽可能早一些培养宝宝在一定时间内大便和定时小便的习惯。如果大小便习惯培养好了，对宝宝健康发育很有益处。

其他方面的清洁卫生

平时要注意教育宝宝不要吃手指头，不要把不洁的东西放入口中玩耍，也不要玩生殖器，以免形成不良的习惯。

努力提高宝宝免疫力

宝宝出生时从母体得到的免疫力一般可以维持6个月左右。6个月以后，虽然宝宝自身的免疫系统逐渐发育，但是免疫机能还很低，因此，这个时候正是宝宝免疫力相对低下的时候，那么如何提高宝宝的免疫力呢？

多带宝宝到户外活动

充分利用自然界的空气、阳光和水，不仅对促进宝宝新陈代谢、体格发育大有好处，同时还能增强宝宝机体对外界环境的适应能力。特别是适当的自然光照可以保证宝宝的免疫系统正常工作。

经常晒太阳能促使皮肤内源性维生素D生成，使皮肤内7-脱氢胆固醇转化为维生素D。只要天气好，每天都应带宝宝到户外去活动，进行空气浴、日光浴等。同时，爸爸妈妈带宝宝到户外活动时要注意如下几点：

◎**户外锻炼的时间及原则**。可每日带宝宝进行1～2次的户外锻炼，每次大约1个小时。锻炼要遵循适度、持续和循序渐进的原则，不要进行长时间和大体力的运动，否则可能会因为身体劳累过度反而导致宝宝免疫力下降。

◎**户外锻炼的穿戴**。户外活动时衣着不宜穿得过多，有些宝宝“娇生惯养”，每次外出时都要穿上大衣，戴上帽子、口罩、围巾等，全身捂得严严实实，这么一来，宝宝的呼吸道长期得不到外界空气的刺激，得不到锻炼，反而更容易感染疾病。另外，身体无法接触空气、阳光，就达不到锻炼的目的，而宝宝变得弱不禁风，反而容易受凉生病。

妈妈应该多带宝宝去户外呼吸新鲜空气。

适当地添减衣物

根据气候的变化随时给宝宝添减衣物，可以使宝宝远离受凉和感冒，但是耐寒锻炼是提高宝宝对寒冷反应灵敏度的最有效方法。天一冷，赶紧用厚厚的衣服将宝宝包裹起来，使得宝宝无法经受任何寒冷锻炼，反而更容易感冒。一般来说，宝宝比大人多穿一件单衣就可以了。

保证睡眠

持续不断的活动，包括各类学习训练，会使宝宝紧张劳累，还会影响到宝宝的免疫系统。家长应帮助宝宝在活动和休息之间找到一个平衡点，确保宝宝每天都有充足的休息时间，养成良好的生物钟规律。

宝宝的冬季护理要点

冬季天气寒冷，婴幼儿活动明显比夏天要少，从而出汗和皮脂分泌也都没有夏季旺盛。所以，清洁工作也不用做得太频繁。

冬季的皮肤护理

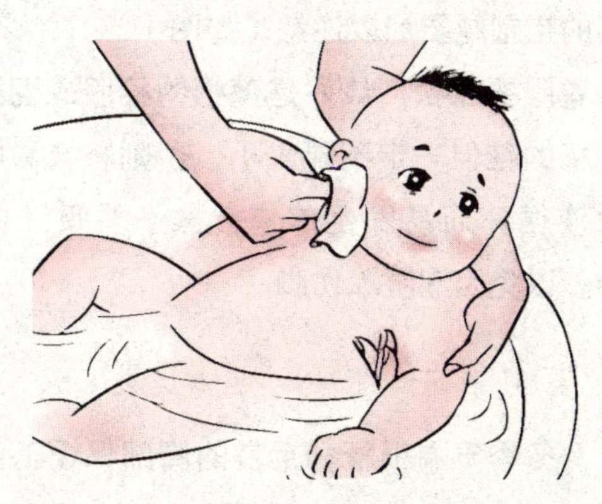

对于宝宝来说，每天洗 1 ~ 2 次脸就够了，但要注意水温不要过高。宝宝在 3 个月大之前身体内部还带有妈妈体内的激素，所以皮脂分泌比较旺盛，而过了 3 个月以后，体内的激素水平下降，皮脂和油脂分泌都会下降。这时过度清洁会把起保护作用的皮脂都洗掉，宝宝反而可能会出现皮肤干、裂、红、痒等症状。

另外，给宝宝选择面部或身体的清洁用品首先要选择功能比较简单的产品，除了清洁之外的功能越少越好，尤其不要选择有杀菌等功能的，免得刺激宝宝幼嫩的皮肤，引起过敏。

不适宜宝宝在冬季进补的食物

从营养学的角度来看，凡是营养丰富、能够补充人体内营养素不足的物品都可称为补品。对正在生长发育的宝宝来说，最迫切需要的是蛋白质、多种维生素和矿物质。银耳、桂圆中的主要成分是碳水化合物，而蛋白质只占 5%，矿物质的量也少得可怜，所以不适合宝宝食补。燕窝中蛋白质可达 50%，但目前在含燕窝的补品中，燕窝的含量很少，况且燕窝中的蛋白质所包含的氨基酸成分也不全面。人参的主要成分是糖分，当然其中的人参皂苷具有强心的作用。其他对成人来说具有滋补作用的食品，如鹿茸、阿胶等，对宝宝并不适合。

冬季如何预防宝宝长冻疮

冬季预防宝宝长冻疮，应该注意以下几点。

◎当宝宝要去户外时，一定要注意宝宝保暖是否得当，如衣服是否防寒，特别是经常暴露的部位，可适当地涂抹护肤霜以保护皮肤。

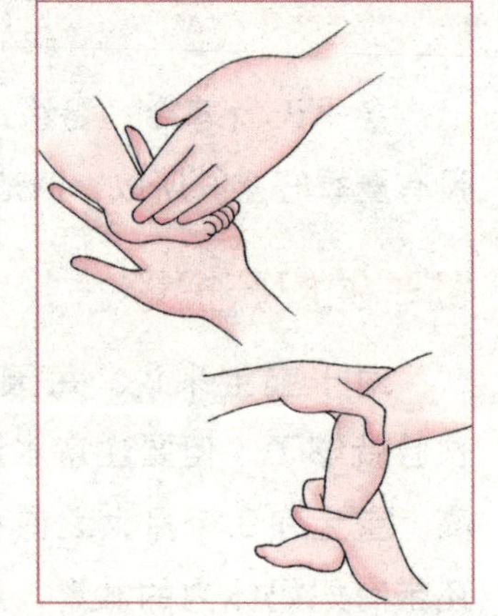

◎寒冷的时候不要让宝宝在户外玩耍的时间过长，也不要玩久坐不动的游戏。要经常按摩宝宝的手、脚、面部、耳朵、腿部，月龄越小体质越弱的宝宝越要加以注意（如图）。

◎衣服要宽松，最好是蓬松的棉服或羽绒服，穿全棉的鞋但一定不要太小，否则将会影响脚部的血液循环而易发生冻疮，袜子要吸汗并及时更换，以免因潮湿冻伤脚。

冬季宝宝保暖要从脚部开始

冬季气温很低，宝宝的脚部保暖工作尤其需要重视，人的双脚离心脏较远，血液供应少，如果受凉，微血管会痉挛，进一步使血液循环量减少。宝宝脚的表面脂肪很少，保温能力很差。冬季双脚站在地面上，会散发大量的体温，使脚的温度降低，从而加剧微血管痉挛，供血受阻又进一步降低双脚的温度。这样不仅导致冻疮，而且影响身体其他器官。另外，一旦脚部受寒后可以反射性地引起上呼吸道黏膜微血管收缩、纤毛运动减慢，身体抵抗力削弱，于是潜伏在鼻咽部位和新侵入的病原微生物就乘机大量繁殖，使宝宝易患伤风感冒，发生气管炎等疾病。

专家医生来帮忙

幼儿急疹的防治方法

幼儿急疹也称为幼儿急疹为婴儿期常见的一种急性发热病。其发病的主要特点是突然高热3～5天，全身症状轻微，体温下降，同时，全身出现皮疹，并在短时期内迅速消退。幼儿急疹是由病毒引起的，可通过唾液飞沫而传播，但不如麻疹传染力强。以冬春季节发病较多。大多数为6个月至2岁的宝宝。患过此病后，一般不再患第二次。

幼儿急疹的症状

幼儿急疹从接触感染到症状出现，大约需10日。其临床症状为起病急，宝宝突然高热39～41℃，伴有烦躁、嗜睡、咳嗽、流涕、眼发红、咽部充血、恶心、呕吐、腹泻等症状。少数患病的宝宝，在高热时可出现惊厥，但惊厥后神志清醒，精神和食欲仍正常，从外表看来毫无病容，这是和其他发热性疾病的不同之处。发热第2～3日，患病的宝宝枕部、耳后、颈部淋巴结轻度肿大，但无压痛。高热持续3～5天后很快下降，退热后或体温开始下降时出现皮疹。皮疹为淡红色斑疹或斑丘疹，最先出现在躯干和颈部，以腰臀部较多，面部及四肢较少，会在1天内出齐。皮疹多在1～2日消失，而且不会留色素沉着，因此无疤痕脱屑。

幼儿急疹的护理

宝宝玫瑰疹愈后良好，皮疹退去后能顺利康复，有并发症的患儿宜卧床休息，要多喝水、吃容易消化的食物和水果等。高热可用冷毛巾敷前额或服退热片。个别患儿可能会并发呼吸道继发感染、中耳炎、脑病，此时必须送医院进行治疗，多数能完全康复。极个别患儿会留有癫痫、轻度瘫痪、精神障碍等后遗症。

淋巴结肿大

淋巴系统是身体的自然防卫组织，可以抵抗感染和毒素的侵入，浅表的淋巴结群存在于颈部、腋窝、腹股沟、腘窝以及耳朵前后。宝宝淋巴结肿大，最常见的原因是感染。

肿大的部位

肿大的部位取决于感染的位置。喉和耳朵感染可能会引起颈部淋巴结肿大；头部感染会使耳朵后面的淋巴结肿大；手或手臂感染会使腋窝下淋巴结肿大；脚和腿部感染会引起腹股沟淋巴结肿大。宝宝最常见的是颈部淋巴结肿大，很容易注意到，应带宝宝到医院检查。

淋巴结肿大的病因

对大多数人来说，咽喉痛、感冒、牙齿发炎（脓肿）、耳朵感染或昆虫叮咬都是引起淋巴结肿大的原因。不过如果淋巴结肿大出现在颈部前面正中间或是正好在锁骨上方，父母就必须考虑感染之外的原因了，如肿瘤、囊肿或甲状腺功能紊乱等。大多数父母一看到宝宝颈部淋巴结肿大，首先想到的是肿瘤，这是自然反应，肿瘤的确也是引起宝宝淋巴结肿大的一个原因，不过感染还是比较多见的原因。进行血和尿的化验、X 射线检查以及活体切片检查等，都可以帮助医生诊断。

宝宝癫痫症的治疗方法

癫痫是阵发性、暂时性的脑功能失调，既与遗传有密切关系，也与脑部疾患、代谢紊乱及中毒有关。癫痫是一种很严重的疾病，会伴有痉挛、抽搐等症状，父母需要通过医生确诊，并给宝宝进行正规的治疗。

癫痫的治疗方法

癫痫一旦确诊，必须选用有效抗癫痫药，坚持长期规则治疗，同时积极治疗原发病，对频繁发作而控制不住的部分性发作癫痫，必要时可考虑用外科手术进行治疗。父母要合理安排患儿的生活，尽量减少患儿精神负担及不良的心理影响，防止因癫痫发作而造成意外。

婴幼儿结膜炎的护理

随着年龄的增长，宝宝活动能力增强，活动范围也在扩大，特别是在春夏两季，宝宝外出后容易出现红眼睛、眼睛痒的症状，这种情况表明宝宝很有可能是得了结膜炎。

结膜炎的症状

◎**红眼睛、眼睛痒**。宝宝眼睛看起来肿而且红，还伴随有流眼泪的症状；因为痒，宝宝会不停地用小手揉眼睛。

◎**眼屎多、眼睛疼痛**。宝宝的眼屎明显比平时增多，为透明黏稠的分泌物。眼睛疼痛，比较严重的情况下还会影响视力。

结膜炎的护理

◎**找出原因，切断过敏原**。仔细查找原因，一旦知道宝宝因为什么过敏，就应该马上避免再接触，停止过敏物的刺激。

◎**准备专用毛巾**。宝宝要使用专用的毛巾、手帕等，每次使用过后要用开水煮 5 ~ 10 分钟。

◎**眼部冷敷**。用凉毛巾或冷水袋做眼部冷敷，要注意的是要冷敷，热敷会使局部温度升高，血管扩张，致使分泌物增多，症状加重。

◎**滴眼药水**。为宝宝滴眼药水时，要让宝宝仰卧，脸向上，这样才能保证眼药水在结膜内停留一会儿；另外眼结膜的穹隆间隙很小，眼药水停留比较困难，再加上眼皮不停地眨动，眼药水只能停留很短时间，所以一定要按照医生叮嘱的次数滴眼药水，不要擅自减少，这样才能发挥眼药水的作用；涂药膏也一样，为了避免影响宝宝看东西，一般眼药膏在睡前涂。

宝宝夜惊的预防及护理方法

宝宝缺钙容易导致夜惊

婴幼儿期是缺钙性疾病发病的高峰期，当宝宝体内先天钙存储不足、饮食中钙摄入不够、维生素 D 摄入不足引起钙的吸收、利用不良，或肠道疾病等均可引起缺钙。缺钙的早期表现为夜惊、枕秃、易激惹、喂养困难等，夜惊的表现为睡不实、经常夜间哭闹、睡眠易醒、汗多等。应及时看医生，做进一步检查，

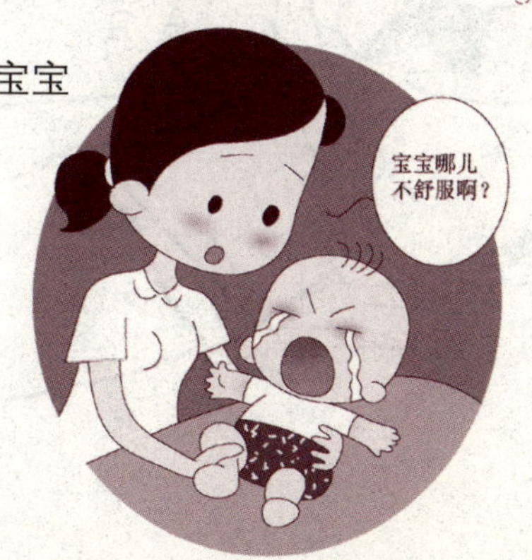

并及时补充钙和维生素 D。多晒太阳也是科学方法之一。

轻度夜惊无须治疗

按医学上的看法，宝宝夜惊发作时不宜将他唤醒，父母们的各种唤醒行为反而会使夜惊症加重和延长。父母应该冷静，不再过度惊动宝宝，一会儿宝宝就会再度入睡了。夜惊症一般无须刻意治疗，随着年龄的增长，待宝宝神经生理发育成熟后，或排除了主要的心理因素，夜惊就会逐渐消失了。

轻度夜惊的预防方法

虽然夜惊的诱因很大程度上是生理发育的因素，但父母还是能够科学地帮助宝宝尽量避免出现夜惊症。

◎睡眠质量的好坏直接影响着宝宝身体和大脑的发育。良好的作息习惯和睡眠卫生（包括睡觉时不要开着灯、室内空气流通、睡姿正确、睡前不要吃过多的东西等），能够促进大脑正常发育并得到充分的休息。

◎帮助宝宝放松。排除了生理和身体上的因素，父母们就要尽量避免那些可能引发夜惊症的事情发生，从客观上解除宝宝心理的压力。同时，以讲故事、做游戏的方式，对宝宝进行有针对性的心理疏导，让他解除焦虑、放松身心，培养他坚强的意志和开朗的性格。

◎白天适度增加宝宝的运动量，不仅可以增强体质，还能促进脑神经递质的平衡。而且宝宝白天的活动多了、累了，晚上也容易睡得沉，提高睡眠质量。

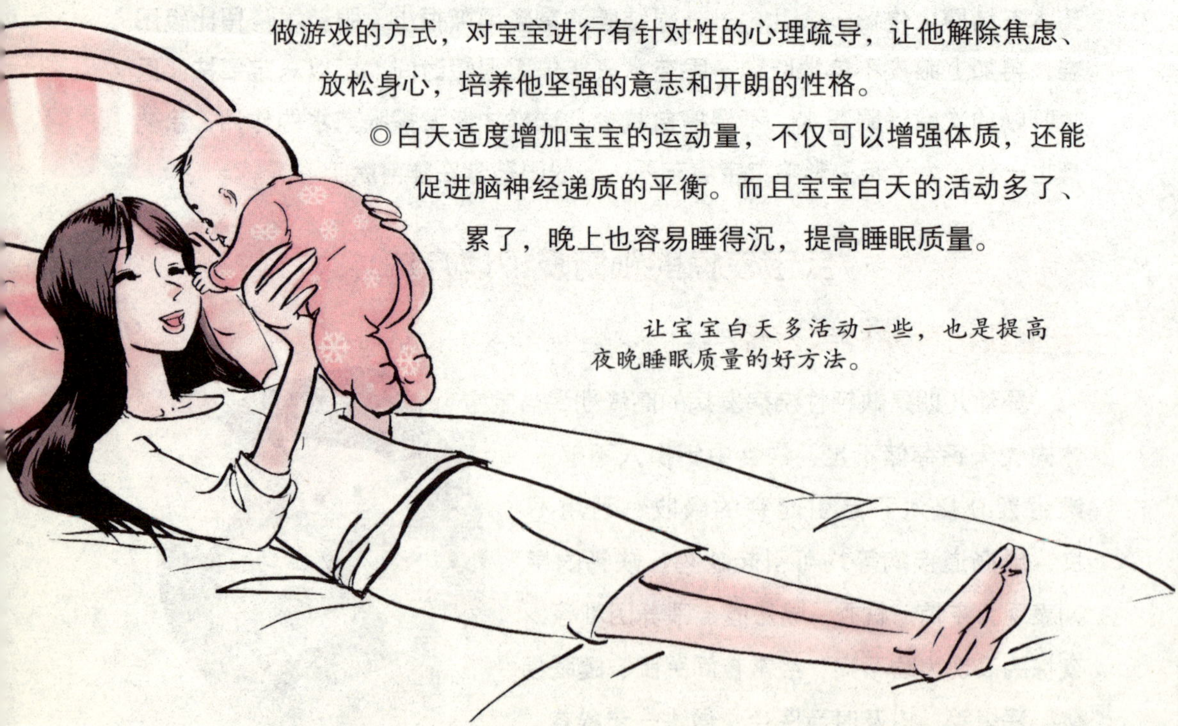

让宝宝白天多活动一些，也是提高夜晚睡眠质量的好方法。

亲子游戏时间

宝宝做广播体操

1 益智目标： 训练宝宝四肢的协调性。

2 游戏准备： 在宝宝心情好时进行。

3 游戏步骤： **第一节：起坐运动**

让宝宝仰卧在床上，妈妈握着宝宝的双臂，使宝宝双臂伸开至与肩同宽，然后轻轻地将宝宝拉起，使宝宝背部离开床面，让宝宝自己用劲儿坐起来。重复3次。

第二节：起立运动

让宝宝俯卧，妈妈握住宝宝的双手，帮助宝宝抬起上身，呈跪坐姿势，然后轻轻地拉宝宝的胳膊，让宝宝借着妈妈的力气站立起来。宝宝站立后，让宝宝慢慢地弯曲双膝，先呈跪坐姿势，然后再俯卧。重复3次。

第三节：提腿运动

宝宝俯卧在床上，妈妈握住宝宝的双腿，将宝宝的双腿轻轻地抬起。重复2次。

第四节：弯腰运动

在宝宝的前方放一个宝宝喜欢玩的玩具。宝宝背朝妈妈站立，妈妈左手扶住宝宝的双膝，右手扶住宝宝的腹部，让宝宝弯腰捡起玩具，然后恢复站立姿势。重复3次。

第五节：托腰运动

让宝宝仰卧在床上，妈妈左手按住宝宝的脚踝，右手托着宝宝的腰部，使宝宝的腹部呈拱桥形状。重复2次。

第六节：游泳运动

让宝宝俯卧在床上，妈妈双手托住宝宝的胸腹部，将宝宝托离床面，悬空做前后摆动姿势。重复2次。

第七节：跳跃运动

让宝宝与妈妈面对面，妈妈用双手扶住宝宝的腋下，将宝宝托离床面，让宝宝双腿轻轻地跳跃。重复3次。

第八节：扶走运动

让宝宝背对妈妈站立，妈妈扶着宝宝的腋下、前臂，教宝宝做迈步、行走的动作。重复2次。

4 注意事项： ● 这套体操适合7～12个月大的宝宝，每天可做30分钟左右，每个小节具体的次数可根据宝宝的月龄大小、发育情况等进行调整。

● 宜在给宝宝换完尿布之后或者在宝宝吃饭前 1 个小时左右做这套体操。

● 宝宝做体操时，妈妈要摘掉手上所有的饰品，剪短指甲，保持双手清洁，动作要轻柔。

5 专家指点： 宝宝做广播体操，不仅能锻炼骨骼和肌肉，加强宝宝的循环和呼吸功能，还能增强宝宝的食欲和身体免疫力，促进宝宝动作技能和身体协调性的发展。

推皮球

1 益智目标： 训练宝宝手臂的力量，促进宝宝动作的协调性。

2 游戏准备： 毛毯 1 条，枕头、靠枕若干，小皮球 1 个。

3 游戏步骤： ①在地上铺上毛毯，在毛毯的一端放上枕头、靠枕，让宝宝靠着坐下，妈妈坐到宝宝对面。

②“宝宝，看球！”妈妈将小皮球轻轻地推向宝宝。

③妈妈拿着宝宝的手将小皮球推回来，并说：“妈妈接球！”反复几次之后，引导宝宝自己把小皮球推向妈妈。

4 注意事项： 刚开始宝宝还不知道把球推回来，妈妈要耐心引导。

5 专家指点： 宝宝 7 个月大时，不仅动，什么都要拿拿、摸摸、碰碰、摆弄摆弄，还喜欢做一些重复的动作，重复玩一些喜欢玩的游戏，即使反复多次也不觉得无聊，如把东西扔在地上，家长给他捡起来之后，他重复做扔的动作。

哗啦啦，天女散花啦

1 益智目标： 训练宝宝手部的运动能力和语言理解能力。

2 游戏准备： 红、黄、绿、蓝等彩纸若干，剪刀1把，盒子1个，靠垫若干。

3 游戏步骤： ①将彩纸剪碎，放在盒子里。

②让宝宝靠着靠枕坐下，妈妈坐在宝宝对面，将装有碎彩纸的盒子放在两人中间。

③妈妈抓起一把碎彩纸，举高手臂，然后松开手掌，让碎彩纸飘落，同时说："哗啦啦，天女散花啦！宝宝见了笑哈哈！"

④鼓励宝宝模仿妈妈的动作，如果宝宝不会，妈妈可以拿起宝宝的小手抓起碎彩纸，然后帮忙举起，在宝宝松手时说："哗啦啦——"

4 注意事项： ● 选用的彩纸要柔软，如果用硬、脆的彩纸，有可能会让宝宝的手受伤。

● 在宝宝抓纸屑时，妈妈注意不要让宝宝把纸屑放进嘴里。

● 游戏结束后要将碎纸及时收拾好。

5 专家指点： 家长在跟宝宝做游戏时，不仅要注重对宝宝进行运动方面的训练，还要多跟宝宝说话，让宝宝主动发声，帮助宝宝理解大人的意思。这里推荐的游戏，不仅能帮助宝宝完善手部精细动作，提高宝宝识别颜色的能力，还能促进宝宝语言理解能力的发展。

自己取杯子

1 **益智目标：** 训练宝宝生活自理能力。

2 **游戏准备：** 小托盘1个，带把的杯子1个。

3 **游戏步骤：** 让宝宝靠坐在床头，将放有带把杯子的托盘放在宝宝面前。妈妈给宝宝示范拿起杯子喝东西的动作，并说："哇，真好喝！"然后把杯子放到宝宝嘴边，说："宝宝也喝一口。"妈妈将杯子放回托盘上，鼓励宝宝自己将杯子拿起、举到嘴边。

4 **注意事项：** ●妈妈所准备的杯子不能有破损，以免划伤宝宝的小手。

●所准备的杯子应尽量小一些，不然太大宝宝会握不住。

●随着宝宝月龄的增大，妈妈可以在客厅进行游戏，将杯子放在桌子上，而且还可以在杯子中倒入少量的水。

5 **专家指点：** 7个月大的宝宝可以稳稳当当地坐在椅子上，小手的抓握能力也在加强。这个时候，家长要有意识地训练宝宝拿杯子喝水，让宝宝逐步脱离奶瓶。

如果宝宝7个月大仍将奶瓶作为主要的进食工具，这对宝宝吞咽、咬合、咀嚼等功能发育会带来不利的影响。此外，让宝宝用杯子喝水，也是帮助宝宝正式走向独立的开始。

第8章

210~239天 小手越来越灵活啦

宝宝生长发育月月查

本月宝宝体格发育状况

到了这个月，宝宝能够长时间地坐着，并且两只手都会拿玩具了，还喜欢将手中的玩具相互对敲，或敲打地板和桌面。不要小看这一连串的动作，对宝宝来说，这可是前所未有的进步。

体重	7 ~ 8 个月的宝宝本月体重可增加 0.22 ~ 0.37 千克。
身高	本月宝宝身高有望增长 1.0 ~ 1.5 厘米。
头围	本月宝宝头围增长为 0.6 ~ 0.7 厘米。
囟门	没有多大的变化，和上个月差不多。

本月宝宝智力发育状况

大动作能力

- 能独自稳坐 10 分钟以上，并能自如地玩玩具，还可以自由地转动上身，身体向前倾时，自己可以用双臂支撑坐直。

● 可以随意翻身，会匍匐爬行，在没有任何帮助的情况下，自己也能扶着小床的栏杆站立。

精细动作能力

● 基本上能精确地使用拇指和食指捏起细小的物品或颗粒，能灵活地使用拇指、食指和中指拿积木；能主动地放下或扔下手中的物体，而不是被动松手。

认知能力

● 逐步能感知物品的大小、长短、轻重等；数学逻辑能力进一步发展，能区分“一个”和“两个”，并能感受到物品的数量变化。

● 学着理解“里”、“外”，并回忆自己做过的动作，对一些特征明显的物品能加以区分。

语言能力

● 能听懂自己的名字，在别人叫自己名字时有反应。

● 能明确发出两个及以上的辅音，如“pa-pa”、“ma-ma”等。

● 开始学会用手势跟大人打交道，如用摇头表示不同意、点头表示同意等。

自理能力

● 当大人说“不”时，能暂停手上的动作；对危险的动作或情况，家长反复指导后，宝宝会理解并让自己不去做。

● 独自吃饭的欲望更加强烈。

视觉发育状况

● 宝宝能通过视觉注意一些变化，比如家长将一些小东西从瓶中倒出来，宝宝会出现寻找的反应。

听觉发育状况

● 此时的宝宝，能分辨人的声音。听到妈妈爸爸的说话声，即使看不到人，也知道这是妈妈和爸爸在说话。此外，宝宝还会听小动物的叫声，在听到有节奏的音乐时，也会坐在那里随着节拍左右摇晃身体。

喂养也要讲科学

营养方案有重点

减少母乳喂哺次数，增加辅食次数

宝宝在 8 个月时，母乳喂养的次数可以逐渐减少，每天可以只吃 2 次母乳，一般安排在早上和晚上，如果母乳充足可以喂哺 3 次（早上、中午、晚上）。辅食的次数可相应增加，宝宝从中需要获取更多的营养，一般每天至少添加 3 次辅食。

要尊重宝宝的饮食个性

8 个月的宝宝对添加的辅食，要比之前的几个月更有偏好。宝宝对喜欢的食物会表现得比较兴奋，在饮食上有了自己独特的个性。因此，妈妈们在为宝宝添加辅食时需要关注宝宝的饮食个性，在保持营养充足的情况下可以按照宝宝的喜好来制作辅食，这样会帮助宝宝更好地成长，但不能过度纵容宝宝的这种偏好，以免使宝宝形成偏食、挑食的习惯。

鼓励宝宝用手抓东西吃

8 个月的宝宝手的活动能力更加灵活，开始喜欢用手抓食物向嘴里送或者吃饭的时候会有更多抢勺子或餐碗自己吃的意愿。妈妈在给宝宝喂饭时，要鼓励并有意地训练宝宝这种学习兴趣，可以从以下几点入手：

◎准备一些宝宝容易吃且不会噎到的辅食，如熟南瓜丁、蒸熟的水果泥等。

◎给宝宝洗手后将宝宝放在专门的宝宝餐车上，给宝宝带好围嘴，并摆好餐具。

◎将盛有食物的小勺子，递到宝宝的手里，妈妈在一旁辅助。

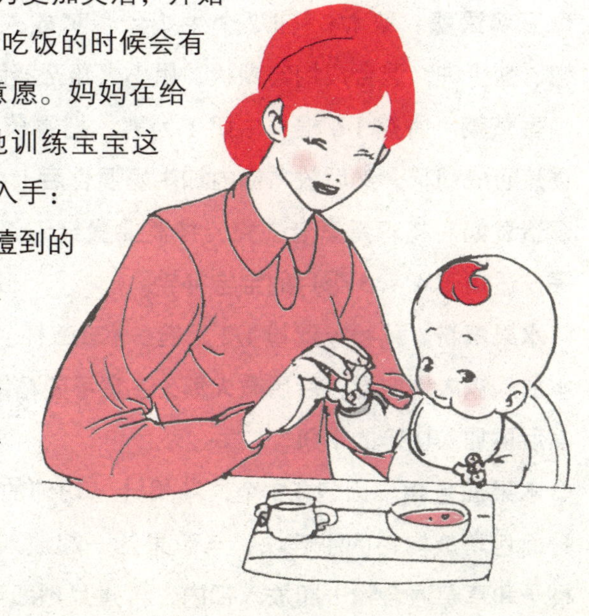

宝宝辅食的制作方法

◎**营养面条**。将面条煮烂，慢慢加入搅拌好的生鸡蛋，开锅后再加入用植物油炒熟的菜末（小白菜、油菜、胡萝卜、西红柿等，西红柿要先剥掉皮）。也可以将鸡蛋换成肉末、鱼泥、豆腐等。

◎**鲜果汁**。将新鲜水果洗净，去皮、核、用榨汁机榨取果汁，或用刀切碎水果，放入清洁纱布中用力拧挤，使果汁流入碗（杯）中，再加入适量白糖，就做成了鲜果汁。

◎**菜水和菜泥**。将蔬菜（如菠菜、小白菜、菜花、莴苣叶）等洗净，切碎后加适量盐和水煮 15 分钟至沸，清液即菜水，可直接给宝宝喂食，蔬菜以刀背剁碾，再用牙签挑出膳食纤维，即成菜泥。

◎**菜粥**。将青菜（菠菜、油菜、小白菜的叶）洗净切碎；将大米淘洗干净，放入锅内，加清水用旺火煮开，转微火熬至黏稠（若大米事先用水泡 1 小时左右，可缩短熬粥时间）。在停火前加入少许清汤及碎菜，再煮 10 分钟即成。

小白菜　　菠菜

◎**果泥**。挑选果肉多、纤维少的水果，如香蕉、木瓜、苹果等，洗净去皮后，用汤匙挖出果肉并压成泥状即可。

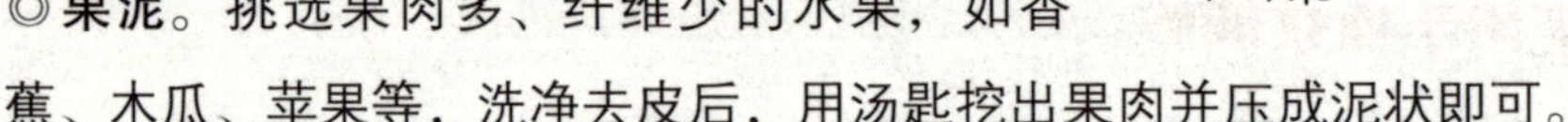

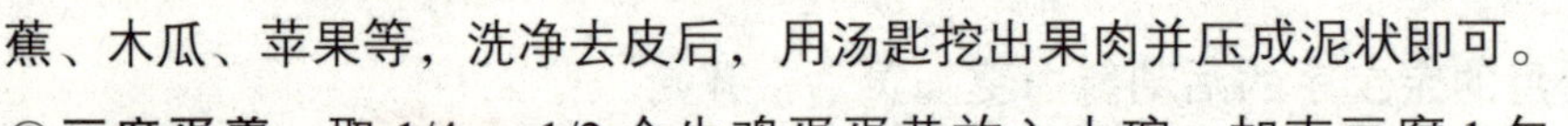

◎**豆腐蛋羹**。取 1/4 ~ 1/2 个生鸡蛋蛋黄放入小碗，加南豆腐 1 勺、肉汤 1 勺、盐少许，混合成均匀糊状，用小火蒸至凝固，食前可滴香油。

◎**香蕉粥**。香蕉 1/6 根、牛奶 1 大匙。把香蕉洗干净后剥去皮，用勺子背把香蕉研成糊状，然后放入锅内加牛奶混合后上火煮，边煮边搅拌均匀即可。

◎**蛋黄奶**。将鸡蛋煮老去壳，按需要量经细筛研入牛奶中，蛋黄富含铁、磷等，适用于 4 ~ 5 个月的宝宝补铁。

◎**水果藕粉**。藕粉或淀粉 1/2 大匙、水 1/2 杯、切碎的水果 1 大匙。把藕粉和水放入锅内均匀混合后用微火熬，注意不要粘锅，边熬边搅拌直到透明为止，然后再加入切碎的水果。

◎**水果面包粥**。面包 1/3 个，苹果汁、切碎的桃、橘子、草莓等各 1 小匙。把面包切成均匀的小碎块，与苹果汁一起放入锅内煮软后，再把切碎的桃、橘子和草莓混合物一起放入锅内，再煮片刻即可。

帮宝宝合理摄入蛋白质

专家认为，宝宝的语言能力较其他方面更能反映其智力水平，蛋白质是脑细胞的主要成分之一，占脑干重量的 30% ~ 35%，在促进语言中枢发育方面起着极其重要的作用。

如果孕妇蛋白质摄入不足，不仅使胎儿脑发育发生重大障碍，还会影响到乳汁蛋白质含量及氨基酸组成，导致乳汁减少；婴幼儿蛋白质摄入不足，更会直接影响到脑神经细胞发育。因此，孕妇及婴幼儿要摄食足够的含优质蛋白质的食物。

宝宝蛋白质的推荐摄入量

一般宝宝摄取的蛋白质占总能量的 10% ~ 15%。1 岁以内蛋白质的推荐摄入量是每千克体重 1.5 ~ 3 克。

没有必要添加蛋白质粉

由于“蛋白粉”的出现，爱子心切的爸爸妈妈大多都很想问一个问题：宝宝是否需要特别补充蛋白质？

大家都知道摄取蛋白质很重要，可是一味追求高蛋白质，又会加重宝宝身体的负担。其实，宝宝在平时的正常膳食中就可以获取蛋白质，6 个月以上的宝宝可以多吃一点儿鱼泥、肉泥和保证足量的配方奶就足够保证蛋白质的摄取量了。

吃得好不等于营养好

父母在喂养宝宝时应该认清“吃得好就是营养好”的误区，除了要让宝宝吃鱼、肉、奶、蛋之外，米饭、粗粮、蔬菜、水果对于宝宝的健康也是很重要的，因为这些食物中含有大量的碳水化合物、膳食纤维等。而拿碳水化合物来说，它是身体的燃料，为大脑的工作提供动力，对疾病的防范能起到重要作用，营养专家也认为，宝宝每天摄入的能量，50% ~ 60%都来自碳水化合物。膳食纤维也是人体必需的，虽然膳食纤维不提供能量，但有利于通便，能让宝宝养成良好的排便习惯。

所以，要让宝宝营养好，不是光吃些含有高蛋白质的食物，而是要膳食平衡、不挑食，一日三餐荤素搭配。

不要一味追求高蛋白质

宝宝的胃肠道很柔嫩，消化器官没有完全成熟，消化能力是有限的。所以，如果蛋白质的摄取过量的话，容易产生副作用，如蛋白质中的氨基酸代谢时，会增加含氮废物的形成，加重宝宝肾脏排泄的负担等。而且长期吸收精细的蛋白质食物，会让宝宝的消化功能得不到训练和发挥，根据“用进废退”的规律，消化功能反而不容易得到很好的发育机会。

如果有这些消化功能减缓、肾脏负担大的状况出现，反而影响了宝宝的健康，所以爸爸妈妈要特别注意，千万不要一味追求高蛋白质，以免给宝宝身体带来太多负荷。

乳制品是蛋白质的主要来源

蛋白质的摄取其实很大部分可以从乳制品中获得，不同年龄的宝宝对乳制品的需求是不同的：0 ~ 1 岁的宝宝以乳制品作为主食，可以通过每天 700 ~ 800 毫升母乳或配方奶，取得足够的蛋白质。1 岁以后可由乳制品与其他食物一起补充蛋白质，如每天 400 ~ 500 毫升乳制品 + 鱼肉类 100 克 + 豆制品类 50 ~ 100 克 + 蔬菜水果类各 50 ~ 100 克 + 谷类 100 克，可以获得足够的蛋白质。

何时才可添加非奶类来源的蛋白质

非奶类蛋白质来源最好在宝宝 6 个月后再添加。因为考虑宝宝的消化系统、肾功能以及食物可能引起的过敏反应，不建议过早添加非奶类蛋白质食物，如蛋、豆、鱼、肉、肝类等；而一些较易引起过敏的食物，如虾、蟹、贝类海鲜、鲜奶、蛋白等食物，则建议至宝宝 1 岁后再添加。

牛奶

合理摄入脂肪

一些父母由于担心宝宝肥胖，盲目地给宝宝吃脱脂奶或脱脂奶粉，或者减少宝宝膳食中的植物油。其实，这种做法是不科学的。

婴幼儿对脂肪的需求量相对较高，其膳食中脂肪供给能量占总能量的百分比明显高于学龄儿童及成人，所以，为了宝宝的健康成长，父母应该在婴儿期给宝宝适量食用含优质脂肪的食品。

脂肪的作用

◎脂肪是宝宝身体的重要组成成分，脂肪是脑和神经组织的重要成分。

◎脂肪为宝宝迅速生长发育的能源。婴儿期对能量的需要比成人多 2 ~ 3 倍，摄入能量的 15% ~ 23% 用于机体的生长发育。

让宝宝摄取足够的脂肪

脂肪、蛋白质、碳水化合物是人们饮食中提供热量的 3 种营养素。其中，脂肪是供给热量最多的物质，1 克脂肪在体内分解成二氧化碳和水并产生 9 千卡能量，比 1 克蛋白质或 1 克碳水化合物高 1 倍多。

专家们认为，宝宝一日所需热量的 35% 最好由脂肪来提供，这个比例比成人的 25%~30% 要高。适量的脂肪有助于饮食中脂溶性维生素的吸收利用。此外，脂肪还是好几种激素的前体，可促进宝宝正常的性发育。

摄取脂肪要适当

我们主张让宝宝从食物中摄取所需脂肪，但是爸爸妈妈一定要考虑自己宝宝的需要量，不宜过多，也不宜过少。

通常情况下，0 ~ 6 个月宝宝的脂肪摄入量应占总热量的 45% ~ 50%，6 ~ 12 个月为 40% ~ 45%，1 ~ 2 岁为 35% ~ 40%，2 ~ 6 岁为 30% ~ 35%，6 岁后为 25% ~ 30%。摄取脂肪过多、过少，都会对宝宝的健康产生不利的影响。

脂肪过量的危害

如果过量摄入脂肪，最大的危害就是会造成宝宝肥胖，从而导致一系列的不良后果，如肥胖并发症等。

此外，摄取脂肪过多还会增加宝宝肠道的负担，容易引起消化不良、腹泻和厌食。

脂肪不足的危害

导致热量供应不足

处于生长发育阶段的宝宝，机体新陈代谢旺盛，需要大量的热量，正是脂肪满足了宝宝对热量的需要。如果脂肪供给不足，将导致热量不足，进而影响宝宝身体的正常发育。

影响智力发育

如果宝宝饮食中长期缺乏不饱和脂肪酸类脂肪，将对其脑髓神经的正常发育和智力发展造成很大的影响。

影响脂溶性维生素吸收

脂溶性维生素 A、维生素 D、维生素 E 等只有在脂肪中溶解才能被机体吸收。如果脂肪摄入不足，势必影响其吸收，会使宝宝的呼吸道、生殖器官黏膜、骨骼的发育受到影响。

维生素 E

不利于宝宝的自身保护

脂肪多分布于皮下，腹腔和肌肉间隙，起着填充间隙、保护内脏及关节的作用。脂肪不足的宝宝，肢体各器官受伤害的机会就增多。另外，脂肪中的不饱和脂肪酸是合成磷的必需物质，对皮肤的微血管有保护作用。如果宝宝体内缺乏脂肪，皮肤的微血管就缺少了一层保护屏障。

宝宝对母乳中脂肪的需要

专家推荐婴儿期前 6 个月的宝宝脂肪供能比为 45%，后 6 个月的宝宝为 30% ~ 40% 较好。

母乳脂肪含量和脂肪酸组成与婴儿期生长速度相对应。母乳中脂肪含量及脂肪酸组成是宝宝脂肪需要的金标准。母乳中含有 4% ~ 4.5% 的脂肪，其中 98% 是甘油三酯。

母乳中中链及中长链饱和脂肪酸、长链饱和脂肪酸、单不饱和脂肪酸、多不饱和脂肪酸的构成百分比分别为 12.8%、29.6%、38.1% 和 19.5%。这种构成完全符合婴儿期对脂肪酸的特定需要。

配方奶粉中脂肪酸的食物来源

配方奶粉中的脂肪以饱和脂肪酸为主，脂肪酸组成与母乳脂肪酸组成大相径庭，缺乏亚油酸和亚麻酸，更缺乏 ARA 和 DHA，因此，必须根据母乳的脂肪酸构成进行配制，以适应和满足宝宝对脂肪酸的特定需要。

从食物中摄取脂肪

对于宝宝来说，食物中的脂肪摄取一般有以下几个渠道。

母乳

母乳是宝宝成长最自然、最安全、最完整的天然食物，它含有宝宝成长所需的所有营养物质和抗体，需要特别指出的是，母乳含有 50% 的脂肪，除了供给宝宝身体热量之外，还满足宝宝脑部发育所需的脂肪。

配方奶粉

配方奶粉又称母乳化奶粉，它是为了满足宝宝的营养需要，在普通奶粉的基础上加以调配的模仿母乳的奶制品，是宝宝健康成长所必需的。

动物性食品

来自动物的肉制品、奶制品和油脂中含有较多的动物性脂肪，例如，肉类、鸡蛋、奶酪、牛奶等。在动物食品中主要含有饱和脂肪，这些是人体内所需脂肪的重要来源。

坚果、谷类

色拉油、花生油、豆油等烹调油，以及其他坚果、谷物等植物性食物中主要含有植物性脂肪。植物性脂肪主要为不饱和脂肪酸，是必需脂肪酸的最好来源。因此，家长在调配宝宝的饮食时，应多选用含有植物性脂肪的食物。

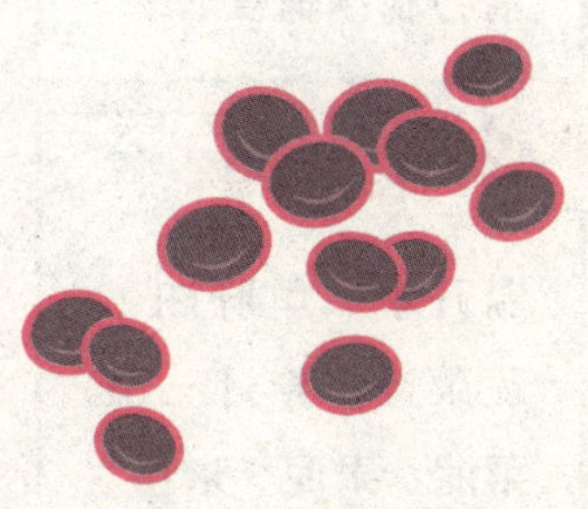

大豆富含植物性脂肪，家长可以为宝宝选用。

8个月宝宝一日营养方案

主要营养来源

母乳或配方奶

喂养时间

上午6点、8点、10点、12点，下午14点、18点，夜间20点

注意事项

这一时期宝宝添加辅食的量和次数都有所增加，妈妈应精心制作辅食

辅助食物

温开水、鱼肝油、蔬菜汁、果汁、蔬菜泥、果泥、米粉、肉泥、鱼泥、鸡蛋（蛋黄）、肝泥、烂面条等

Q 可以给宝宝添加较柔软的固体食物吗

A 8个月的宝宝一般都进入了萌牙期，妈妈可以为宝宝适当添加较柔软的固体食物，如膳食纤维食物、口感略粗糙的食物、丁块状食物等。这类食物对长牙或将要长牙的宝宝来说，可锻炼其咀嚼能力、促进牙齿生长、坚固牙齿。

Q 如何预防宝宝发生缺铁性贫血

A 宝宝出生半年后，体内储存的铁已经渐渐消耗殆尽了，因此在给宝宝坚持用母乳或配方奶喂养的前提下，还需要充足地补铁，以防宝宝发生缺铁性贫血。

一般情况下，体重每增加1千克就要增加铁约35毫克，因此在辅食添加的过程中，要增加富含铁的食物，如蛋黄、动物肝脏、海带、紫菜、黑木耳、蘑菇、西红柿、芹菜、桃、橘子等，同时搭配适量含维生素C丰富的食物，更有利于促进铁的吸收。

苹果藕粉

材料 苹果 75 克，藕粉 50 克。

做法

1 苹果洗净，去皮，去核切块，入料理机制成苹果泥。

2 锅置火上，加入适量水，大火烧开后，转小火，倒入藕粉，边煮边搅拌。

3 煮至透明后，加入苹果泥，搅匀，稍煮片刻。

4 晾温即可给宝宝喂食。

苹果甘薯糊

材料 苹果、甘薯各 50 克。

做法

1 苹果洗净，去皮及核，切碎，备用。甘薯洗净，去皮，切碎，备用。

2 将碎苹果与碎甘薯一起放入锅内，加适量水煮软。用勺子压成糊状即可给宝宝喂食。

青菜奶糊

材料 米粉 100 克，配方奶、青菜各适量。

调料 肉汤 100 毫升。

做法

1 将青菜洗净，入沸水汆烫后切碎末，备用。

2 将米粉放入锅内，加入配方奶和肉汤，拌匀，上火煮。

3 煮好后，撒上青菜末，把青菜末熬煮成泥即可给宝宝喂食。

蛋黄羹

材料 蛋黄 1 个，胡萝卜、菠菜各适量。

做法

1 蛋黄打散，加入适量水，调稀，放入蒸笼，用中火蒸 5 分钟。

2 菠菜洗净，切末。

3 胡萝卜洗净，切小丁，备用。

4 将胡萝卜丁和菠菜入锅内，加适量水煮软，磨成碎末，放在蒸熟的蛋黄羹上即可。

枣泥花生粥

材料 花生、红枣各适量，大米50克。

做法

1 将花生洗净去皮，放入锅中，加适量清水煮至六成熟，再加入红枣继续煮烂。

2 将煮熟的红枣去皮核后和花生一同碾成泥。

3 大米洗净，放入锅中，加适量清水煮成稀粥。

4 粥熟后加入花生红枣泥拌匀即可。

奶粥

材料 配方奶100毫升，大米50克。

做法

1 大米淘洗干净，用水浸泡1小时，备用。

2 锅置火上，将大米同浸泡大米的水放入锅中用大火烧开后，转用小火煮30分钟，至米粒涨开时，倒入配方奶，搅匀。

3 继续用小火熬煮片刻，至米粒黏稠、奶香味溢出为止。

肉末鸡蛋糊

材料 猪瘦肉10克，鸡蛋1个，肉汤1大匙。

做法

1 猪瘦肉洗净，氽烫熟后切碎末，备用。

2 鸡蛋打散，搅匀，备用。

3 将肉末放入锅内，加肉汤煮至收汤为止。

4 放入打散搅匀后的鸡蛋液，小火煮熟即可。

鲜桃奶糊

材料 鲜桃100克，配方奶粉适量。

做法

1 鲜桃洗净，去皮及核，压成泥。

2 将桃泥放入锅内，加入配方奶粉和适量温水混合调匀。

3 锅置火上，边煮边搅拌煮至糊状，停火即可。

山药糯米羹

材料 山药 100 克，糯米 50 克。

做法

1 山药去皮洗净，切小块；糯米淘洗干净，放入清水中浸泡 3 小时。

2 将山药块与糯米一起放入搅拌机中打成汁后下入锅中煮成羹即可。

胡萝卜汤

材料 胡萝卜 250 克。

做法

1 胡萝卜洗净，切成小块，加水煮烂，备用。

2 用纱布把渣过滤掉，然后加适量的水，烧开即可。

奶香南瓜粥

材料 配方奶适量，南瓜粉 50 克，碎肉少许。

做法

1 锅置火上，倒入配方奶，加入碎肉，用小火煮开。

2 撒入南瓜粉，用小火再煮 3 ~ 5 分钟，并用勺子不断搅拌，直至变稠。

3 将粥倒入碗内，并不断地搅拌均匀，凉凉后即可给宝宝食用。

活力蔬果汁

材料 苹果块、菠萝丁、胡萝卜块各适量，柠檬片少许。

做法

将苹果块、菠萝丁、胡萝卜块、柠檬片一起放入果汁机中，加入温开水打成果汁即可。

提高免疫力的饮食策略

对于宝宝而言，只有提高免疫力，才能防止病毒病菌的侵袭。在日常生活中让宝宝科学地吃，是提高宝宝免疫力的一个有效途径。

坚持母乳喂养

母乳中不仅各种营养素含量高，而且还有大量的免疫因子。宝宝出生的头 4 天里，就能从母乳中获取约 40 亿个白细胞，以帮助免疫系统工作。最新研究表明，母乳中的核苷酸是提高宝宝免疫力的重要物质。

还有 T 细胞和免疫球蛋白 A，这些物质附着在喉咙和肠道内，能构筑起抵御细菌的屏障。因此，母乳既是宝宝最好的天然营养品，又是宝宝免疫系统提高的重要保障。

有专家建议，母乳喂养从出生开始，除特殊情况外，最好能喂到宝宝 8 个月，而后逐步让宝宝离乳。

注意补充维生素和矿物质

由于宝宝正处于快速生长发育的阶段，对维生素和矿物质的需要量相对较大，但是他们的消化功能尚未成熟，而且食谱往往比较单调，所以容易缺乏维生素和矿物质。科学证明，轻度的维生素 A 和维生素 C 缺乏是造成小儿呼吸道反复感染的一个常见原因。因此，要多给宝宝吃些富含维生素 C 的有色蔬菜和水果。钙、铁、硒等矿物质的缺乏，会导致宝宝生长发育缓慢、免疫力下降等。日常生活中常见的果蔬含有丰富的矿物质，妈妈可以通过食物为宝宝补充缺乏的矿物质。

开始培养宝宝的饮食习惯

8 个月大的宝宝，已经可以试着有规律地进食了，妈妈可减少母乳喂养宝宝的次数，增加各类辅食，并逐渐让宝宝养成良好的饮食习惯，以达到增加营养、强健身体的目的。

定时、定量

随着宝宝辅食的不断增加，在给宝宝喂食时，应做到定时、定量，这有利于宝宝生理节律的稳定和规律，利于形成内在条件反射，利于消化系统的正常运行。

固定地点

8个月的宝宝自己都可以很好地坐着了，因此，在喂宝宝吃饭的时候，妈妈可以给宝宝准备一个宝宝专用餐椅，让宝宝坐在上面吃饭。如果没有条件，就在宝宝的后背和左右两边，用被子之类的物品围住，目的是不让宝宝随便挪动地方，而且最好把这个位置固定下来，不要总是更换，给宝宝使用的餐具也要固定下来。这样，会使宝宝一坐到这个地方就知道要开始吃饭了，有利于形成良好的进食习惯。

妈妈需要培养宝宝坐在固定的位置上吃饭，这样有利于形成良好的进食习惯。

不要让宝宝边吃边玩

只有让宝宝集中注意力吃饭，宝宝才能尝到食物的美味，增进食欲，身体才能更好地生长。因此，在给宝宝喂食时，切忌让宝宝边吃边玩。如果宝宝玩的兴致很高，那么先暂停喂食，待宝宝玩够后再给他喂食。

不宜过早让宝宝喝鲜牛奶

有的宝宝到了这个时期食欲下降，也有的宝宝离乳了也不肯喝奶粉，妈妈担心会影响宝宝的正常生长发育，因此给宝宝喝鲜牛奶。其实，最好不要让宝宝过早喝鲜牛奶，理由如下：

◎鲜牛奶里的蛋白质含量过高，大约是母乳的2倍，宝宝的肾脏发育不成熟，容易加重肾脏负担。鲜牛奶中的蛋白质主要由酪蛋白和乳清蛋白组成，其比例为80 ∶ 20，以酪蛋白为主。酪蛋白的分子大，在胃酸的作用下形成不容易消化的乳凝块。

◎鲜牛奶中钙的含量虽然较高，但是钙磷比例不合适，磷的含量高，影响钙的吸收。尤其是铁的含量低，并且磷的含量高，也会影响铁的吸收。长期食用，可引起宝宝钙的缺乏和缺铁性贫血。

◎鲜牛奶中主要是饱和脂肪酸，容易在胃酸的作用下与钙形成皂化块，引起大便干燥。

不宜让宝宝过早喝鲜牛奶，以免增加宝宝肾脏的负担。

牛奶中的钠、钾等离子过高，也对宝宝的健康不利。

不宜让宝宝多吃鱼松

鱼松的营养价值很高，食用方便，而且不用担心鱼刺问题。因此，有些爸爸妈妈便让宝宝大量食用鱼松——拌稀饭、拌面条，给宝宝作零食。但是有研究表明，鱼松中的氟化物含量非常高。宝宝如果每天吃 10 ~ 20 克鱼松，就会从鱼松中吸收氟化物 8 ~ 16 毫克。加之从饮水和其他食物中摄入的氟化物，每天摄入量可能达到 20 毫克左右。

然而，人体每天摄入氟的安全值只是 3 ~ 4.5 毫克。如果超过了这个安全范围，氟化物就会在体内蓄积，容易导致宝宝食物性氟化物中毒。很多宝宝发生氟斑牙或氟骨症，都与过多食用含氟化物过多的食物有关。所以，鱼松可以吃，但是不能当做营养补充品长期食用，更不能成为宝宝摄取鱼肉的唯一来源。

本月宝宝的日常照顾

宝宝用浴霸洗澡需谨慎

浴霸目前使用较为普遍，它可调节室内温度，深受欢迎。但宝宝在装有浴霸的浴室中洗澡时，要特别注意保护宝宝的视力。因为有些浴霸的光线较强，而宝宝的眼角膜和结膜表层都比较娇嫩，再加上出于好奇，他们会追着光看，很容易对眼角膜和结膜造成伤害，影响将来的视力发育，严重时甚至可能导致宝宝弱视等问题。因此，在用浴霸给宝宝洗澡时应采取以下保护措施。

建议在给宝宝洗澡前，先将浴霸打开让浴室预热，等到热量积攒得差不多了，再把浴霸关掉，然后再给宝宝洗澡，以免宝宝的眼睛受到强光刺激。

训练宝宝学坐便盆

培养宝宝养成定时排便的习惯

有的宝宝 4 ~ 5 个月时就已经形成了每天在固定时间排便的规律。若宝宝还没有形成排便规律，这时就一定要加强这方面的训练了，每天定时让宝宝排便，使之逐渐形成条件反射，这样宝宝就会定时排便了。最好在每天饭后 10 ~ 15 分钟，或者宝宝睡醒后训练宝宝坐便盆。

训练有耐心

由于此时的宝宝对便盆还不了解，所以要让宝宝接受需要一个过程。在训练宝宝坐便盆时，父母一定要有耐心，不可操之过急，如果坐便盆后大小便顺利，要给予表扬，若宝宝哭闹表示拒绝就不要勉强。即使坐便盆但无大小便时，也不要训斥、惩罚宝宝，更不要几次坐便盆不成功就放弃。持之以恒的训练才能使宝宝逐渐养成良好的坐便盆排便的习惯。

做好看护工作

在最初训练宝宝坐便盆时，宝宝有时坐不稳，易疲劳、摔倒。所以父母要做好看护工作，最好在旁边托着或扶着宝宝，以免发生磕碰等意外情况。

注意事项

不要让宝宝养成边坐便盆边玩的坏习惯；便盆不能过凉，否则易抑制宝宝的排便意念；另外，便盆要保持清洁，放在固定、显眼的地方。

8 个月宝宝的四季护理

春：外出需谨慎

春季风沙较大，若是污染指数较大，则不宜带宝宝外出活动，以免宝宝吸入大量尘埃而引发支气管痉挛哮喘；空气悬浮物较多时，比如雾天，对宝宝呼吸道的影响也会比较大，最好也不要带宝宝外出活动。

夏：勤洗澡、护皮肤

8 个月的宝宝汗腺发达，活动量增大，出汗自然也会较多。汗液一旦和尘土混合，极易堵塞毛孔，引起痱子或脓疱疹，比较胖的宝宝更容易发生上述症状。所以，为了避免宝宝皮肤感染，建议妈妈夏日一定要给宝宝勤洗澡。

夏季宝宝应该多洗澡，这样有助于防止宝宝发生皮肤感染。

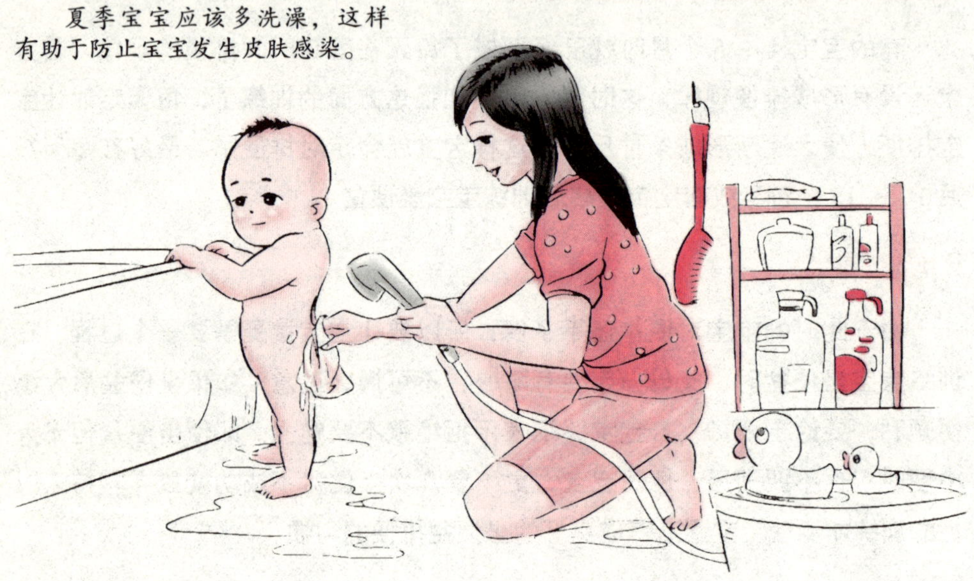

秋：谨防腹泻

北方地区的宝宝一到秋季就容易出现腹泻。一旦发现宝宝有腹泻症状，爸爸妈妈要及时给宝宝补充丢失的水分和电解质，以免宝宝脱水；若是宝宝发生脱水现象，则需要立即去医院进行静脉输液，以免给宝宝带来更大的痛苦。

冬：喉咙有痰需护理

冬季刚至，很多宝宝的喉咙里就会聚痰，晚上咳嗽时甚至会吐奶。对于这样的宝宝，爸妈可采取一些措施帮助宝宝缓解症状，改善不适。

如果宝宝因缺少维生素和矿物质等营养成分，造成免疫力低下而反复感冒，从而导致气管不适，则可遵医嘱吃药。

专家医生来帮忙

接种麻疹疫苗

8 个月的宝宝应该接种麻疹疫苗。因为在宝宝 8 个月时，由母体传递给宝宝的麻疹抗体逐渐消失，而使宝宝对麻疹的抵抗力下降。这时必须采取人工防预的方法，即注射麻疹疫苗，使其在宝宝体内经过一次减毒的麻疹病毒感染，从而产生相应的抗体，这种抗体具有的抵抗力一般可持续数年。

麻疹是什么

麻疹潜伏期通常为 6 ~ 18 天，宝宝有低热、精神差等现象，易被家长忽视。发病时可有高热、眼结膜充血、流泪、打喷嚏、流鼻涕等症状，发病第 3 天在口腔两颊的黏膜上，出现针尖大小的白色斑点，周围有红晕，发热 3 ~ 4 天后出现皮疹，皮疹为玫瑰红色，略高于皮面，疹间皮肤较正常，出疹顺序为颈后，逐渐波及额、面部，然后自上而下顺次延至躯干和四肢，有的到达手掌和足底。4 ~ 5 天后，进入恢复期。出麻疹的宝宝全身抵抗力降低，这时若护理不好或环境卫生不良，很容易发生肺炎、喉炎、脑炎、营养不良及营养不良性水肿、干眼症等并发症，严重者可危及生命。

接种麻疹疫苗后的反应

接种时，在宝宝的手臂外侧进行皮下注射。接种麻疹疫苗后，反应很轻，仅有少数的宝宝在接种后 6 ~ 10 天有发热现象，但体温不会超过 38.5℃，持续 2 天即消退。宝宝的精神、食欲均不受影响。也有的宝宝在接种后，发热的同时可出现皮疹，多见于胸、腹及背部的皮肤，皮疹数目不多，并且 1 ~ 2 天内即消退，皮疹消退后也不像患麻疹那样皮肤上留有褐色色素斑。因此，不需要做任何处理。在注射的局部一般也没有什么不良反应。

接种麻疹疫苗的注意事项

◎麻疹疫苗不能和乙肝疫苗同时接种，因为抗原之间有干扰。

◎注射疫苗后 2 天内避免洗澡，以免感染。

◎在注射麻疹疫苗前不要空腹。

亲子游戏时间

跳跃的小豆豆

1 **益智目标：** 训练宝宝的抓握能力和协调能力。

2 **游戏准备：** 大豆1大把，盘子1个，带盖的透明瓶子1个。

3 **游戏步骤：** ①将一些大豆装在盘子里，妈妈向宝宝做示范，将大豆一颗一颗地装入瓶中，然后盖住瓶子，轻轻地一摇，使豆子在瓶中跳跃，并发出“哗啦啦”的声音。

②妈妈打开瓶盖，将大豆重新倒回盘中，然后教宝宝用拇指和食指捏住大豆，将大豆一颗一颗地装回瓶中。

4 **注意事项：** 游戏过程中掉在地上的大豆要及时捡起并收好。

5 **专家指点：** 在宝宝8个月大时，家长要注重对宝宝小手精细动作能力的训练。可让宝宝练习用小手捏取小的物品，如大豆、花生等，能增强宝宝手眼的协调能力。

我是小小画家

1 **益智目标：** 训练宝宝小手的灵活性；培养宝宝的绘画兴趣。

2 **游戏准备：** 白纸1张，铅笔1支，颜料适量。

3 **游戏步骤：** 妈妈先在白纸上画好树干，然后把图画向宝宝展示，跟宝宝说：“宝宝，妈妈已经画好树干了，你来画树叶吧。”

握着宝宝的食指，蘸上颜料，然后再握着宝宝的食指往树干上印，同时说：“宝宝小手印一印，树叶满枝丫！”

4 **注意事项：** 和宝宝玩这个游戏时，可以尝试着让宝宝自己印手指，但妈妈注意不要让宝宝把印有颜料的手指放入嘴巴里。

5 **专家指点：** 绘画是宝宝早期智力开发的必修课之一，因为宝宝在绘画的过程中可以锻炼手眼的协调能力，开发观察力、想象力、形象思维、色彩敏感度等。当然，8个月大的宝宝也许对绘画没有什么概念，但如果用宝宝的肢体去完成绘画，不仅能够让宝宝得到运动，而且还能使宝宝更进一步地认识自己的身体，对绘画、色彩等产生兴趣。因此，家长要让宝宝灵活地游戏，以便在游戏中开发宝宝的绘画潜能。

懂礼貌的好宝宝

1 益智目标： 训练宝宝的动作模仿能力和语言理解能力；培养宝宝与人交往的能力。

2 游戏准备： 响球 1 个。

3 游戏步骤： ①妈妈抱着宝宝坐在床上，爸爸坐在宝宝和妈妈的旁边。爸爸将手中的响球递给宝宝，当宝宝伸手拿时，妈妈在旁边说："谢谢爸爸。"并引导宝宝自己做出点头的动作（图①）。

②爸爸站起来，打开门准备要离开，妈妈将宝宝抱到门边，一面挥舞宝宝的小手，一面说："拜拜！"然后引导宝宝自己做出挥手的动作（图②）。

③爸爸出去后关上房门，然后又打开，妈妈引导宝宝做出拍手或打招呼的动作，同时说："欢迎！"（图③）

4 注意事项： ●刚开始游戏时，如果宝宝不会做动作，爸爸妈妈要耐心地引导，切忌指责宝宝。当宝宝做对动作时，妈妈要及时给予鼓励和肯定。

● 如果日常生活中宝宝自然地做出这些动作，爸爸妈妈要及时给予回应，让宝宝明白自己这时做出的这个动作是正确的，以加深宝宝对这项动作的记忆，当出现类似的生活场景时，宝宝会自然而然地做出相应的动作。

①

②

③

能爬能扶啦

宝宝生长发育月月查

本月宝宝体格发育状况

9个月的宝宝在身高、体重以及智能方面又有了一些新的变化，妈妈赶紧来把这个指标与宝宝的特点进行个对比吧。需要提醒的是，这里给出的只是个参考，个别差异是存在的。

体重	本月宝宝的体重平均增长0.22～0.37千克，男宝宝的平均体重为9.00～9.22千克，女宝宝的平均体重为8.36～8.58千克。
身高	本月宝宝的身高平均增长1.0～1.5厘米。男宝宝的平均身高为71.3～72.5厘米，女宝宝的平均身高为69.7～71.0厘米。
头围	头围每月平均增长0.67厘米。
囟门	大多数宝宝的囟门看上去闭合了，实际上还没有闭合。

本月宝宝智力发育状况

大动作能力

- 在不需要任何支撑的情况下，能拿着玩具独自坐稳。
- 俯卧位时，能自己坐起来；仰卧位时，手脚能交叉自由活动。

- 手臂逐渐有力，可以扶着茶几或栏杆或其他凭借物独自站立片刻。
- 能够用手和膝盖向前爬行几步。

精细动作能力

- 如果把积木放进杯子中，宝宝能取出，而且还会把积木放进杯子中。
- 能用拇指和弯曲的食指从侧面抓起小丸子，而其他手指保持卷曲或伸展。
- 手、眼动作更加灵活，能有意丢掉手中的积木，拿到后又往远处扔。

认知能力

- “喜新厌旧”的速度加快，喜欢新的玩具；如果遇到特别感兴趣的玩具，宝宝会学着去观察玩具的构造，并反复把玩，还会尝试着拆开。
- 将较大的物品放在宝宝面前，宝宝能明白需要用自己的双手才能拿得动。
- 在摆动物品的过程中，宝宝能够初步认识一些物体之间最简单的联系。

语言能力

- 不仅能听懂熟悉的人常说的词语，如“宝宝乖”等，还能用较为清晰的发声或动作来回答大人的问题。
- 在发音的同时能做相应的动作，虽然发音不一定准确，如发“啊啊”音时，用手指向某处表示要过去或拿东西，发“不”音时摆手等。
- 语言理解能力进一步提高，大人说“再见”或“欢迎”时，能挥手或拍手示意。

社交能力

- 偶尔会耍“小脾气”，如故意把玩具扔在地上，大人给他捡起来之后，他再扔，再要大人捡起来。
- 对妈妈或照顾自己的人仍然很依恋，如果让他跟妈妈分开，他会表现出痛苦的表情，甚至以哇哇大哭的方式来抗拒。
- 听到表扬的话会很开心，如果听到其他宝宝哭，他也会哭。

听觉发育状况

- 能区分声音的高低；能跟着音乐手舞足蹈，还能随着音乐的终止停止动作。

喂养也要讲科学

依据情况减少母乳

即使母乳充足的妈妈，最好也要减少喂母乳。母乳减少后，要给宝宝准备充足的乳制品、鱼和蛋，以满足宝宝对蛋白质的需求。

减少母乳，并不是说彻底断掉母乳，有时候母乳除了是部分营养元素的来源外，还是一种养育手段，也是宝宝的精神慰藉。比如，有的宝宝有早起的习惯，但是喂点母乳后，又可以一觉睡到 8 点钟，那么就可以继续喂母乳；有的宝宝中午很难入睡，但是只要吃点母乳就马上能安然入睡，这时候也可以把它作为使宝宝午睡的手段继续喂；夜里宝宝哭闹时，如果一喂母乳，就能又接着睡，就可以继续喂母乳。因为对于这个月龄的宝宝来说，怎样能使宝宝睡好觉，才是最重要的。

进食有了新变化

这个月龄的宝宝不用喂果汁了，可以喂西红柿、橘子、香蕉等。苹果可以切成小块，让宝宝自己拿着吃，草莓可以磨碎了吃。另外，还可以适当给宝宝增加一些点心。点心类食物主要以软的为主，如软饼干、蛋糕等。但糖块还是有危险，仍然不能给宝宝吃。宝宝能吃很多成人吃的食品了。夏季给宝宝做食物时一定要注意卫生。

标准的离乳食谱

07：00：配方奶 200 毫升，饼干适量。

11：00：粥 100 克，蔬菜末 30 克，鸡蛋 1/3 个，汤。

15：00：配方奶 200 毫升，水果适量。

18：00：粥 80 克，鱼或肉末 30 克，豆腐 40 克，汤适量。

21：00：配方奶 200 毫升。

营养方案有重点

调整奶量和辅食量

一般情况，母乳和配方奶仍需要继续喂哺，但可以适当减少喂奶的次数，总奶量一般每天 500 毫升左右即可，辅食量可以在之前的基础上适量添加，而且需要开始逐渐调整哺乳和辅食的喂养顺序，需要先喂辅食再喂奶，为顺利断奶做好准备。

给宝宝适量增加膳食纤维食物

这一阶段的宝宝辅食量开始增加，而且牙齿也在继续生长，给宝宝适量增加膳食纤维食物对宝宝生长发育有好处。

◎**促进牙齿的生长，锻炼咀嚼能力**。膳食纤维食物需要宝宝反复咀嚼才能很好地消化吸收，而宝宝在咀嚼过程中能有效地锻炼咀嚼肌，进而间接地促进了牙齿的生长。

◎**预防便秘**。膳食纤维食物具有促进肠道蠕动、帮助消化的作用，可以减少宝宝便秘的发生。

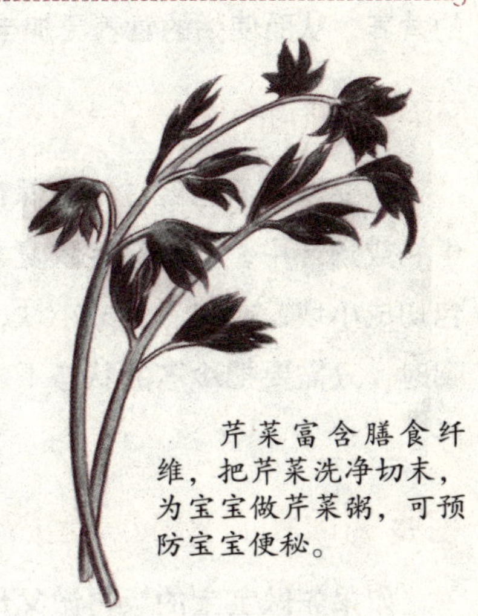

芹菜富含膳食纤维，把芹菜洗净切末，为宝宝做芹菜粥，可预防宝宝便秘。

不可缺少的营养素

这个阶段宝宝开始喜欢爬行，而且活动量有所增加，致使消耗的体力比较大，因此需要一些营养的供应，以满足宝宝身体发育所需的营养，并让宝宝精神饱满。

◎**补充蛋白质、碳水化合物、脂肪**。这三种营养素是提供人体能量必不可少的物质，宝宝的活动量大，需要通过它们来补充消耗的体力。

◎**补充维生素 C、维生素 D**。宝宝活动量大，且与外界接触过多，多补充维生素 C、维生素 D 可增强抵抗力，强健骨骼。其中维生素 C 可以维持细胞的正常代谢，对增强免疫力，改善钙、铁、叶酸的利用率有好处，而维生素 D 可以调节钙和磷代谢，有助于骨骼发育和牙齿生长。

快速做辅食有妙招

妈妈既要照顾宝宝，又要给全家人做饭，还要给宝宝做辅食，整天都忙忙碌碌的，所以在制作辅食时尤其需要一些快速、简捷的好方法。

用配方奶煮冷冻过的粥

在加热冷冻保存的粥时，往往会因为粥里的水量不足而使粥变得干焦，这时若加入少量的配方奶，稍加搅拌，粥会立刻有很大的变化。这样的粥不仅不会变稠，而且更加软烂，更为重要的是补充了粥在冷冻保存过程中损失的营养，从而使粥的营养更加丰富。

巧用冷冻面包煮粥

不要以为面包经过冷冻保存，就会硬硬的，没法吃。其实只要将其放入牛奶或汤汁中，它就又能恢复柔软和原味。因此，建议妈妈把 1 次使用的面包切成小块，或用手掰成小块，密封在塑料容器里进行冷冻保管。要做面包粥时，只需要把冷冻的状态下的面包磨碎，然后放入汤中煮沸，面包粥就做好了。

宝宝的饭和父母的一起做

如果先做宝宝的饭再做父母的饭会比较烦琐，两者一起做就省事多了。只需要将宝宝的辅食材料盛在耐热器皿中，放入给父母做饭的锅里一起煮。如果害怕宝宝辅食中的水会溢出，那么可以将熬粥的材料——米和水盛在较高的容器中。这种方法适用于给宝宝熬一般的白粥。但要提醒妈妈们，如要给宝宝熬蔬菜粥，最好选择南瓜、胡萝卜、土豆、圆白菜等容易煮熟的蔬菜。

用微波炉制作辅食

◎**用微波炉蒸土豆**。把土豆去皮洗净后切成大块，放在微波炉专用容器里，在微波炉里转动 2 ~ 3 分钟，土豆便煮烂了。用这种方法蒸土豆不仅所用时间短，而且减少了土豆营养成分的损失。

◎**用微波炉软化干蘑菇**。将干蘑菇盛在较小的器皿里，再倒入适量的水，然后放进微波炉里加热 3 ~ 4 分钟，取出即可。

9个月宝宝一日营养方案

主要营养来源

母乳或配方奶

喂养时间

上午6点、8点、10点、12点，下午14点、16点、18点，夜间20点

注意事项

宝宝准备断奶时可以逐渐减少喂奶量，适当地给宝宝增加各类食物

辅助食物

温开水、鱼肝油、菜汁、果汁、菜泥、果泥、米粉、米糊、肉泥、鱼泥、鸡蛋（蛋黄）、肝泥、面条、面包、饼干、水果块等

Q 宝宝生病了还可以断奶吗

A 宝宝生病期间最好推迟一下断奶时间，等宝宝身体恢复后再进行断奶。因为这个时候宝宝的身体虚弱且情绪不佳，再加上长期以来已习惯了母乳喂养，如果这时再断奶，宝宝的心理上会难以接受，而且还有可能会造成营养不良，病情加重，进而影响宝宝的生长发育。

Q 宝宝对鱼肉过敏怎么办

A 鱼肉肉质细腻、味道鲜美，营养价值高，其中蛋白质、维生素、矿物质等含量十分丰富，给宝宝食用鱼肉对促进生长发育、提高智力都有好处。但一些宝宝吃鱼肉容易出现过敏反应，尤其是海产类的鱼肉过敏反应更严重。这时最好停止给宝宝吃鱼肉，可以等宝宝大一些，再给宝宝喂食鱼肉，但为了保证宝宝营养均衡的摄入，可以先用营养成分相似且对身体有益的食物来代替鱼肉。

Q 可以给宝宝吃哪些磨牙食物

A 宝宝大概从7个月起一般进入了长牙期，等到了9个月后宝宝的牙齿已经长出许多颗了，这时给宝宝适量吃一些磨牙

食物，有助于宝宝牙齿生长和发育。如可在两餐之间给宝宝吃一些烤馒头片、面包片、磨牙饼干、手指饼干或水果块等，让宝宝自己拿着当零食吃。

但这个时候的磨牙食物不要太硬，以免噎到宝宝。建议每天让宝宝至少吃 2 次的磨牙食物即可。

Q 宝宝准备断奶时爸爸需要做些什么

A 给宝宝断奶就意味着宝宝不能像以前一样依赖妈妈了，需要尽量减少宝宝与妈妈接触的时间。这时爸爸就需要充分发挥作用，尽可能地增加时间照顾宝宝，让宝宝可以逐渐地适应这一变化，即使仍然没有断奶也最好把母乳挤出来，让爸爸给宝宝喂食。

Q 宝宝断奶会出现哪些不适

A 断奶需要宝宝在身体健康、情绪稳定的情况下进行，而且还需要新爸妈们有足够的耐心，如果新爸妈们做好充足的断奶准备工作，给宝宝进行断奶就可以顺利进行，但如果太果断或不讲究方法给宝宝断奶，宝宝就有可能会出现以下几种不适应的反应。

◎**哭闹。**宝宝虽然在开始准备断奶前一直吃辅食，但也没有离开过母乳或配方奶，因此，对母乳有着一定的依赖性，母乳是最适合宝宝口味的食物，而且宝宝吃奶的过程中会与妈妈有着亲密的接触，宝宝在妈妈的怀里会感到很舒适惬意，也比较有安全感。

◎**体重减轻。**给宝宝断奶不当，容易让宝宝在情绪上受到影响。宝宝吃不到妈妈的奶水，开始对添加的食物失去兴趣，不愿意吃辅食。这时宝宝情绪差、食欲不足，很容易出现营养摄入不足、体重减轻的情况。

◎**抵抗力差，易生病。**由于新爸妈们在断奶之前没有做好充分的准备，又加上选择的辅食营养不够丰富，致使造成食物种类单调，进而影响了宝宝的生长发育，造成抵抗力较弱，爱生病，特别是容易导致缺钙而发生佝偻病。

奶香玉米粥

材料 配方奶适量，玉米粉 50 克，肉末少许。

调料 奶油 10 克，黄油适量。

做法

1 锅置火上，倒入配方奶，加入肉末，用小火煮开。

2 然后撒入玉米粉，用小火再熬煮 3 ~ 5 分钟，并用勺子不断搅拌，直至变稠。

3 将粥倒入碗内， 加入奶油和黄油，搅匀，凉凉即可。

青菜泥

材料 绿色蔬菜 50 克。

做法

1 蔬菜洗净去梗，菜叶切碎。

2 将碎菜叶放入沸水中煮，待水再沸后，捞起碎菜叶。

3 将菜叶放在干净的钢丝筛上，捣乱，用勺压挤，滤出菜泥。

4 锅置火上，放少许油烧热，将菜泥放入锅内炒一炒，调味即可食用。

燕麦香蕉粥

材料 燕麦片 100 克，香蕉 100 克，配方奶粉适量。

做法

1 香蕉剥皮，切片。

2 锅置火上，加适量水，烧开后倒入燕麦片，熬 10 分钟。

3 将香蕉片倒入锅中，并充分搅拌。

4 将粥盛在碗中，等凉到 60℃左右时，再加入适量配方奶粉，搅拌均匀，即可。

鸡肉菜粥

材料 7 倍粥（大米与水的比例是 1 : 7）150 克，鸡肉 15 克，嫩油菜叶 10 克。

做法

1 鸡肉洗净，煮熟，切碎；油菜叶汆烫至熟，切碎。

2 将鸡肉碎加入粥中煮，加少许盐（尝着很淡，基本尝不出盐味即可）。

3 鸡肉碎煮软后，加入油菜末，煮 1 分钟即可。

本月宝宝的日常照顾

别催宝宝吃东西

医学研究表明，儿童肥胖除了与基因遗传有关外，还与宝宝进餐时总是被父母催促着吃，从而养成快食的习惯有关。因为快吃会使很多食物在不知不觉中吞入肚子里，还容易使宝宝的进食量增加，时间一久自然就会引起身体肥胖。

教宝宝使用杯子

宝宝 9 个月时，父母应该训练宝宝用杯子喝配方奶粉或水，这样宝宝在满周岁时就能很熟练地使用杯子了。

父母如何教宝宝使用杯子

◎首先让宝宝熟悉杯子，在一开始时也许宝宝不爱用，甚至把它当玩具摔来摔去，妈妈要有耐心。

◎先让宝宝拿着小杯子，父母可以用杯子喝水做示范给宝宝看，让宝宝模仿父母的动作。

◎父母每天鼓励宝宝从杯子里喝几口奶，让宝宝意识到奶来自杯中。

◎可以让宝宝用那种有手柄，有杯盖，盖上有嘴伸出的杯子学着喝水。

◎当宝宝喝得好时，要及时给予抱、亲脸、拍手等方式鼓励和表扬宝宝，喝不好时也不要批评，而要帮助宝宝纠正不正确的动作。这样宝宝渐渐地就会习惯用杯子喝奶了。

◎等宝宝习惯了用杯子喝奶之后，就可以训练宝宝用杯子喝水了。刚开始时父母可以帮助宝宝托着杯子，等以后宝宝的手控制力更好时，父母可以渐渐松手，让宝宝自己捧着杯子喝水，经过不断地耐心训练，宝宝会很快学会用杯子喝水。

注意事项

◎给宝宝选择的杯子要小、轻，不怕摔，最好是带双手把的杯子，以便让宝宝双手握住杯子。

◎要为宝宝选择杯底较宽的杯子，这样宝宝端着较稳定而且水也不易外溢。

◎宝宝刚开始喝水时，妈妈要帮助宝宝拿杯子。

◎每次只往杯中倒少量的水，宝宝喝光后再添加，以免宝宝拿不稳杯子而把水洒在身上。

◎如果宝宝用杯子喝水一段时间后开始对杯子不感兴趣了，此时父母可换一个形状、颜色不同的新杯子或更换一下杯中饮品的口味，也许会重新引起宝宝的兴趣。

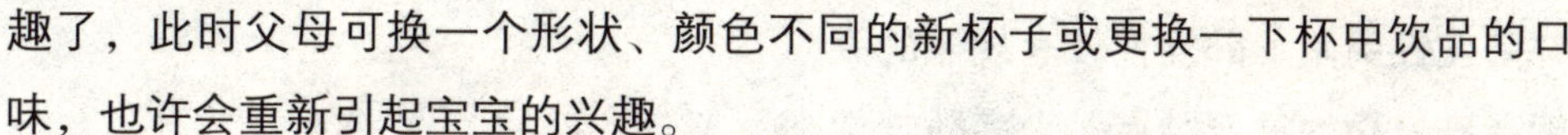

给宝宝准备舒适的鞋子

宝宝已经 9 个月了，正处于学爬、扶站、练习行走的阶段，所以妈妈有必要开始给宝宝选择合适的鞋子啦！此时宝宝穿鞋，除了美观之外，最主要的功能是保暖和保护脚，所以此时适合穿硬底的帆布鞋，且要略比脚宽一些，以使宝宝的足部关节受压均匀，更好地保护足弓。

◎**依据脚型选鞋**：根据宝宝脚的大小、肥瘦、足背高低等来选鞋。

◎**依据鞋面的质量选鞋**：鞋面材质以柔软、透气性好为佳。

◎**鞋底不宜太软**：鞋底应有一定的硬度，不宜太软，鞋子的前 1/3 最好可弯曲；鞋跟要比足弓略高些，以适应自然姿势；鞋底稍宽大些，鞋帮也要稍高一些，后部须紧贴脚，以保护脚踝不会左右摇动。

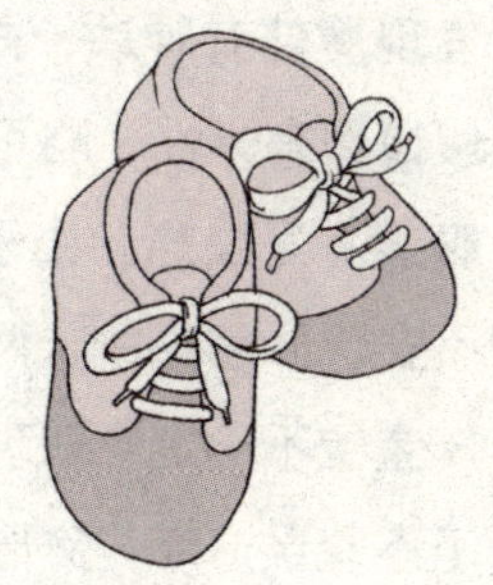

◎**尺寸不宜过大**：宝宝的脚发育较快，故买鞋时尺寸可稍大一些，但不可过大，以免影响宝宝足部的正常发育。

专家医生来帮忙

肠套叠不可忽视

肠套叠是指肠管的一部分套入另一部分内，形成肠梗阻。肠套叠分原发性和继发性两类，小儿肠套叠大多为原发性。

肠套叠的危险在于，套叠肠管如果压迫时间过长（超过 24 小时），会使套入的肠管血液循环受阻，可能进一步发生肠坏死，甚至威胁生命安全。

症状

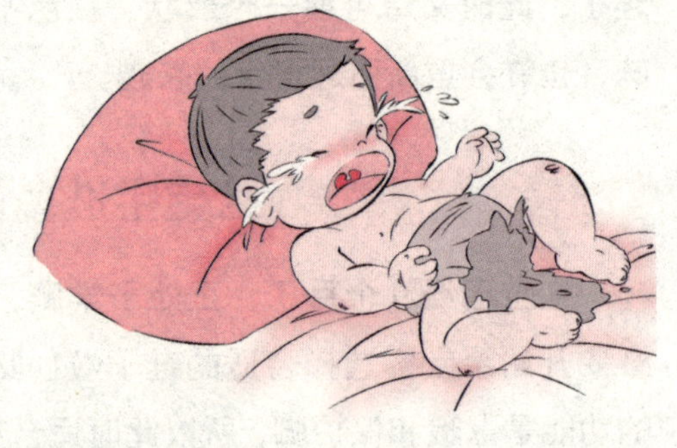

◎**阵发性哭闹**。阵发性较有规律的哭闹是肠套叠的重要特点，大多数宝宝突然出现大声哭闹，有时伴有面色苍白、额出冷汗，持续 10 ~ 20 分钟后恢复安静，但隔不久后又哭闹不安。

◎**呕吐**。哭闹开始不久即出现呕吐，吐出物为乳汁或食物残渣等，以后呕吐物中可带有胆汁。如果呕吐出粪臭味的液体，说明肠管阻塞严重。

◎**果酱样血便**。病后 6 ~ 12 个小时，患儿常会排出暗红色果酱样血便，有时为深红色血水，轻者只有少许血丝。

◎**腹部肿块**。在肠套叠的早期，当宝宝停止哭闹时， 可以仔细检查其腹部，能发现腹部有肿块，向肚脐部轻度弯曲。如果用手摸，可以在其右上腹或右中腹摸到有弹性、略可活动的腊肠样肿块。

◎**腹痛**。呈绞痛。由于宝宝不会叙述腹痛，常常表现为突然发作的阵发性哭闹不安，面色苍白，两腿屈曲，手脚乱动，非常痛苦。

宝宝不一定会表现出以上所有的症状，但绝大多数宝宝都有阵发性哭闹。为了不耽误治疗，父母对阵发性哭闹超过 3 小时以上的宝宝，尤其是有腹泻、感冒或饮食改变等情况时，应及时到医院就诊。

病因分析

肠套叠是婴幼儿时期常见的一种急腹症，其发病原因主要有以下两点。

◎**与消化系统有关**。婴幼儿时期的宝宝生长发育迅速，为了适应其身体发育的需要，在其 6 个月大的时候就需要逐渐添加辅食。但此时宝宝的胃肠发育尚不成熟，消化能力相对较差，如果新手爸妈不懂得科学地进行辅食喂养，让宝宝吃一些不易消化，或有刺激性的食物，会增加胃肠负担，使消化系统处于“超负荷”的工作状态，诱发肠蠕动紊乱，进而导致肠套叠的发生。

◎**与自身的肠道特点有关**。婴幼儿时期，肠道的回盲部系膜尚未固定完善，这一部分容易出现游离度过大，从而发生肠套叠。此外，宝宝的肠道较成人的相对长一些（成人的肠管长度是身体的 4.5 倍，新生儿为 8 倍，婴儿是 6 倍）。这样的生理特点使宝宝比较容易发生肠套叠。

预防措施

◎**腹部保暖**。平时应注意宝宝腹部的保暖，天气转凉时，要适时添加衣被，预防因气候变化引起肠功能失调。

◎**保持肠道正常功能**。在给宝宝添加辅食时，应遵循循序渐进的原则。在宝宝适应一种辅食后再添加另一种，不可多种食物一起添加，以防伤害到宝宝娇嫩的肠道，使肠管蠕动异常。

◎**防止肠道感染**。宝宝的奶瓶、餐具要经常清洗、消毒，还在哺乳的妈妈应注意清洗乳头，严防病菌经乳头传染宝宝。

◎**勿乱用驱虫药**。不要擅自给宝宝服用驱虫药，避免各种容易诱发肠蠕动紊乱的不良因素。

护理方法

一旦发现宝宝患有肠套叠，应立即就诊，并注意以下几点。

◎不能给宝宝服用止痛药，以免掩盖症状，影响医生诊断。

◎在去医院的途中，家长应注意观察宝宝病情变化，如呕吐物、大便的次数、大便量等情况，在向医生讲述病情的时候要尽可能地详细。

亲子游戏时间

宝宝模仿秀

1 益智目标： 训练宝宝对空间的感觉认知和语言理解能力。

2 游戏准备： 在宝宝心情好时进行。

3 游戏步骤： ①妈妈与宝宝面对面坐好，妈妈将双手展开，说："伸伸小胳膊。"同时引导宝宝模仿（图①）。

②妈妈将双手举起，拍手2次，说："上上。"同时引导宝宝模仿（图②）。

③妈妈将双手放下，拍大腿2次，说："下下。"同时引导宝宝模仿（图③）。

④妈妈将双手藏在身后，拍2次，说："小手藏起来。"同时引导宝宝模仿（图④）。

⑤多次引导宝宝模仿后，妈妈说口令，看宝宝是否能正确地做出相应动作。

4 注意事项： ●如果宝宝心情不好，或者正在病中，不要进行这项游戏，因为宝宝很可能会没心情跟妈妈玩。

●刚开始时，宝宝可能不能按照妈妈的指令做出相应的动作，妈妈要耐心地引导。

5 专家指点： 宝宝空间感知能力的发育主要靠视觉的刺激和宝宝对空间的理

①

②

③

解训练。在宝宝9个月大时，家长可以结合语言和相应的动作，训练宝宝对上下、前后等空间的理解。也许有的家长会担心宝宝不能理解训练中所使用的空间语言，其实9个月大的宝宝的语言理解能力正在形成，并已经开始理解大人的话，有时还会用动作把大人的话表现出来。如大人多次教宝宝做举手的动作，并告诉宝宝“上上”，当大人在以后的生活中说“上上”时，宝宝会做出举手的相应动作。

④

我是一只小蜜蜂，嗡嗡嗡

1 益智目标： 训练宝宝的语言理解能力和记忆能力。

2 游戏准备： 在宝宝心情好时进行。

3 游戏步骤： ①妈妈、宝宝分别洗净双手，两人面对面坐在床上。

②妈妈念“我是一只小蜜蜂”，同时引导宝宝举起双手到头顶两侧，来模拟蜜蜂触角。

③念“嗡嗡嗡”，妈妈夸张地张嘴，并引导宝宝模仿自己的动作。

④念“整天忙啊，飞入花丛中”，同时引导宝宝跟自己一起伸出双手在身侧晃动，做“飞”的动作。

⑤念“飞到西来飞到东，飞来飞去嗡嗡嗡”时，妈妈左右侧身，并靠向宝宝，同时引导宝宝模仿自己的动作。

4 注意事项： ● 在游戏过程中，还可戴上蜜蜂头饰，吸引宝宝的注意力。

● 这项游戏的重点是儿歌和动作表演，妈妈要充分意识到宝宝的语言发展特点和模仿学习能力，对宝宝要多加耐心地引导。

5 专家指点： 游戏中贯穿儿歌，不仅能培养宝宝的节奏感，还能促进宝宝语言能力的发展，帮助宝宝进一步理解语言和动作之间的关系，这对宝宝学习能力的提高有利。此外，家长平时要多为宝宝营造适宜的家庭游戏环境，用特定的动作呈现语言，鼓励宝宝随语言做相应的动作，以提高宝宝各方面的能力。

我终于找到它啦

1 益智目标： 训练宝宝解决问题的能力。

2 游戏准备： 小球 1 个。

3 游戏步骤： ①爸爸、妈妈、宝宝正在玩小球，突然爸爸不小心把球弄到桌子底下。

②妈妈将宝宝放到桌子下坐好，说："宝宝，你看，小球在桌子底下，你过去帮妈妈把小球拿过来好不好？"

③爸爸蹲在旁边做爬的动作，同时鼓励宝宝："爸爸进不去，宝宝帮爸爸把小球拿过来好不好？"引导宝宝爬到桌子底下拿球。宝宝拿到球爬出来后，爸爸妈妈要鼓励宝宝："宝宝真棒！"

4 注意事项： 注意保护好宝宝，不要让宝宝的头碰到桌子。

5 专家指点： 在宝宝的成长过程中，笑一笑、说一说，或者是小手动一动等，这些简单的举动都是宝宝学习如何解决问题、达成目标的具体体现。而解决问题的能力是宝宝大脑发育的早期信号之一，也是宝宝智力发展的标志。

此外，宝宝成功解决问题后的乐趣，能激发宝宝进一步探索的欲望。因此，家长在日常生活中要多设置相应的情景，训练宝宝解决问题的能力。

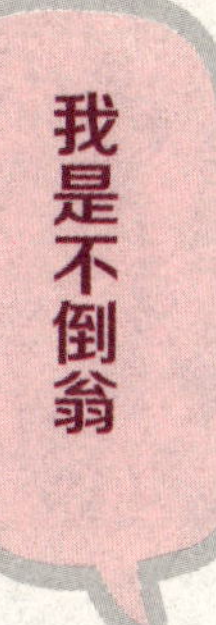

我是不倒翁

1 益智目标： 训练宝宝身体的平衡能力；帮助宝宝练习站立。

2 游戏准备： 毛毯 1 条，不倒翁 1 个。

3 游戏步骤： ①将毛毯铺在地上，让宝宝坐在毛毯上，爸爸将不倒翁放到宝宝面前，跟宝宝一起玩不倒翁，并说："不倒翁，左晃晃，右摇摇，平衡好，不会倒。"

②爸爸将宝宝扶起来站好，同时跟宝宝说："我们家有个不倒翁，站起来不会倒。"

③爸爸尝试着到宝宝身后，一只手轻轻地推宝宝，另一只手护着宝宝，观察宝宝能站多久。

4 注意事项： 时间不宜过长，每天不宜超过 3 次，每次不宜超过 10 分钟。

5 专家指点： 9 个月大的宝宝已经能独自扶着小凳子站起来。这时候，家长要着重帮助宝宝练习站立，锻炼宝宝的肢体运动能力，帮助宝宝提高身体平衡能力。

第10章

我能扶着床边走了

宝宝生长发育月月查

本月宝宝体格发育状况

10个月的宝宝往往对周围的世界表现出极大的兴趣，会较长时间地注意一个物品。并且宝宝最喜欢受表扬，他说了话，做了动作，总是希望有人喝彩。你可以和宝宝有更多语言上的交流，因为他已经能够更好地理解你。

体重	10个月时，男宝宝的平均体重为9.22 ~ 9.44千克；女宝宝的平均体重为8.58 ~ 8.80千克。
身高	10个月时，男宝宝的平均身高为72.5 ~ 73.8厘米；女宝宝的平均身高为71.0 ~ 72.3厘米。

本月宝宝智力发育状况

大动作能力

- 稍微扶着栏杆就能站立，同时能尝试抬起脚横着走。
- 能够一只手扶着栏杆，弯下腰，另外一只手捡栏杆下的玩具，然后再站直。
- 独自站立或者扶着栏杆站着，能自如地让自己从站立到坐位，并不会摔倒。

精细动作能力

- 手指灵活性增强，一只手能拿两块积木，会拿起和放下玩具，还会扭开门把手自己开门，甚至还会打开水龙头、拧瓶盖等。

- 如果宝宝面前的纸上有小孔，他喜欢把手指插入小孔中。
- 拇指、食指更加灵活，手指协调性不断增强，捏小丸子的动作越来越熟练。

认知能力

- 开始有了记忆能力，能记住自己不喜欢的人和事，如再次到医院时，看见医生会躲，或者看见针头会哭等。
- 对涂涂画画开始产生兴趣，让宝宝手里拿着一支粉笔，他会画得到处都是，刚开始可能是弯弯曲曲的线，接着会慢慢发展成有规则的形状或明确指向性的物体。

语言能力

- 能发出的声音越来越多，如咯咯、嘶嘶等有趣的声音，还能反复发会的音。
- 语言理解能力进一步提高，能执行一些简单的指令。
- 开始懂得“不”的真正含义，当听到“不”字时，会停止自己的行为。
- 能含糊地发出任何两个有意义的单字，并有所指。

社交能力

- 基本懂得常见的人和物的名称，如问他“爸爸在哪儿？”他会注视或用目光寻找爸爸。
- 会想办法做自己想做的事情，拿东西时如果够不着，会用目光和表情示意大人帮忙。
- 能觉察自己和妈妈是两个分离的个体，跟妈妈一起照镜子时，能区分自己和妈妈的影像。

自理能力

- 表现出想自己进食的强烈愿望，妈妈喂食时会抢夺勺子，还会用勺子搅动碗里的食物。
- 在大人的帮助下，能使用坐便器。

喂养也要讲科学

逐渐过渡到以辅食为主

大多数宝宝经过前一段时间的初步适应，已经从心理和身体上接受了离乳食品。到了这个阶段，妈妈要做的就是，在减少母乳的同时，逐步增加离乳食品的分量，逐步使宝宝以辅食为主。

一天两餐或三餐

对于已经习惯用汤匙吃辅食的宝宝，此时每天辅食的进食次数可以安排两次或三次，另外安排两次授乳，这样可以逐步使宝宝的饮食以辅食为主。但是要注意，辅食的营养要均衡，建议主食选择米饭、面包等碳水化合物，主菜有鱼、肉、蛋等蛋白质食物，副菜有蔬菜和水果等富含维生素的食物。

正餐后的点心怎么给

给宝宝点心的时间最好定时。在午餐和晚餐之间，多数的宝宝要喝牛奶，妈妈可以在这时给点心。不过要注意的是，体重超过标准的肥胖型宝宝（9个月，体重超过平均标准体重的20%及以上者），不要给太多的点心。这样的宝宝可以给一些自制的限制甜度的果冻、酸奶、水果（香蕉除外，因所含的能量多）等。宝宝吃完点心后，要给点温水喝，这样可以洗掉粘在牙齿上的东西。

辅食不必要求太刻板

这个月龄的宝宝，对牛奶以外的其他各种辅食都已经很习惯了，但什么东西吃多少则因人而异。有些妈妈喜欢照着育儿书或杂志给小宝宝做辅食吃，而另一些妈妈由于工作等原因根本没有时间和精力给宝宝精心准备而给宝宝吃婴儿米粉等食用方便的辅食产品。

育儿专家告诉我们，宝宝具有很强的适应能力，只要不与宝宝的嗜好发生正面冲突，宝宝就会温顺地吃妈妈所给的食物。所以，在给宝宝提供辅食的问题上，妈妈不必过于纠结。只要是营养丰富，口感好，宝宝都会吃得很香，甚至有的宝宝吃大人的饭也可以了。此时，绝大部分水果都可以不切碎、不榨汁，切成合适的块或者片儿给宝宝吃，对于宝宝来说这是一种很好的体验。

另外，饼干、蛋糕、布丁等也可以适当给宝宝吃一些。有的妈妈认为给宝宝吃点心，宝宝就不吃正常的饭菜，所以一点儿点心也不给宝宝吃。这种做法是不可取的，品尝点心的美味也是人生的一种乐趣。

一餐内食用多种含蛋白质的食物

几种蛋白质食品互相搭配食用，比单纯只吃一种营养价值要高。这是因为各种蛋白质食品中，所含的氨基酸种类不同，多种食物彼此搭配，可以相互补充，从而提高营养价值。

主食除各种粥以外，还可吃软米饭、面条（片）、小馒头、面包、薯类等，各种带馅的包子、饺子、馄饨也是宝宝很喜欢吃的，只是馅应剁得更细一些。为了促进宝宝良好的食欲，饭菜的种类要经常变换，并且要做得软、烂一些。每餐的食量要适量，不要让宝宝吃得过饱。

写给父母

这个时期的宝宝已会主动要东西吃，不爱吃的东西吃两口就不肯再吃了，而爱吃的东西吃完后还要，不知节制。爸爸妈妈应注意加以控制，不要因为宝宝爱吃某种食物就不加限制地喂食，这样会造成消化不良，从而损伤宝宝的脾胃。久而久之，也会造成营养不良，不利于宝宝的健康。

不要给宝宝吃太硬的食物

许多宝宝在 9 个多月大后，上、下中切牙长齐，这时候妈妈为了训练宝宝的咀嚼力，会给他吃较硬的食物，但这样反而适得其反。给宝宝超出他咀嚼能力范围的食物时，他不是吐出来就是不嚼而整个吞下去，这样不仅无法练习咀嚼，甚至有可能发生咽部异物的危险。因此，妈妈不要给这个月大的宝宝吃太硬的食物。

宝宝能用牙齿咀嚼，大约要到 1 岁半长出臼齿之后。在此之前他只是用牙床咀嚼，作为臼齿咀嚼的基础。这时适合宝宝的食物硬度，大约是妈妈用手指稍微用力就能压碎的程度。食物如果切得太大，宝宝也无法用牙床压碎，因此这时给宝宝的食物宜切成 5 ～ 7 毫米见方的小丁。

常见的生活护理要点

宝宝的免疫力也许没有出生后的前几个月好了，所以营养和护理就显得尤为重要，让宝宝健康快乐地成长，是父母的责任，也是父母感到最快乐的事情。

日用品的消毒

宝宝的抵抗力很低，必须从生活的方方面面杜绝细菌的侵入。

尤其对于6个月后的宝宝而言，此时不仅他从母体内带来的免疫力消失，他的手、口还常常接触一些物品，因此，家长要为宝宝的用具做好消毒的工作。如果宝宝的用具遭受各种有害微生物的污染，将直接或间接危害宝宝的健康。

最安全、最常用的消毒方法是用水冲洗、阳光暴晒、自然干燥，另外还有高温、紫外线、化学药物法和微波法。消毒工具包括消毒柜、消毒锅、微波炉等。

宝宝的日用品很多，有餐具，还有衣被等，它们的材质也各不相同，因此消毒的方法也大不相同。

餐具的消毒方法

◎先用清水洗净宝宝的餐具。

◎用热水或碱除去油垢，或用温和的洗涤剂去除油垢，再用清水反复冲洗，保证餐具上没有残余洗涤剂。清洁完后，再用热水冲一下，让其自然晾干，不需要用抹布擦干（因为抹布也是细菌传播的一条途径）。

◎**微波消毒法**。先用水冲奶瓶，然后把专用的奶瓶刷伸进奶瓶，把各个角落清洗干净，尤其是瓶颈和螺旋处；然后在奶瓶中放入清水，放入微波炉，打开高火10分钟即可。奶头和连接的盖子不要放入微波炉，以免变形、损坏。如果家里有条件，不妨多买几个奶瓶，及时更换。

◎**煮沸法**。陶瓷、玻璃器皿可用水煮沸15～20分钟，消毒时间从煮沸时算起。餐具必须全部浸入水中，这样。方可彻底杀灭乙肝等顽固性病毒。不要使用釉上彩的不合格陶瓷（花面有明显的凹凸），否则高温和酸性物质会使其中的铅、镉随食物进入体内，影响宝宝的健康。另外，还可用浓度0.5%的过氧乙酸浸泡消毒0.5～1个小时。

床上用品的消毒方法

◎一些化纤织物、绸缎等，由于高温会损害其布质，只能采用化学浸泡消毒方法，可用 0.5% 过氧乙酸浸泡消毒半小时到 1 小时。

◎皮毛、棉布材料的被服和玩具多用紫外线消毒，也可在阳光下暴晒。

◎无论是新购的，还是以前用过的凉席，都要先用清水反复清洗，并用毛刷在凉席缝中反复洗刷，然后在阳光下暴晒。

以上物品放在阳光下暴晒 5 ~ 6 小时就能把细菌杀死；对可能被寄生虫卵污染的，可用 0.5% 碘液浸泡 5 分钟以上，即能达到杀灭虫卵的目的。

玩具的清洗

玩具要定期进行清洗，时间可以根据宝宝接触玩具时间的长短来定，最少一个月清洗一次。另外，还要教育宝宝不要啃咬玩具，玩好后要收好玩具不要乱扔，要洗过手才能吃东西等，这样才能有效地保护宝宝。

塑料玩具的清洗

◎用水清洗表面灰尘。水是中性物质，70% ~ 80% 的细菌都可以用水冲洗掉。

◎充分浸泡后捞出；放在阴凉处晾干。

毛绒玩具的清洗

◎清洗前，将玩具身上的缝线拆开一点，把里面的填充物取出来，放到太阳下暴晒。

◎清洗玩具晾干后再把填充物塞进去缝好。这样做虽然麻烦点，但可以防止填充物霉变。

铁皮玩具的清洗

◎先用肥皂水擦洗，清水冲干净后放在阳光下晒干。

木制玩具的清洗

◎用 3% 来苏溶液或 5% 漂白粉溶液擦洗。

◎用清水冲干净后晾干或晒干。

写给父母

奶嘴、安抚奶嘴等塑胶制品在常态下均无毒，但在高温、暴晒及射线照射下会产生毒性，所以不能用高温加热的方法消毒。

营养方案有重点

宝宝 10 个月时如果断奶进行得比较顺利，这时的饮食结构会有相应的调整，主要表现在以下几点：

◎**给宝宝选择适合的食物**。选择绿色蔬菜和新鲜水果以补充维生素和矿物质；选择鱼类、肉类食物以补充蛋白质；选择动物肝脏和动物血以补充铁；选择蛋类和豆制品类以补充钙质。

◎**增加食物的硬度，充分锻炼宝宝的咀嚼能力**。这一阶段的辅食已经渐渐成为了宝宝的主食，而且要以固体食物为主，这样对锻炼宝宝的咀嚼能力很有好处。

◎**逐渐固定三餐加两点或三点的进食习惯**。每天保证三餐时间与大人的就餐时间统一，而且除一日三餐之外，根据宝宝的需要可以在两餐之间加一些点心、饼干、水果等食物。

◎**精心加工和烹调食物**。宝宝断奶后需要妈妈把更多的时间放在食物的制作上，最好可以变换花样，合理搭配，做到色、香、味俱全，以便增加宝宝的食欲。

宝宝离不开的营养素

◎**蛋白质**。宝宝逐渐脱离母乳，蛋白质就需要更多地从食物中摄入，一般肉类中含蛋白质较多，但建议以摄入瘦肉为主，减少脂肪的摄入，以免诱发肥胖，但更提倡宝宝对不饱和脂肪酸的摄入。

◎**维生素**。尤其是补充适量的维生素 A 和维生素 C。宝宝刚开始进行断奶，或多或少会不适应这种转变，很容易造成这几种维生素的缺乏而导致免疫力低下，而补充含维生素 A 的食物具有增强免疫力、保护消化系统、肾脏等组织的作用。

◎**钙、磷**。宝宝 10 个月后每天需要从膳食中摄入适量的钙和磷，以便促进宝宝骨骼发育和牙齿的生长。但二者的补充要保持比例均衡，以免影响消化吸收。

◎**铁**。给宝宝吃含铁类的食物是为了预防出现缺铁性贫血，一般可选择动物性辅食，如瘦肉、肝脏、鱼类等。

循序渐进地为宝宝断乳

从5～6个月开始提倡给宝宝添加辅食，到了9个月开始为断奶做准备，而当宝宝进入10个月后则需要给宝宝进行断奶。因为宝宝断奶是一个循序渐进的过程，从添加辅食开始就是在为将来的断奶做准备。从完全喂养乳品到辅食添加，再到辅食和乳品比例的不断变化，逐渐地让宝宝脱离乳汁，适应和大人一样的正常饮食，所以面对这一漫长的过程新爸妈们要有足够的耐心。

预防宝宝开始断奶时发生便秘

宝宝开始断奶后，辅食量增多了而且辅食也渐渐成为了主食，且辅食也从半固体食物逐渐转变为了固体食物，这时如果饮食结构不合理就很容易使宝宝发生便秘。因此在宝宝开始断奶时就要做好预防，在饮食上要讲究营养均衡、全面，保证食物种类的多样性，如五谷杂粮、蔬菜、水果等都要均衡摄入。

另外，要保证宝宝每天吃一些含膳食纤维丰富的食物，以促进胃肠蠕动、促进消化、润肠通便。而且除了给宝宝合理地安排食物外，还要给宝宝适时、适量地补充水分，以便有效预防便秘。

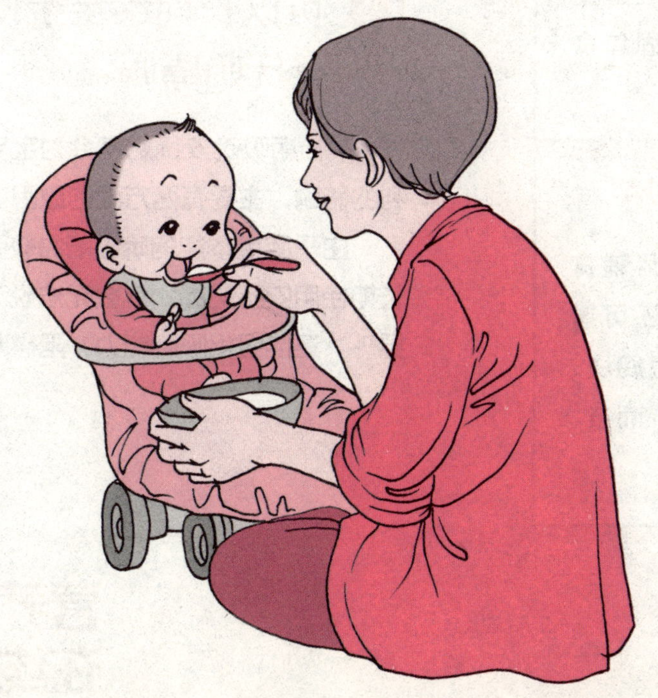

保证宝宝每天吃一些含膳食纤维丰富的食物，这样有助于预防便秘。

10个月宝宝一日营养方案

主要营养来源

乳品或辅食

喂养时间

上午7点、9点、12点，下午15点、18点，夜间21点

注意事项

宝宝的辅食应适量地加入一些固体食物了

辅助食物

在以上几个月辅食的基础上，还可增加软米饭、豆腐块、鸡蛋、包子、面条、水果块等

Q 宝宝可以吃绿豆糕吗

A 绿豆糕比较干，最好泡在温开水里给宝宝吃。成品的绿豆糕含糖分较高，还含有各种添加剂，不利于宝宝的生长发育。所以建议妈妈自制绿豆糕给宝宝吃，但注意要少放糖。

Q 宝宝为什么应忌喝咖啡

A 咖啡同茶叶一样含有令中枢神经系统兴奋的咖啡因，而宝宝年龄小，身体正处于发育阶段，对咖啡因的反应十分敏感，如果让宝宝饮用咖啡，容易造成大脑兴奋，影响睡眠且令人烦躁不安。

Q 可以长期给宝宝使用安抚奶嘴吗

A 长期吸吮安抚奶嘴会为宝宝带来不利的影响，主要有两方面的原因。

由于宝宝本能的吮吸能力较强，如果长期使用安抚奶嘴，就会无法脱离母乳；另外，还能强化吸吮能力，阻碍断奶。

香菇翡翠汤

材料 鸡肉20克，西蓝花10克，香菇50克，鸡蛋1个。

做法

1 香菇洗净，切细丝；鸡肉洗净，切粒；西蓝花洗净，汆烫后切碎。

2 鸡蛋打散，搅匀成蛋液。

3 锅内加水，煮开后下入香菇丝和鸡肉粒。

4 再次煮开，下入西蓝花碎和蛋液；焖煮3分钟左右后即可。

什锦猪肉末

材料 猪肉15克，西红柿、胡萝卜各10克。

做法

1 猪肉洗净，汆烫后切碎末；西红柿、胡萝卜均洗净，去皮，切成碎末。

2 猪肉末、胡萝卜末一同放入锅内，加适量水煮，煮沸后加西红柿末，继续炖煮。

3 煮至锅内所有材料都软烂后即可。

菠菜猪肝汤

材料 猪肝100克，菠菜50克。

做法

1 猪肝洗净，切成小薄片；菠菜洗净，切成段。

2 锅置火上，倒入适量水，烧开后，放入猪肝片、菠菜段，煮熟烂即可。

推荐理由 猪肝和菠菜营养丰富，可以满足10～12个月宝宝咀嚼的需要，并能促进牙齿的生长。

鸭肉米粉

材料 鸭胸脯肉、米粉各50克。

做法

1 鸭胸脯肉洗净剁碎，放入油锅中炒成鸭蓉。

2 将米粉用清水调开后倒入锅内，加温水拌匀，煮沸后加入鸭蓉，续煮5分钟即可。

爱心提醒 鸭肉最好多煮一会儿，待其烂熟后更便于宝宝食用。

玉米糊

材料 米粉适量，玉米面 5 克。

调料 白糖适量。

做法

1 净锅中加适量清水，放入玉米面和白糖，一边熬煮，一边搅拌均匀。

2 玉米面煮熟后，加入米粉边搅边煮，调制黏糊状即可。

推荐理由 此玉米糊含有丰富的营养，宝宝常食有利于大脑发育和骨骼的生长发育。

美味杂粮粥

材料 糙米、燕麦、绿豆、薏米各 10 克。

做法

1 将糙米、绿豆、薏米洗净，浸泡 4 小时，备用。

2 锅置火上，加适量水，放入所有材料，煮熟烂即可。

香菇鲜虾包

材料 鸡蛋（煮熟）1 个，香菇、虾仁、猪肉馅、发好的面粉各适量。

调料 香油适量。

做法

1 将鸡蛋去皮后剁碎；香菇洗净，切成末；虾仁洗净后剁碎末。

2 将做法 1 中的材料拌入猪肉馅中，加香油制成馅。

3 将发好的面粉饧 30 ~ 60 分钟，做成包子皮。

4 加入做法 2 中的馅料做成包子，上蒸屉蒸熟即可出锅。

西红柿鸡蛋汤

材料 西红柿 50 克，鸡蛋 1 个（约 50 克），面包适量。

做法

1 将西红柿洗净，汆烫一下，去皮，切块，备用。

2 鸡蛋打散成蛋液，调匀备用。

3 锅置火上，加入水和西红柿块。

4 水开后，将面包撕成小粒倒入锅，3 分钟后，将蛋液加入锅中，甩出鸡蛋花再煮 2 分钟左右，至面包片软烂即可盛出。

黑米大枣粥

材料 黑米20克，大枣10克。

调料 椰汁适量。

做法

1 黑米提前一夜浸泡。

2 第二天倒掉浸泡黑米的水，用清水洗净，放入锅中，加适量水煮熟。

3 大枣洗净，放入开水中，浸煮3分钟，捞出去皮、核，切块。

4 将煮好的黑米和大枣一起放入碗中，拌匀，加入椰汁即可。

炖五丁

材料 西红柿100克，黄瓜50克，青椒50克、洋葱各50克，茄子少量。

做法

1 洋葱、黄瓜、茄子均洗净，切丁；青椒洗净，去籽，切丁；西红柿洗净，去皮，切丁。

2 锅置火上，放适量油，加热后，先放入洋葱丁翻炒，再加入其他蔬菜丁翻炒。

3 略加翻炒后，加适量水，用小火炖煮30分钟至菜熟烂即可。

紫菜瘦肉粥

材料 大米100克，猪瘦肉50克，干紫菜20克。

做法

1 大米淘洗干净，用冷水浸泡30分钟；紫菜洗净撕碎，放入冷水中浸泡以祛除腥味。

2 猪瘦肉洗净，切末。

3 锅置火上，加入大米及浸泡的水烧沸。

4 加入紫菜碎、猪肉末，转小火熬煮至粥熟即可。

苹果色拉

材料 苹果20克，橘子10克，葡萄干、奶酪各适量。

调料 白糖少许。

做法

1 苹果洗净，去皮及核，切碎；橘子去皮及核，切碎；葡萄干用温水泡软，切碎。

2 将做法1中的所有材料一起放碗内，加奶酪和白糖，拌匀即可。

宝宝营养餐

香菇鸡肉粥

材料 大米50克，鸡胸肉30克，香菇10克，苹果50克。

做法

1 大米洗净，用冷水浸泡1小时；鸡胸肉洗净，剁成末。

2 苹果洗净，去皮及核，切小丁；香菇洗净，切碎。

3 锅置火上，加适量水，放入大米，大火烧开后，转小火熬成粥。

4 加入鸡肉末、苹果丁，用小火熬10分钟，粥香外溢即可。

煎小鱼饼

材料 鱼肉50克，鸡蛋1个（取蛋液），洋葱、面粉适量。

调料 淀粉少许。

做法

1 鱼肉洗净，去骨刺，剁成泥；洋葱洗净，切末。

2 在鱼泥中加入面粉、洋葱末、淀粉、鸡蛋液及搅拌成糊状并有黏性的鱼馅。

3 平底锅置火上，加入适量油，烧热；将鱼馅制成小圆饼，放入锅内煎熟即可。

虾皮紫菜蛋汤

材料 鸡蛋1个（约50克），虾皮、紫菜、香菜、葱花、姜末适量。

调料 香油少许。

做法

1 鸡蛋打散成蛋液；紫菜撕成小块；香菜洗净，切小段。

2 锅置火上，放入姜末炝锅，下入虾皮略炒一下。

3 加适量水烧开，淋入鸡蛋液；接着放入紫菜、香菜段，调入香油，撒入葱花即可。

什锦蔬饼

材料 西葫芦、胡萝卜、西红柿各60克，面粉50克，鸡蛋1个（约50克）。

做法

1 西葫芦、胡萝卜洗净，擦成丝；西红柿洗净，汆烫后去皮，切丁。

2 鸡蛋磕碎，打入面粉中，调成糊状。

3 将西葫芦丝、胡萝卜丝及西红柿丁放入面糊中，混合均匀。

4 锅置火上，放少许油，烧热后到入面糊，煎熟即可。

本月宝宝的日常照顾

拉宝宝时动作应轻柔

在宝宝还没有完全学会走路时，走起路来经常会摔倒。这时，有些父母会不经意地生拉硬拽宝宝，特别是爸爸们，认为宝宝的骨头很软，是拽不坏的。其实这样做很危险。因为宝宝的上臂关节囊很浅，桡骨头上端尚未发育完全。如果生拉硬拽很容易造成宝宝的上肢关节脱臼。这时，必须到医院请医生进行处理。如果经常这样，宝宝的上肢关节日后容易经常发生脱臼。

正确做法：父母往起拉宝宝时，动作一定要轻柔；一旦不慎发生脱臼，马上将宝宝送往骨科诊治；复位后为防止再次脱出，尽量不要再牵拉宝宝的胳膊；今后宝宝摔倒时，父母要注意抱宝宝的腰部扶起他，以防再发生脱臼。

不可剪宝宝的眼睫毛

有些妈妈希望宝宝能拥有漂亮的睫毛，于是把宝宝的眼睫毛给剪掉，再让其长出。

这种做法是十分错误的，睫毛的长短、粗细、漂亮与否，主要与遗传等因素和营养状况有关，用剪睫毛的方法是没有作用的。而且剪掉睫毛后，刚长出的粗、短、硬的新睫毛，容易刺激眼结膜和眼角膜，宝宝会产生怕光、流泪、眼睑痉挛等异常症状，严重者会继发眼部感染。

另外，在剪睫毛的过程中，如果宝宝的眼睑眨动或者头部摆动，还可能造成外伤，会给宝宝增添不应有的痛苦。而且眼睫毛具有保护眼睛的作用，可以防止灰尘等物质直接进入眼内。眼睫毛被剪掉后，灰尘等极容易侵蚀眼睛，从而引起宝宝的各种眼疾。

10个月宝宝的四季护理

春：带宝宝去户外走走

从寒冷的冬季过渡到温暖的春季，气温差异很大，很多宝宝会因气候的变化而生病。

另外，整个冬季若是很少外出活动，开春后带宝宝到户外活动，宝宝很可能会不适应而引发感冒、发热。所以春季宝宝患病的概率比较大。妈妈应加强防护，但不能因为怕宝宝生病而让其在室内憋着，妈妈还是要坚持带宝宝外出活动，以增强宝宝的体质。

夏：不宜给宝宝断奶、剃光头

夏季宝宝的消化功能降低，食欲也不是很好，若是此时断奶，宝宝大多会不适应，不断地哭闹，还可能会导致消化不良等症状，不妨等到秋季再断奶吧！另外，此时宝宝也不宜剃光头，因为头发剃得太光，头皮就会完全暴露在阳光下，从而被日光晒得“冒油”，损伤毛囊。如果是为了让宝宝更凉快些，并防止产生痱子，只需给宝宝剃短寸。

秋：防冷热不均

从炎热的夏季过渡至秋季，气温往往不恒定，一天的温差也比较大，早晚往往较凉，正午则闷热。如果此时不及时地给宝宝增减衣物，则可能会造成冷热不均，宝宝容易患感冒。

另外，秋季比较干燥，宝宝应该多喝些水，并用加湿器等保证室内的湿度。

冬：户外活动和洗澡不应停止

冬季天气寒冷，很多父母都怕宝宝冷，让宝宝待在室内，不抱其外出，但是，宝宝的户外活动是不宜停止的，原因如下：

1. 不外出的宝宝晚上可能会睡不踏实或者会闹夜。

2. 等到来年春天再带宝宝出去的时候，宝宝会很容易感冒。

3. 久不见阳光，很容易缺钙，宝宝容易患佝偻病性低钙惊厥或婴儿手足搐搦症。

冬季婴幼儿活动明显比夏季要少，因而出汗和皮脂分泌也都没有夏季旺盛。所以，清洁工作不用做得太频繁。但是定期的洗澡不应停止。因为洗澡能提高宝宝的身体抵抗力。

冬季，不要给宝宝穿得过多，如果室温太高，宝宝会满头大汗，适应寒冷的能力会降低。

即便在寒冷的北方地区，也要尽量带宝宝外出，以提高宝宝的抗寒能力，增强对感冒的抵抗力。

专家医生来帮忙

宝宝患口腔溃疡怎么办

宝宝发生口腔溃疡时，会因疼痛而出现烦躁不安、哭闹、拒食、流涎等症状，而且有复发的可能性。6 个月到 2 岁的宝宝很容易受到感染。一般情况下，宝宝的口腔溃疡不会像大人那样严重，但是也会影响宝宝食欲，妈妈在喂养的时候应该更加用心。

症状

在面颊或嘴唇内部或舌头边缘，出现单一或群集的溃疡伤口。每个溃疡伤口周围都呈现黄色或白色，而中心则呈现灰色。在口疮型溃疡出现前，口腔内壁、嘴唇内侧或舌头处会出现疼痛感或灼热感。宝宝会表现出拒食、烦躁甚至发热症状，直接影响宝宝的身体健康。

病因分析

宝宝患口腔溃疡的原因有多种，比较常见的有以下几种。

1. 宝宝在吃饭时烫伤、咬伤，或吃硬东西时碰伤，父母没有对宝宝口内的伤口进行消毒清理，进一步感染而引发口腔溃疡。

2. 宝宝体内缺乏 B 族维生素，也会引起口腔溃疡的发生。

3. 有些口腔溃疡是由于受到口腔黏膜病毒的感染引起的。

4. 特殊体质的宝宝可能因药物或感染等原因，出现“多形性红斑疾病”，这时宝宝身上会出现靶形红斑，口腔、阴道、尿道均有发炎、溃烂的情况。

预防措施

◎平时注意调整饮食，多给宝宝吃一些富含维生素 B_2 的食物，如牛奶、动物肝脏、菠菜、胡萝卜、白菜等。

◎让宝宝多喝水，注意口腔卫生，并保持大便通畅。

◎如果宝宝还未断乳，为预防口腔溃疡的发生，妈妈每次哺乳前应将乳头用温开水洗一洗。如果宝宝已经断奶，应注意其餐具的清洁，并注意不要让宝宝吃过硬、过烫的食物，吃饭时应细嚼慢咽，不可狼吞虎咽，以免咬伤。

护理方法

口腔溃疡并没有特效药使伤口尽快愈合，而宝宝往往会因口腔内疼痛而哭闹不休或不愿进食，所以，科学而有效的护理是对付此病的最有效方法。新手爸妈们可参照以下方法去做：

◎**找准患处**。宝宝因口腔疼痛而出现流涎、拒食、哭闹不休时，家人应对其口腔进行仔细检查，找到溃疡的确切位置。如果溃疡在颊黏膜处，要进一步找出造成溃疡的原因。要注意观察患处附近的牙齿是否有不光滑的缺口，如果出现这种缺口，应立即带宝宝去医院的口腔科进行处理。

◎**转移宝宝的注意力**。可以做做游戏或讲故事给他听，这样既能转移宝宝的注意力，也能让宝宝在轻松、愉快的生活环境下尽快恢复健康。

◎**清洗患处**。用消毒棉球蘸取生理盐水擦洗宝宝的口腔；擦洗之后要用毛巾擦净宝宝的面部及嘴角，口唇干燥者可以食用植物油。

◎**饮食护理**。不要给宝宝吃酸、辣、咸、烫的食物，否则宝宝的溃疡处会更痛。应当给宝宝吃稀软、容易消化的食物，还可多吃一些牡蛎、动物肝脏、瘦肉、蛋类、核桃等富含锌的食物，以促进创面的愈合。白菜、菠菜、蘑菇、茄子也应多吃一些，因为这些食物中富含B族维生素。如果宝宝还未断奶，应选用柔软的合适奶嘴，避免因奶嘴过硬而导致溃疡创伤面增大。若宝宝病情严重，可遵医嘱口服制霉菌素或外涂制霉菌素液。

对症食疗

蘑菇米粥

材料 大米粥200克，蘑菇50克。

做法 蘑菇洗净，切碎；锅置火上，加适量油，稍热后放入蘑菇碎，翻炒至熟烂；大米粥倒入锅中，拌匀即可。

山药糯米羹

材料 山药100克，糯米50克。

做法 山药去皮洗净，切小块；糯米淘洗干净，放入清水中浸泡3小时；将山药块与糯米一起放入搅拌机中打成汁后下入锅中煮成羹即可。

小心宝宝秋季腹泻

每当换季的时候，特别是秋末冬初，年龄较小的宝宝身体会出现一些小毛病，如感冒、腹泻、咳嗽等。秋季腹泻是最常见的病症，严重的宝宝一天拉十几次大便，有明显消瘦现象，这让新手爸妈们十分担心。所以预防护理工作非常重要。

症状

◎起病急，刚开始时常伴有感冒症状，如出现鼻塞、咳嗽、流涕等，半数宝宝还会发热（常见于病程初期），但一般为低热。

◎大便次数明显增多，每日排便十余次，大便呈白色、黄色或绿色蛋花汤样，无腥臭味。严重者大便呈喷射状排出。

◎大多数宝宝在疾病初期会出现呕吐。

◎腹泻严重者会出现脱水症状，如口渴明显、尿量减少、烦躁不安、精神倦怠等。

病因分析

小儿秋季腹泻是由轮状病毒引起的，传染源主要是患者、隐性感染者以及带病毒者。这是因为在急性期，患者在疾病开始的 2 ~ 4 天内大便中含有大量轮状病毒，如果宝宝不慎接触并使病毒进入消化道内，就会引起急性肠炎，这就是我们常说的“病从口入”。

由于 6 个月 ~ 3 岁的宝宝胃肠功能较弱，抵抗轮状病毒的抗体水平较低，免疫功能又不太完善，容易感染这种病毒而发病。而 6 个月以内的宝宝由于有来自母体和母乳中的抗体，往往不易发病。

预防措施

预防宝宝秋季腹泻，最主要的是把好“病从口入”这一关，为此，家长应做好以下工作：

◎教育宝宝饭前、便后要洗手，不要用嘴咬玩具等，不喝生水，不吃不洁净的食物。让宝宝养成良好的卫生习惯。

◎妈妈在接触宝宝时也应先洗净双手。以减少宝宝感染病毒的机会。

◎宝宝的饮食用具，如奶瓶、碗筷、杯子等，每次用前和用后都应该用开水洗烫，最好每天煮沸消毒一次。

◎家居环境要清洁，不放过死角，同时宝宝的玩具也要经常清洗、消毒。

◎不给宝宝吃隔夜、变质的食物。

◎如果家中有患急性腹泻的患者，应让宝宝远离患者。

护理方法

◎**饮食护理**。饮食以少食多餐为宜。如果宝宝频繁呕吐可禁食，但需到医院输液。饮食以流质和半流质为主，如牛奶、米汤、粥等。忌吃生冷、油炸、辛辣的食物。炖苹果中含有丰富的鞣酸蛋白，有吸附作用，可以止泻，新手爸妈可做一做。待宝宝病情好转后可逐步恢复饮食，进食须由少到多，由稀到浓。

◎**腹部保暖**。秋天气候渐凉，如宝宝腹部受凉，会使病情更加严重。所以新手爸妈要做好宝宝腹部的保暖工作。可用热水袋对宝宝的腹部进行热敷，也可帮宝宝揉肚子以缓解其疼痛。

◎**预防脱水**。家人应注意给宝宝补水。可在水中加少许糖及盐，少量多次喂服，补充因腹泻、呕吐而损失的水分和电解质，也可以饮用医用口服补液盐从而预防脱水。

◎**不滥用抗生素**。抗生素会杀死肠道中的正常菌群，引起菌群紊乱，加重腹泻。

◎**保持臀部清洁**。每次大便后臀部尽量用温水擦洗干净，宝宝要及时更换尿布。

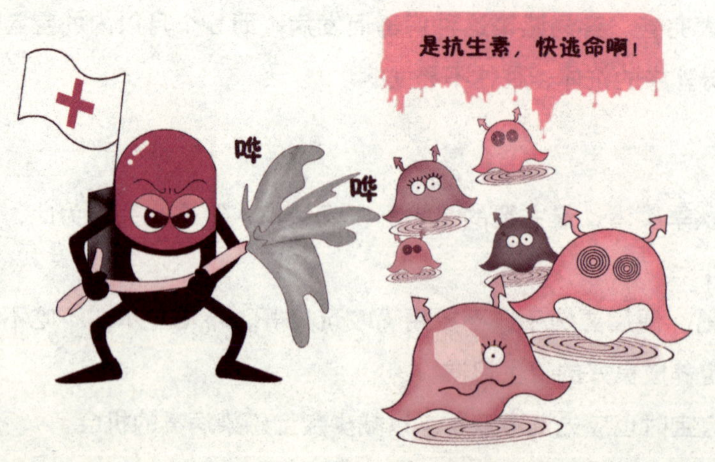

抗生素会杀死肠道中的正常菌群，加重非细菌性腹泻，因此父母不要给宝宝滥用抗生素。

亲子游戏时间

宝宝大步向前走

1 益智目标：训练宝宝的腿部肌肉，练习迈步动作。

2 游戏准备：长毛巾 1 条。

3 游戏步骤：妈妈用长毛巾围在宝宝的腰上，妈妈在宝宝的后面拽住，爸爸在宝宝的前面张开双手鼓励宝宝向前迈步。

4 注意事项：● 在训练时，妈妈要控制好毛巾的松紧程度，以防宝宝摔倒或毛巾过紧而让宝宝不舒服。

● 练习时间不宜过长，最好每天 2 次。

5 专家指点：对于宝宝来说，学会站立和走路是身心飞跃发展的标志。研究发现，动作能力的发展能让宝宝的视野更加开阔，对宝宝的心理健康发育有着十分重要的意义。因此，家长要给宝宝创造条件，训练宝宝，让宝宝早日学会独立走路，接触更广阔的空间，激发他探索周围世界的欲望。促使宝宝早日走步的方法很多，不论使用哪种方法，家长都不能操之过急，要循序渐进地对宝宝进行训练。

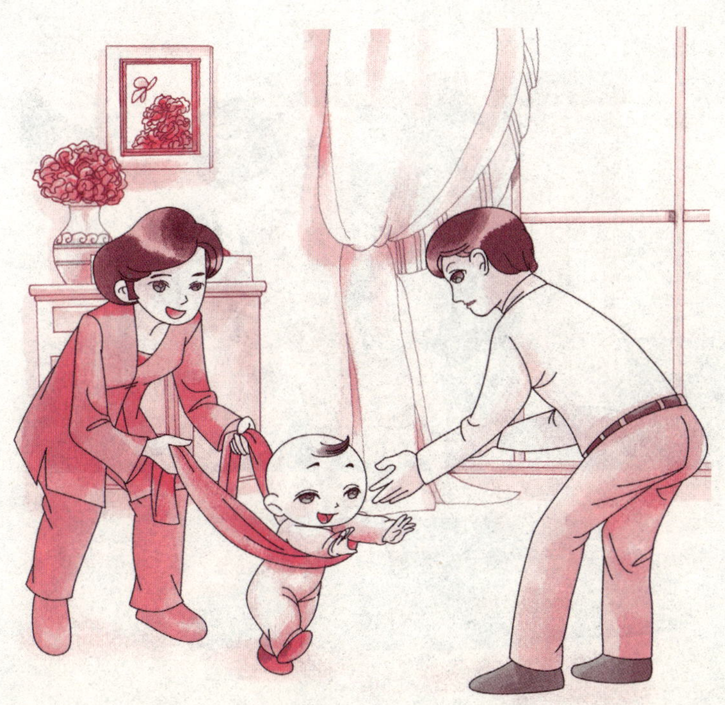

摇啊摇，摇到外婆桥

1 益智目标： 训练宝宝的语言理解能力；锻炼宝宝小手的抓握能力。

2 游戏准备： 背靠椅 1 张。

3 游戏步骤： ①让宝宝面对椅背坐好，妈妈引导宝宝用双手抓紧椅背的两边，妈妈扶住椅背，轻轻地向后拉起椅背，使椅背向后倾斜，然后又向前放回椅背，使椅子前面两条腿着地。

②在前后摇动椅子的同时，妈妈唱儿歌："摇啊摇，摇啊摇，摇到外婆桥，外婆叫我好宝宝，一个馒头，一块糕，摇啊摇，摇啊摇，摇到外婆桥。"

4 注意事项： 摇的幅度不宜过大，以免引起宝宝不适而导致宝宝不喜欢玩这个游戏；最好选择高度偏低的背靠椅，而且在椅子周围铺上一层干净、柔软的小毛毯，以免宝宝不慎摔倒，对宝宝造成较大的伤害。

5 专家指点： 刺激是一种信息，它能作用于感觉器官产生神经信号传入大脑，大脑经过分析综合而使身体产生感觉或作出反应。此处推荐的游戏，通过儿歌对宝宝的语言中枢进行刺激，能促进宝宝的语言能力发展，帮助宝宝提高语言理解能力。

跟布娃娃玩过家家

1 益智目标： 训练宝宝与人交往的能力；培养宝宝的生活自理能力及模仿能力。

2 游戏准备： 布娃娃1个，毛巾1条，梳子1把，宝宝专用模拟厨房用具1套。

3 游戏步骤： ①让宝宝坐在布娃娃的一侧，妈妈先跟宝宝握手，然后引导宝宝跟布娃娃握手，并说："握一握，我们是好朋友。"（图①）

②妈妈拿出梳子做假梳头的动作，然后引导宝宝给布娃娃梳头，并说："梳一梳，顺一顺，娃娃有一头美丽的好头发。"（图②）

③妈妈拿起毛巾做洗脸的动作，然后引导宝宝给布娃娃洗脸，并说："洗一洗，小脸蛋白又白。"（图③）

④妈妈拿起玩具，小勺放到嘴边做吃的动作，引导宝宝模仿自己的动作，拿起勺子喂布娃娃，并说："娃娃饿了，宝宝喂一喂吧。"（图④）

4 注意事项： ●刚开始训练时，让宝宝认识基本的技能即可，随着宝宝月龄的增长，可以多准备游戏工具，如衣服、头绳等，让宝宝自行"创新"。

● 刚开始训练时，宝宝很可能没有做出相应的模仿动作，而是把玩手中的物品，这时妈妈不要勉强宝宝一定要模仿自己的动作，而是随机应变，告诉宝宝手上拿的是什么东西、有什么特点、用来干什么的等，以加深宝宝的理解，然后再引导宝宝做出相应的动作。

● 同时再次重复刚才的话，让宝宝明白事物之间的联系，以增进宝宝对事物的理解能力和记忆能力，这样接下来宝宝就能根据自己的理解和娃娃过家家了。

5 专家指点： 尽早地让宝宝体验到过家家的乐趣，让宝宝在过家家中学会基本的交往技能和生活自理技能，对宝宝的成长至关重要。

此外，很多家长认为，宝宝才10个月大，还不具备自己处理一些事情的能力，因此替宝宝包办一切，甚至将宝宝表现出的独立意识"扼杀"在萌芽状态，如宝宝想要自己吃饭，家长不仅不为宝宝创造条件，甚至在宝宝拿勺子时，拍打宝宝的小手或者是抢夺宝宝手中的勺子等。

长此以往，宝宝会对家长形成严重的依赖性，并表现出非常懒惰、不愿动手做事、思维不活跃、没有进取精神等情况。为了预防上述情况的出现，家长在宝宝幼儿期就应有意识地让宝宝多模仿一些基本的生活行为，让宝宝在模仿中掌握一些生活的技能，让宝宝的自理能力得到长足发展，从而为塑造宝宝的独立性打下一定的基础。

写给父母

在宝宝10个月时，妈妈可以多创造一些生活情景，培养宝宝的模仿能力，让宝宝掌握一些独立生活的技巧，这对宝宝智力发育、良好性格的形成、身心健康发展有着十分重要的影响。

第11章

10~11个月宝宝 300~329天

我需要更宽敞的"操场"

宝宝生长发育月月查

本月宝宝体格发育状况

体重	11个月时，男宝宝的平均体重为9.44～9.65千克；女宝宝的平均体重为8.80～9.02千克。
身高	11个月时，男宝宝的平均身高为73.80～75.20厘米；女宝宝的平均身高为72.30～73.70厘米。
头围	头围增长0.67厘米。
囟门	少数宝宝前囟门就快闭合了。

本月宝宝智力发育状况

大动作能力

- 在大人的帮助下，宝宝能尝试迈步爬楼梯，但是还不会左右脚交替迈步。
- 一只手扶着栏杆时，能蹲下，还能协调地迈步；在没有任何支持的情况下，能独自站立2秒钟。
- 如果大人拉着宝宝的双手，宝宝能向前走几步。

精细动作能力

- 小手更加灵活，不仅会表演“拍拍手”、“摸摸头”、“再见”等节目，还能有意识地把玩具放进抽屉、箱子等再取出。
- 如果用纸包着积木，宝宝能有意识地打开纸包，拿出积木。
- 会打开、合上书，喜欢用摇、打击、扔或摔等动作探索周围物体。
- 宝宝能用手推动悬吊玩具使其摇摆。会用手指出身体的部位，如：头、手、脚等。

认知能力

- 能把事物的特征和事物本身联系起来，对彩色图画书的兴趣越来越浓厚。
- 逐步建立了时间、空间、因果关系，如看见妈妈端着碗筷就会等待吃饭，看见浴盆就会等着洗澡等。
- 想象力逐步增强，看见小狗会联想到“汪汪”的叫声。

语言能力

- 能含糊地说 2 ~ 3 个字组成的话。
- 开始喜欢模仿大人的说话声，有时还会自言自语。
- 当大人说一些宝宝熟悉的话时，宝宝会做出相应的动作进行回应。

社交能力

- 如果自己的行为惹大人不高兴，会意识到并想办法让大人开心。
- 能和大人分享自己的玩具，而且还会放手。

自理能力

- 消化和咀嚼能力进一步提高。
- 能从大人拿的杯子里喝水，会伸胳膊、腿协助大人帮自己穿脱衣服。

喂养也要讲科学

嚼过的食物不能给宝宝吃

这个时期正是宝宝生长发育比较旺盛的时期，宝宝对食物的需求比以往任何时期更加迫切。虽然现在宝宝可吃的食物品种很多，但是宝宝的牙齿还没长全，爸爸妈妈既想给宝宝吃，又怕宝宝咬不动，就会把饭菜嚼烂后，再喂给宝宝，自以为采取了最佳的办法。其实，这是一种既不卫生又不利于宝宝发育的办法。

容易传染疾病

人的口腔中常有一些细菌、病毒，这些细菌、病毒会通过被咀嚼过的饭菜传染给宝宝。宝宝的抵抗力是比较弱的，对不致引起成人疾病的细菌、病毒却可以使宝宝患病。如果大人患早期肝炎、肺结核或其他传染病时，极易传染给宝宝。实验表明，成人的口腔中有 8 亿多个细菌。

口味差，影响食欲

经大人们咀嚼的饭菜，食物的香味全都被爸爸妈妈品尝了，留给宝宝的是一团烂糟糟的、味道极差的食物。宝宝经常吃这种被咀嚼过的饭菜，不仅因饭菜不够香甜可口而影响食欲的同时，也不利于宝宝咀嚼肌和下颌的发育。因此，我们不提倡给宝宝吃咀嚼过的食物。爸爸妈妈可以用宝宝专用器皿把食物做成宝宝可以接受的程度，直接喂给宝宝。

宝宝要喝汤更要吃肉

有些妈妈认为，肉汤不仅鲜美而且营养丰富又易吸收，是宝宝营养的很好来源。也有的妈妈担心此时的宝宝咀嚼能力有限，而不给宝宝吃肉。

其实，这时宝宝的咀嚼和消化能力已有所增强，各种肉类只要切碎煮烂是可以吃的，并且肉比汤更有营养。

汤里含有的蛋白质只是肉中的 3% ~ 12%，汤内的脂肪低于肉中的，汤中的矿物质含量也低于肉中的，所以可以这样说，无论鱼汤、肉汤、鸡汤多么鲜美，其营养成分远不如鱼肉、猪肉、鸡肉。因此，到了这个月，不仅要让宝宝喝汤更应让宝宝吃些肉。

离乳食品巧安排

在给宝宝喂离乳食品的同时，还必须要给宝宝补充母乳或牛奶。那么，应怎样为宝宝安排离乳食品呢？

◎可以配合家人的用餐时间，让宝宝享受家庭和乐的气氛，增加进餐乐趣。

◎逐渐减少每餐之间的喂奶量和次数。

◎宝宝的离乳食品要比成人食物稍软一些，坚硬的食物要避免。

◎吃鱼、肉时，要避免过分油腻，最好去掉脂肪和皮。

◎一日三餐的主食要保证有一小碗的分量，辅食则适当添加，食物要搭配合理。

◎早上和晚上最好还是给宝宝喂 150 ～ 200 毫升的配方奶。

宝宝辅食添加有讲究

宝宝的咀嚼能力和消化能力都很弱，吃粗糙的食品不易消化，易导致腹泻。所以，要给宝宝吃一些软、烂的食品。一般来讲，主食可吃软饭、烂面条、米粥、小馄饨等，副食可吃肉末、碎菜及蛋羹等。

刚离乳的宝宝在味觉上还不能适应刺激性的食品，其消化道对刺激性强的食物也很难适应，因此，不宜吃辛辣食物。

那么，应该给宝宝添加什么样的食物呢？

富含淀粉的食物

宝宝最初吃的面粉是不含面筋且没有甜味的。其他富含淀粉的食物，比如土豆、面团都可以给宝宝吃，这样可以丰富宝宝的食谱。

蔬菜和水果

蔬菜与水果含有多种矿物质，同时还含大量的膳食纤维和维生素。建议选择新鲜的蔬菜水果，尽量避免罐头或腌制蔬菜，要选择糖分和盐分含量不是太高的种类。

宝宝长到这个月龄，可以在晚上让他吃一点蔬菜，比如让他喝带点面团的浓蔬菜汤。中午可给宝宝吃些水果，晚上可让他吃一些奶制品。

鱼、肉和鸡蛋

鱼、肉和鸡蛋的营养价值很高，它们含有丰富的蛋白质、脂类和微量元素如铁、锌、硒等。但是要避免过多地摄入蛋白质和脂类。每星期要让宝宝吃一两次鱼。每星期可用鸡蛋来代替一次肉制品。

鱼、肉和鸡蛋的营养价值很高，适合作为宝宝的辅食添加。

营养方案有重点

11 个月的宝宝喂养特点

◎从这个月开始宝宝一般就需要进一步脱离母乳了，可以喝配方奶粉来代替母乳。

◎宝宝吃的食物也开始明显增加，基本上和大人吃一样的食物，但仍要比大人的食物略微松软一些。一般宝宝可以吃的主食有米粥、软米饭、面条、馒头、包子、饺子、面包等，辅食有蔬菜、水果、肉蛋、鱼肉等。

◎宝宝吃的食物虽然已经接近大人的饮食，但最好还是要单独给宝宝烹调，这样才能更适合宝宝的营养需求。

注意饮食卫生

◎**宝宝的餐具要避免混用**。给宝宝制作食物和吃饭的器具最好和大人的分开，而且还要注意在饭前、饭后清洗和消毒。

◎**当大人生病时更需要注意宝宝饮食的卫生**。宝宝的免疫力并没有大人强，因此大人生病时最好不要接触宝宝，更不要给宝宝喂饭。

添加新食物

◎**主食**。这时为宝宝制作主食可以将粥做成软饭，这样宝宝可以很好地锻炼咀嚼能力，如原来的烂面条可以做成较整齐的面条，可以让宝宝慢慢地吃。

◎**副食**。之前给宝宝制作食物，如肉、鱼等食物，总要弄成糊状或泥状，这时可以试着弄成小丁块状给宝宝吃。

◎**增加磨牙的零食**。给宝宝吃有益的零食，如饼干、烤馒头等，既可以帮助宝宝磨牙，还有利于宝宝断奶。

◎**水果**。以前给宝宝吃水果，会把水果榨成汁或弄成果泥。现在宝宝已经长出了几颗牙齿，如果宝宝能够握住整个或半个水果，可以尝试着让宝宝自己动手吃。如果是比较小而且圆润的水果，如樱桃则最好不要让宝宝自己吃，以免噎到。

11个月的宝宝不宜添加的食物

◎**不易消化的食物**。如糯米、鲜牛奶等不利于消化的食物最好不要给宝宝食用，以免消化不良，诱发腹胀、腹痛。

◎**过咸、过油腻的食物**。宝宝的消化系统相比成年人仍很脆弱，食用过咸、过油腻的食物容易加重宝宝的胃肠负担。

◎**刺激性的食物**。咖啡、浓茶、辣椒、胡椒、蒜、咖喱粉等辛辣刺激性的食物，最好不要让宝宝吃，以免损伤宝宝脆弱的口腔和胃黏膜等组织。

◎**高能量的食物**。宝宝断奶后食物量就会增加，但如果摄入过多高能量的食物，如太甜的或脂肪多的食物，都容易造成宝宝肥胖。

11个月宝宝一日营养方案

主要营养来源

母乳或配方奶逐渐被各种食物替代

喂养时间

上午7点、9点、11点，下午13点、15点、17点，夜间21点

注意事项

进入断奶的黄金期，各类食物的搭配要科学合理

辅助食物

温开水、鱼肝油、蔬果汁、蔬菜泥、果泥、米粉、米糊、肉泥、鱼泥、肝泥、面条、饺子、包子等

Q 宝宝饭量时大时小怎么办

A 其实，如果宝宝生长发育良好、精力充沛、情绪稳定，宝宝饭量时大时小是正常情况，只要保持1周的饮食合理就可以了。但是如果宝宝饮食量明显减少，而且精神不佳最好带着宝宝去医院检查一下是否生病了。

Q 什么时候让宝宝吃零食比较合适

A 有的宝宝特别爱吃零食，如果父母不控制宝宝吃零食的时间的话，宝宝血液中的血糖含量就会过高，到吃饭的时间就会没有饥饿感，过了吃饭的时间又会饿，这时候就只能拿点心充饥，久而久之，造成恶性循环。

为了宝宝的健康着想，父母应该坚决做到饭前2个小时不给宝宝吃零食。

菠菜奶羹

材料 菠菜 50 克，配方奶适量。

做法

1 菠菜洗净，放入开水中汆烫，选择叶尖部分切碎，磨成泥状。

2 锅置火上，加适量水，放入菠菜泥，用小火煮至黏稠状。

3 出锅前加入配方奶，略煮即可。

推荐理由 菠菜含铁丰富，宝宝常食可预防缺铁性贫血。

鲜肉馄饨

材料 鲜肉末适量，小馄饨皮 6 片（约 100 克），紫菜、葱末少许。

做法

1 紫菜撕碎，与鲜肉末、葱末一起搅拌成肉馅，包于馄饨皮中。

2 用适量水煮馄饨，煮熟即可。

推荐理由 紫菜含蛋白质、各种氨基酸、维生素、矿物质等，宝宝常食可促进骨骼和牙齿生长。

大枣泥

材料 大枣 80 ~ 100 克。

做法

1 大枣洗净，放入锅中，加适量水，煮 20 分钟左右至烂熟。

2 大枣去皮、核，并用勺子压成枣泥后即可。

推荐理由 大枣中富含维生素 C、优质蛋白质、果糖等营养物质。宝宝常食可促进生长发育。

虾仁菜花

材料 菜花 30 克，虾仁 10 克。

做法

1 菜花洗净，掰成小块，切碎，放入开水锅中，煮软。

2 虾仁洗净，放入开水锅中，煮后切碎备用。

3 将虾仁碎、菜花碎同煮至熟烂即可。

爱心提醒 菜花易生菜虫，所以烹调之前，可将其放在盐水里浸泡一会儿。

鲜虾米糊

材料 鲜虾肉（选小一些的虾）50 克，米粉 25 克。

做法

1 将鲜虾去皮，抽去虾背部的黑线，洗净，切碎末。

2 虾仁中加适量水和米粉，调成糊，上笼蒸熟即可。

爱心提醒 烹调时虾的皮一定要剥干净，虾肉也一定要蒸熟、蒸烂。

红豆糖泥

材料 红豆 50 克。

调料 红糖少许。

做法

1 红豆洗净，浸泡 2 小时后放入锅内，加适量水烧开后改小火，煮烂。

2 当温度适宜后，加入红糖捣成泥即可。

爱心提醒 红豆富含淀粉，具有高蛋白、低脂肪的特点，所含的膳食纤维较多，可帮助宝宝预防便秘。

菜花奶泥羹

材料 菜花、配方奶各适量。

做法

1 菜花洗净，放入开水中烫软，捞起，沥干水分，剁成碎末。

2 将菜花末放入配方奶中，调稀略煮即可。

推荐理由 菜花中富含维生素 C，有利于促进宝宝的生长发育，增强人体抗病能力。

鲑鱼肉粥

材料 大米粥适量，鲑鱼肉 15 克，熟蛋黄 1/2 个，菠菜叶适量。

做法

1 菠菜叶洗净，汆烫后切成碎末；鲑鱼肉洗净煮熟压成泥；蛋黄压碎。

2 大米粥煮沸后加入鲑鱼肉泥、蛋黄泥、菠菜末拌匀即可。

爱心提醒 菠菜叶切末后要再挤一次水，这样可有效去除其中的草酸，以去除涩味，还有利于宝宝对钙的吸收。

本月宝宝的日常照顾

让宝宝保持快乐情绪

专家认为，宝宝从出生到 1 岁，是情绪萌发、情绪健康发展的关键时期。如果宝宝情绪保持愉快，不仅会促进食欲、睡得安稳和踏实，还能促进以后人格的发展和发挥最大的潜能。勇敢自信、乐观开朗、善良、有爱心都是在这个时期形成的。

让宝宝保持快乐的情绪有以下方法：

◎足够的营养。香甜的乳汁和可口营养的辅食不可或缺。

◎宝宝要有充足的睡眠。

◎父母周到、体贴入微的照顾。父母温暖的怀抱、迷人的微笑和爱抚动作以及逗引，都会让宝宝感到舒适和满足。

◎此外，父母也要做快乐的爸爸和妈妈，要学会以乐观、幽默的方式处理工作和生活中的压力和矛盾，父母和睦、自信、乐观，宝宝将来才能成长为这样的人。

◎让宝宝听音乐。音乐的力量是神奇的，不仅可以让宝宝表情丰富，动作活泼，还能把宝宝培养成一个善解人意、善于表达自己情感的宝宝。

对宝宝要奖罚有度

11 个月的宝宝自我意识越来越强，父母要对其行为严格对待。宝宝的行为是对的，要点头微笑或者拍手叫好；宝宝的行为如果不好，或者不对，要板起面孔严肃制止。如果宝宝就此哭闹，也不要软心答应，否则宝宝会变得越来越任性，让父母一切顺着自己来。

11 个月宝宝的四季护理

春：正确处理湿疹

春季是带宝宝外出活动的好时节，妈妈可以带宝宝到稍远一点的地方游玩，但要注意安全。

宝宝的手足等处出现红色的丘疹，并伴有明显的瘙痒不适，可能为湿疹，这是春季常见的现象。情况较轻时妈妈不需要做特殊处理，但如果情况严重，妈妈应及时带宝宝上医院就诊治疗。

夏：不可吃生食或半生食

生食或半生食中往往附有寄生虫卵，虫卵进入宝宝体内，到了秋季虫卵很可能会变成虫，从而导致宝宝患上肠虫症、蛔虫病等。另外，夏季天气炎热，不宜食用半生或生食品，比如涮海鲜类产品、肉类等；吃半生的海螺、螃蟹等。

秋：穿衣、排汗有讲究

秋季日夜温差较大，中午气温高，宝宝特别容易出汗。一旦宝宝出汗，不要马上脱掉他的衣服，而应该等宝宝安静下来，先擦干其身上的汗水，再适当脱去衣服；不可将宝宝置于风口处乘凉，也不要用电风扇或空调来给宝宝降温。

冬：不宜通宵使用电热毯

由于冬季比较寒冷，尤其是晚上睡觉时，冰冷的床会让宝宝感到不适，所以很多父母会给宝宝使用电热毯。但由于宝宝生理功能旺盛，夜间睡觉一般略有微汗，用电热毯后，被褥的温度迅速升高，加速了宝宝的新陈代谢，往往出汗更多，宝宝一旦把手脚伸出被外，极易受寒而感冒。

另外，由于被温升高，而居室的温度依然如故，里热外寒，冷空气对宝宝娇嫩的呼吸道黏膜加强刺激，易引起黏膜干燥，出现口干咽痛。为了避免此类状况的发生，必须使用电热毯时，可以在宝宝睡觉前先通电预热，等到宝宝上床睡觉时，再及时切断电源。也可在宝宝睡觉前，先用热垫子或暖水袋焐热宝宝的垫单，热完及时撤下。

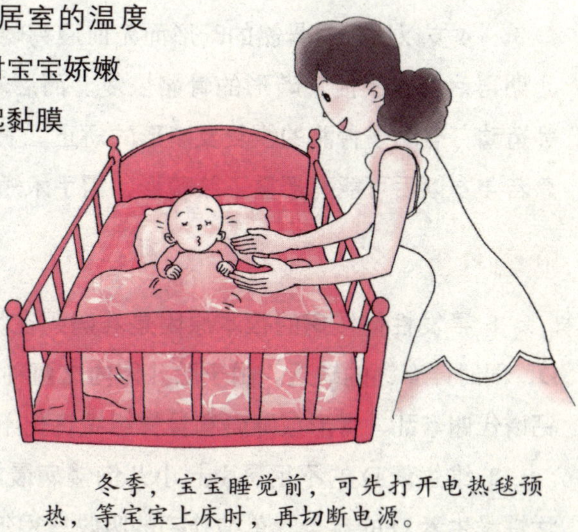

冬季，宝宝睡觉前，可先打开电热毯预热，等宝宝上床时，再切断电源。

专家医生来帮忙

佝偻病的预防、护理以及治疗

佝偻病最常见于6个月～2岁的婴幼儿，尤其是1岁以内的婴儿。佝偻病发病缓慢，不容易引起重视。但佝偻病后果严重，可使宝宝抵抗力降低，影响宝宝生长发育。

症状

◎大多数2～3个月的佝偻病患儿，开始出现神经、精神症状，如多汗、易惊、夜睡不安、易哭闹，此时头部可见枕秃，但没有骨骼的变化，若治疗不及时则可出现骨骼的畸形。

◎3～6个月时头部可有颅软化。

◎5～9个月方颅，前囟门增大，且闭合晚，出牙晚。

◎10个月仍没出牙，严重的可见鸡胸、漏斗胸等。

◎1岁以后严重者可出现腿的畸形，即X型或O型腿，也可有脊柱侧弯、骨盆的畸形，同时可有肌肉的松弛。常见佝偻病的宝宝有腹部膨隆，即俗话说的“蛙腹”。如果此时检查血钙、磷均降低，碱性磷酸酶升高，X线检查有明显的变化，若及时治疗症状可完全消失，骨骼的畸形可逐渐恢复，血钙磷恢复正常。

◎3～4岁以后仍有骨骼的畸形而无血液钙磷的异常变化，说明是后遗症期，此期再治疗也不能使畸形的骨骼恢复。而后若加强锻炼，如扩胸、仰卧抬头等运动，有助于骨骼的恢复及畸形的矫正。

◎若4岁以后可能有严重下肢畸形，需手术矫正。

病因分析

1. 早发性佝偻病的根本原因是准妈妈在怀孕期间没有获得足够的维生素D，同时伴有钙的缺乏。由于胎儿体内这两种营养物质供应不足，进一步造成钙磷代谢紊乱、骨形成障碍和骨样组织钙化不良等病理变化。

2. 维生素D的不足是引起小儿佝偻病最常见的原因，因为钙的吸收需要活性维生素D的参与，单纯补钙的吸收率很低。

3. 钙、磷摄入不足。骨骼的主要成分是钙和磷，长期磷不足会影响骨骼的发育，出现畸形。食物中钙磷含量少或比例不合适，也会造成钙磷吸收不足。

4. 宝宝生长发育迅速时期需要补钙及维生素 D，若补充不及时，同样可引起佝偻病。

5. 某些药物会影响维生素 D 的吸收，如患癫痫的宝宝服用苯妥英钠、苯巴比妥等药物，都会影响维生素 D 的吸收，所以在服用此类药物时必须及时给宝宝补充维生素 D。

6. 体弱多病，经常腹泻、呼吸道感染等也会影响钙及维生素 D 的吸收，造成佝偻病。

预防措施

◎女性在孕期尽量每天在户外活动 1 ~ 2 个小时，可散步或做孕妇体操。即使怀孕晚期行动不便，也要在阳光不是很强烈的时候，如早晨 8 ~ 9 点或下午 4 ~ 5 点，在户外活动。这样可促进维生素 D 在母体内的合成，提高准妈妈身体内源性维生素 D 的含量和储备量。

◎准妈妈的膳食中尽量搭配一些维生素 D 含量丰富的食物，如海带、虾皮、骨头、豆类、蛋黄、牛奶等。

◎进入围产期后，可在医生指导下适量补充维生素 D 和钙剂，特别是曾经出现过低钙、小腿抽筋等症状及怀有多胎及以室内工作为主的孕妇。

◎早产儿、多胎儿和出生时体重低的宝宝在出生后，要及早补充维生素 D 和钙剂，预防和减少早发性佝偻病。

护理及治疗

◎应坚持母乳喂养。因为母乳中钙、磷比例适宜，但维生素 D 含量极少，因此要及时增服维生素 D。人工喂养的宝宝，更要注意及早增服维生素 AD 滴剂，适当补充钙剂。

◎避免宝宝久站久坐，不让宝宝过早行走，以防骨骼变形。有骨骼畸形者可采用主动或被动运动的方法加以纠正，严重的骨骼畸形需外科手术纠正。

◎佝偻病宝宝体质虚弱，应注意随气温变化增减衣服，防止受凉、受热。哺乳、睡眠时要及时将汗擦去。

◎细心呵护宝宝，不要让宝宝做过于剧烈的运动，以免发生跌撞，引起骨折。

◎要带宝宝多晒晒太阳。因为阳光中含有紫外线，紫外线照到人体皮肤时，穿透皮肤表面作用于皮下的脱氢胆固醇，使它发生一系列的变化，变成维生素 D_3。因为紫外线穿透力较弱，隔着衣服、玻璃晒太阳起不到作用，所以要多带宝宝到户外晒晒太阳。注意，夏季避免阳光直晒，可带宝宝到树荫下，也可以达到日晒的效果。

对症食疗

虾皮豆腐

材料 虾皮、豆腐各适量。

调料 香油少许。

做法 1. 豆腐切小块。

2. 虾皮入锅，加半碗水煮沸，再将豆腐块入锅，煮沸约 10 分钟。

3. 放香油调味，即可出锅。

推荐理由 此道菜适用于佝偻病或出牙、行走等发育缓慢的宝宝。

虾皮

豆腐

猕猴桃炒虾仁

材料 虾仁 300 克，鸡蛋 1 个（约 50 克），猕猴桃 100 克，胡萝卜丁 20 克。

调料 淀粉适量。

做法 1. 虾仁洗净；鸡蛋打散，加入淀粉拌匀；猕猴桃剥皮，切成丁。

2. 油烧热，放入虾仁炒熟，然后加入胡萝卜丁、猕猴桃丁翻炒均匀，浇入拌好的蛋液炒熟即可。

推荐理由 可提高宝宝智力，增强宝宝的免疫能力。

猕猴桃

小儿积食的预防、护理以及对症食疗

宝宝对自己的行为没有控制能力，所以见到喜欢吃的食物就不停地吃。尤其是逢年过节的时候，面对那么多的美味佳肴，宝宝的小嘴更是闲不住了，于是吃得太多，导致积食从而影响身体健康。所以说“要想小儿安，三分饥与寒”是有一定道理的。

症状

积食是中医里的一个病症名称，是指宝宝乳食或饮食过量、损伤脾胃，使食物停滞于中焦所形成的胃肠疾病。宝宝食积日久，会造成营养不良，进而影响到生长发育。

积食宝宝的症状表现为：睡眠不安稳，身子不停翻动，有时还会咬牙。如果家人发现一向食欲很好的宝宝，胃口突然变小了，细心观察发现宝宝眉间及鼻梁两侧发青，舌苔白且厚，呼出的口气中有酸腐味，就说明宝宝积食了。积食还会引起恶心、呕吐、手足心发热、皮肤发黄、精神委靡等症状。

预防措施

◎妈妈处于哺乳期的时候，日常饮食应注意。不要整天吃大鱼、大肉，还应适量添加一些蔬菜、水果，这样饮食才能营养均衡。如果妈妈摄入太多高脂肪、高蛋白的食物，宝宝有可能出现“奶积”。

妈妈在哺乳期时，不要整天吃大鱼大肉，摄入过多高脂肪、高蛋白的食物，宝宝有可能会“奶积”。

◎多让宝宝吃一些易消化、易吸收的食物，不要一味地给宝宝添加高热量、高脂肪的食物，以免增加宝宝的肠胃负担。应多吃蔬菜、水果，少吃肉，适当增加米食和面食。

◎给宝宝添加辅食后，至少吃几天后再考虑增添其他食物品种，也不要一下子增加太多。要仔细观察宝宝的食欲，如添加辅食之后，再喂宝宝母乳时宝宝不吃，说明辅食添加过多、过快，要适当减少。

◎宝宝晚餐不宜吃太多、太饱。宝宝白天活动量大，热量消耗也多，可以适当吃些高脂肪食物。晚上宝宝进入睡眠状态，胃肠蠕动减慢，若吃得太多就容易积食。

◎让宝宝吃七分饱。妈妈必须克服老觉得宝宝没吃饱、营养不够的心理。宝宝吃七分饱就可以了，喂太饱只会适得其反。

◎宝宝的饮食要有规律，三餐要定时定量，不能饥一顿、饱一顿，否则会影响消化功能的正常运转。不可暴饮暴食。

护理方法

◎**应带宝宝到户外做做运动**。天气晴好的时候，带宝宝下楼，到小区或公园中散散步，做做游戏或与其他小朋友一块儿玩，这样可增加对宝宝体内热量的消耗，促进胃肠的蠕动。

◎**坚持饭后散步**。饭后宝宝不运动会使积食症状加重，所以家长要带宝宝到楼下散散步。注意饭后不要让宝宝跑跳，以缓慢的散步为好。

◎**合理饮食**。若宝宝不愿吃东西，可暂不进食，以减轻脾胃负担。积食不太严重的宝宝此时应吃些清淡的蔬菜，容易消化的米粥、面汤、面条等，忌吃油炸、膨化食品，少吃甚至不吃肉类食物。

◎**合理用药**。遵医嘱给宝宝吃一些助消化、养胃的药物。若宝宝出现呕吐、腹泻的症状时，应带他去医院就诊。

对症食疗

神曲麦芽汁

材料 炒麦芽、焦神曲、焦山楂各 10 克。

调料 白糖少许。

做法 把这三味药加 100 毫升水，煎 15 分钟；倒出药汁，加点白糖，分成 2 次趁热服。

麦芽

亲子游戏时间

牵着小棍跟着妈妈走

1 益智目标： 训练宝宝的迈步动作，帮助宝宝练习站立和走路。

2 游戏准备： 木棍1根。

3 游戏步骤： ①妈妈双手拿住木棍的两端，弯着腰，爸爸扶着宝宝站立，引导宝宝抓住木棍的中央，然后爸爸松手，让宝宝扶着木棍站立片刻。

②妈妈慢慢向后退，使宝宝借力往前走，妈妈同时说："宝宝，真棒！加油，跟着妈妈走。"

③妈妈告诉宝宝说："好啦，宝宝，让我们停下休息一会儿。"接着妈妈停下脚步，注意观察宝宝是停下还是要往前走。

4 注意事项： 妈妈后退时不要太快，爸爸在旁边要保护好宝宝，以防宝宝摔伤。

5 专家指点： 11个月大的宝宝，其腿部力量、身体平衡力、各部位动作的协调性还较差，但在大人的帮助下或借助实物能走动，因此家长要把握宝宝的这一发育特点，有意识地训练宝宝走路，以提高宝宝行走动作的熟练程度。

我爱“滑滑梯”

1 益智目标： 锻炼宝宝身体的平衡能力。

2 游戏准备： 椅子1张。

3 游戏步骤： ①爸爸坐在椅子上，双腿倾斜伸直呈斜坡状，然后让宝宝坐在自己的膝盖上。

②爸爸握住宝宝的双手，慢慢放松膝盖，将宝宝往下放，同时弯腰，帮助宝宝运动，并跟宝宝说：“滑滑梯喽。”

③待宝宝“滑”到爸爸的脚背时，爸爸把宝宝抱起，并对宝宝说：“我们再来玩滑滑梯。”然后重复游戏。

4 注意事项： 爸爸要注意保护好宝宝，在进行这项游戏时，妈妈也要在一旁“助阵”，既给予宝宝鼓励，也能在宝宝发生意外时及时“出手”，以防宝宝意外受伤。

● 如果宝宝胆子比较小，爸爸要鼓励宝宝大胆向下滑动。

5 专家指点： 这里推荐的游戏，不仅能促进宝宝身体平衡能力的发展，还能增加宝宝和家人身体接触、语言接触的机会，对父子感情的发展有促进作用。

每周故事会

1 益智目标： 训练宝宝的语言理解能力。

2 游戏准备： 简单的小故事，如有一些与故事匹配的小玩具更好。

3 游戏步骤： 妈妈和宝宝面对面坐着，然后开始给宝宝讲故事：有一天，小鸭、小鸡、小狗举行歌唱比赛，他们请小兔做裁判。小鸭第一个唱：“嘎嘎嘎嘎嘎嘎，我是一只小鸭子。”小鸡接着唱：“叽叽叽叽叽叽，我是一只小鸡。”小狗说：“汪汪汪汪汪汪，我是一只小狗。”在这个过程中，妈妈可以一边讲，一边拿一些手偶或玩具来代指故事中的小动物，这样可以更生动、形象，也有利于宝宝的记忆。

4 注意事项： 妈妈给宝宝讲故事时要注意自己的语气和动作，尽量夸张，以引起宝宝听的兴趣和模仿的欲望。

5 专家指点： 讲故事对宝宝的成长有着重要的影响：一是能训练宝宝倾听；二是能提高宝宝的听觉能力；三是家长在讲故事时的动作能提高宝宝的认知能力；四是家长在讲故事时的语气和脸部所流露出的表情对宝宝的情绪发展、性格形成都有促进作用。

第12章

蹒跚学步，扑向妈妈的怀抱

宝宝生长发育月月查

本月宝宝体格发育状况

体重	12 个月时，男宝宝的平均体重为 9.65 ~ 9.87 千克；女宝宝的平均体重为 9.02 ~ 9.24 千克。
身高	12 个月时，男宝宝的身高为 75.2 ~ 76.5 厘米；女宝宝的身高为 73.7 ~ 75.1 厘米。

本月宝宝智力发育状况

大动作能力

- 在没有任何支持的情况下，可以独自站立并保持平衡 10 秒钟左右。
- 拉着宝宝的一只手，宝宝能移动双腿向前走，即使没有大人扶，也能自己走几步。

精细动作能力

- 小手开始变得灵活，会穿珠子、往瓶中投豆子等。
- 自己能玩搭积木，虽然不一定搭得好。
- 能用整个手掌握着一支笔，并在白纸上画出道道。
- 能用拇指和食指捏起小丸子，还能让手和前臂抬离桌面。

认知能力

- 开始懂得小丸子和瓶子的关系，会将小丸子投放入瓶子当中。
- 如果大人将他喜欢的玩具放进盒子里藏起来，他会寻找盒子，并打开盒子拿出玩具。
- 大人数一些简单的数字时，宝宝也会跟着数。

语言能力

- 能说出 4 个字，并且明确地有所指。
- 认识一些常见的物品，大人通过询问，宝宝会用目光回答，或者用手指指出。
- 看见爸爸妈妈时，宝宝会主动称呼。
- 会说一些单音节动词，但发音还不太准确。
- 会重叠说一些常见的单词句，并用来表达自己的意愿，如“饭饭”、“包包”等；还能模仿动物的叫声，如“汪汪”（狗）、“喵喵”（猫）、“咩咩”（羊）等。
- 有一定的记忆能力，能记住 3 ~ 4 个身体部位。
- 能记住动物的显著特点，如“兔子有长耳朵”、“大象有长鼻子”、“长颈鹿的脖子长”等。
- 对儿歌有强烈的兴趣，高兴时还会随着儿歌扭动身体。

社交能力

- 喜欢模仿大人的动作，如大人捏玩具，使玩具发出声音，然后把玩具给宝宝，宝宝也会做相同的动作。
- 让宝宝拿着皮球照镜子，宝宝会用皮球接触镜面。
- 依恋情结很明显，喜欢形影不离地跟着妈妈；如果宝宝特别喜欢一个玩具，不论到哪儿都要带着那个玩具；有的宝宝喜欢自己的大拇指，一天到晚地含着；睡觉的时候不停地玩大人的手或者是其他喜欢玩的东西。

- 喜欢与大人交往，并想办法吸引大人的注意力。
- 害怕的东西增多，例如，害怕陌生人，害怕陌生、怪模样的物体等。

自理能力

- 能够比较安静地坐下来进食，用手拿小勺吃饭的本领也明显提高。
- 开始学会自己解决问题，会自己寻找自己想要的东西。

喂养也要讲科学

奶类依然不能断

宝宝快满周岁时，基本已结束了以喝母乳、奶粉为主的饮食生活。但是，认为结束了离乳期就必须停止喂奶粉，那是错误的。随着宝宝的成长，身体的各部分组织都需要增加养料。人体的血液、肌肉和脏器都是由蛋白质构成的，为了制造这些蛋白质，就需要动物性的蛋白，也就是说鱼、肉、蛋类的食物无论如何也不能缺少。尽管如此，也还有不喜欢吃这些东西而不吃，或者连续吃就烦了的宝宝。

既不令人喜欢也不令人讨厌、连续吃也不腻人的动物性蛋白，最好的就是奶粉，不仅方便食用，而且价格也比较便宜。所以，结束了离乳期的宝宝，也可把奶粉作为动物性蛋白的来源，不要停止喂奶粉为好。奶粉应该喝多少适宜，这要依据宝宝吃鱼、肉、蛋的量来决定。不喜欢吃鱼、肉、蛋的宝宝，就必须用奶粉来补充。

不要让宝宝缺锌

锌的作用

锌与体内 200 多种生物活性酶的组成与功能有着密切关系，同时与大脑的发育和儿童智力开发也联系紧密。美国一所大学研究发现，聪明、学习好的青少年，体内含锌量均比愚钝者高。

锌还有促进淋巴细胞增殖和保持活动能力的作用，对维持上皮和黏膜组织正常，防御细菌，病毒侵入，促进伤口愈合、减少痤疮以及矫正味觉失灵等均有作用。

身体缺锌的症状

◎**消化功能减退**。主要表现为食欲不振。缺锌会影响舌黏膜的功能，从而使味觉敏感度下降，就容易使宝宝厌食，有的还会出现异食癖，比如喜欢吃泥土、煤渣等。

◎**反复出现口腔溃疡**。缺锌的宝宝口腔里经常长溃疡，或者舌苔上出现片片舌黏膜剥脱，类似地图状，被称为“地图舌”。

◎**生长发育变慢**。锌是人体代谢必需的微量元素之一，一旦缺乏就会影响细胞代谢，妨碍生长激素的功能，从而导致生长发育受到影响，使宝宝身材矮小。

◎**免疫功能降低**。缺锌会损害细胞的免疫功能，使宝宝容易患感染性疾病，比如易发生上呼吸道感染或支气管炎等。

◎**智力发育落后**。缺锌会使脑细胞中的 DNA 和蛋白合成发生障碍，从而影响宝宝的智力发育。

◎**化验检查锌水平低**。想知道宝宝是否缺锌可带其去做检查，缺锌宝宝的血清锌往往在 11.47 毫摩尔 / 升以下。

锌的食物来源

锌主要存在于海产品、动物内脏、畜、禽肉、肝脏、蛋类、鱼、谷类、豆类、奶和奶制品中，其中以牡蛎中的锌含量最高，是其他食物所不能比拟的。

让宝宝多喝白开水

研究表明，人体补水的最佳饮料是最为普通而又十分经济的白开水。煮沸后自然冷却的白开水，能促进新陈代谢，提高免疫力，还能调节体温，帮助身体散热。当然，为了调剂口味，也可适当地给宝宝喝一些自制的纯鲜蔬果汁，如柠檬汁、橘子汁、番茄汁或绿豆汤等。另外，用蔬菜水等自制的饮料也不错。但在生活中，大多数宝宝只爱喝酸酸甜甜的果汁或饮料，不太爱喝白开水，而只喝果汁或饮料并不能达到补水的目的，特别是市售的饮料，喝得过多对宝宝的健康不利。

那么怎样让宝宝喜欢喝白开水呢？以下几个小妙招妈妈不妨试试。

◎**用游戏吸引宝宝喝水**。比如，妈妈可与宝宝经常玩干杯游戏，妈妈要做出一副非常投入的样子，调动起宝宝的热情，这样就容易“诱骗”宝宝一杯又一杯地喝进去白开水了。

◎**为宝宝找一个他最喜欢的“朋友”**。要知道，榜样的力量是无穷的，这样对宝宝很有感染力和说服力。

◎**家里人都喝白开水**。家里最好少准备饮料，家里人最好都喝白开水，这样宝宝也会形成喝白开水的习惯。

不宜让宝宝喝成人饮料

兴奋剂饮料

如咖啡、可乐等，其中含有咖啡因，对宝宝的中枢神经系统有兴奋作用，可影响大脑的发育。

酒精饮料

酒精刺激宝宝胃黏膜、肠黏膜乳头，可造成损伤，影响正常的消化过程。酒精对肝细胞有损害作用，严重时可有转氨酶增高。

茶

宝宝对所含茶碱较为敏感，可使宝宝兴奋、心跳加快、尿多、睡眠不安等。茶叶中所含鞣酸与食物中蛋白质结合，影响消化和吸收。饮茶后铁的吸收下降 2 ~ 3 倍，可致贫血。

汽水

汽水内含小苏打，可中和胃酸，不利于消化。胃酸减少，易患胃肠道感染。而且汽水含磷酸盐，会影响铁的吸收，也是导致贫血的原因。

营养方案有重点

12个月宝宝适合添加的食物种类

种类	作用
主食	为宝宝提供能量，并锻炼咀嚼能力。一般适合宝宝的主食有粥、软米饭、面条、小馄饨、包子、饺子、馒头片等
蔬菜、水果类	可补充维生素和矿物质，一般建议给宝宝选购时令水果。但一些容易引起过敏的水果，如芒果，建议尽量不要给宝宝吃。这时蔬菜、水果可以切成丁块状给宝宝食用
肉类	猪肉、牛肉、羊肉、鸡肉皆可，但不要把脂肪多的肥肉或肉皮给宝宝食用，以免导致宝宝肥胖
水产品类	鱼、虾等海产品肉嫩味美，而且营养丰富，可以给宝宝食用，但一些有过敏体质的宝宝最好慎重食用
动物血和肝脏类	可补铁并能预防缺铁性贫血。一般动物血和动物肝脏可做成泥状与其他食物搭配给宝宝食用
蛋类	一般以鸡蛋为主，主要给宝宝吃蛋黄
点心类	包括饼干、糕点、面包等食物。这些食物一般是宝宝两餐之间的磨牙食物，需要妈妈为宝宝精心准备

训练宝宝自己进餐

12个月的宝宝活动能力明显增强，可以自己独立坐着，而且对周围的环境也非常好奇，喜欢探索。这时妈妈有意地训练宝宝自己进餐会事半功倍。这样不仅可以早一点让宝宝断奶，而且还有利于锻炼宝宝手和口的协调性。一般训练宝宝进餐，需要新爸妈们有足够的耐心，而且还要准备用餐的餐具和餐桌等。

12个月宝宝一日营养方案

主要营养来源

母乳逐渐被各类食物替代

喂养时间

上午6点、9点、12点，下午15点、18点，夜间21点

注意事项

宝宝将要告别母乳，要注意食物的合理搭配，以防止营养供应不足

辅助食物

温开水、鱼肝油、蔬菜汁、果汁、蔬菜泥、果泥、米粉、米糊、肉泥、鱼泥、鸡蛋（蛋黄）、肝泥、面包、面条等

Q 宝宝偏食怎么办

A 如果宝宝偏食出现一两次，属正常情况，但时间长的话，则不利于宝宝身体发育。可以采取以下几点措施进行：

- 对于宝宝爱吃的食物，最好让他隔几顿或几天吃一次。期间用其他营养成分相似的食物代替。
- 对于宝宝不喜欢而且营养丰富的食物，妈妈需要在加工、烹调方面努力，使食物在色、香、形、味方面吸引宝宝。
- 妈妈不要用强硬的方式逼迫宝宝，以免适得其反，让宝宝更加厌烦。

Q 12个月宝宝有哪些需要注意的饮食细节

A 需要注意以下细节：

- 一日三餐要定时进餐，养成合理的饮食习惯。
- 五谷杂粮类、肉蛋类、蔬菜类、水果类等食物要合理搭配。
- 培养独立的用餐习惯，让宝宝学习使用餐具吃饭。

油菜烩鲜蘑

材料 油菜100克，鲜蘑菇50克，白菜叶、配方奶各适量。

做法

1 白菜叶洗净切丝，入沸水锅中氽烫；油菜洗净，氽烫，切碎。

2 蘑菇洗净切碎，放入炒锅内加水熬成蘑菇汤。

3 将蘑菇汤与配方奶混匀成调料。

4 另取一锅置火上，加适量油烧热后下入白菜丝、油菜碎和蘑菇汤，边搅拌边煮至熟即可。

香菇蒸蛋

材料 鸡蛋1个（约50克），干香菇2朵。

做法

1 干香菇用水浸泡后，切细丝。

2 鸡蛋磕入碗中，打散，加入水、香菇丝，调匀。

3 放入锅中，蒸熟即可。

推荐理由 香菇含有蘑菇多糖，常吃香菇可以提高宝宝的免疫功能，增强其抗病能力。

鱼泥小馄饨

材料 鲜鱼肉泥50克，小馄饨皮6片，韭菜末、香菜末各适量。

做法

1 将鱼肉泥和韭菜末做成馄饨馅，包入小馄饨皮中，做成馄饨生坯。

2 锅内加水，煮沸后放入馄饨生坯，煮沸。

3 馄饨煮沸后，倒少许水煮至馄饨浮起时，撒上香菜末即可。

枸杞子粥

材料 大米100克，枸杞子少许，配方奶适量。

做法

1 大米淘洗干净，加适量清水浸泡10分钟。

2 将泡好的大米放入锅内，加入适量水，大火煮沸，转小火煮至米粒软烂黏稠。

3 锅中加入配方奶，搅匀，用中火烧沸，再加入枸杞子略煮数分钟即可。

豌豆末米粥

材料 青豌豆 50 克，大米 20 克。

做法

1 大米淘洗干净，加适量水煮成粥。

2 青豌豆去皮后放入另一锅中，加适量水煮熟后碾碎末。

3 取煮好的粥适量，与青豌豆末混合均匀即可。

推荐理由 此粥富含维生素 C，可促进新陈代谢，增强宝宝的免疫力。

山楂甜米粥

材料 新鲜山楂、大米各 60 克。

调料 白糖少许。

做法

1 将山楂洗净，然后放入砂锅里用小火慢慢熬煮，熬好后去渣取汁。

2 锅中加入洗净的大米、山楂汁、少许白糖，继续熬煮至粥熟即可。

爱心提醒 山楂具有开胃消食的作用，常食可预防宝宝消化不良，但脾胃虚弱的宝宝不宜多吃。

果仁黑芝麻糊

材料 核桃仁、腰果、黑芝麻、麦片各 50 克。

做法

1 先将核桃仁炒熟，研碎；腰果泡 2 小时后切碎；黑芝麻炒熟，研碎。

2 再将麦片加适量清水，放在锅中用大火煮沸，放入核桃仁末、腰果末转小火煮 5 分钟，最后放入黑芝麻末搅拌均匀即可。

西蓝花奶汁

材料 西蓝花 10 克，配方奶适量。

做法

1 西蓝花洗净，放入开水中煮至熟软，切碎。

2 锅置火上，倒入配方奶，煮沸，加入西蓝花碎，煮至熟烂即可。

爱心提醒 妈妈在烹调西蓝花之前，一定要先汆烫，这样做不仅可以保持颜色青绿，营养也不易流失。

本月宝宝的日常照顾

尽量别把宝宝“丢”给学步车

宝宝要学步了，对于每一对父母来说，是非常兴奋和骄傲的事。宝宝学会了走路，就可以脱离完全依赖父母的时期，可以独立去探寻神秘的世界。在这个阶段，很多父母把帮助宝宝练习走路的重担交给了学步车。

很多父母认为，学步车既能帮助宝宝学走路，又能帮助照顾宝宝。然而，实践发现，学步车并不能帮助宝宝学习走路。那些使用过学步车的宝宝会坐、会爬、会走路的时间比没有使用过学步车的宝宝晚，而且在智力发育测验方面的分数也低于没有使用过学步车的宝宝。

另外，学步车提高了孩子的重心，更容易导致宝宝摔伤。

妈妈尽量别把宝宝「丢」给学步车，要经常陪着宝宝锻炼学走路。

12 个月宝宝的四季护理

春：护理细节全掌握

俗话说“春捂秋冻”。所以此时宝宝的衣服最好不要太早脱减，以免宝宝不适应气温变化而感冒、发热。另外，在增减衣物的过程中，妈妈一定要根据当日具体的气温变化相应地调整宝宝的衣服，最好在早起时就决定好给宝宝穿多少、穿什么，切不可半途给宝宝再增减衣物，以免宝宝身体出现不适，影响健康。

夏：注意事项需谨记

夏季天气炎热，在护理宝宝时，除了给宝宝时刻保持凉爽、勤洗澡、防痱子外，还有一些特别需要注意的细节。

◎夏季出汗多，妈妈应该给宝宝适当增加盐的摄入量。

◎夏季日照时间长，宝宝晚上睡眠时间往往较短，可让宝宝适当午睡一会儿。

◎任何饮料都不能代替白开水。白开水相对而言没有色素、碳酸、香精等化学成分，对宝宝身体更有益。

秋：添加衣服要得当

秋季来临，气温虽略有下降，但妈妈最好不要急于给宝宝添加过多的衣服，以免太早添加，一旦天气变得更凉，衣服添加得太多而过于厚重。给宝宝添加衣服一般应与成年人一样薄厚，如果大人静坐时不觉得冷，那么宝宝自然也不会觉得冷。

冬：别让宝宝热得出汗

冬季是宝宝生病的高发期，因此不少父母担心宝宝受凉受冻，不断地给其添加衣服，结果多半会导致宝宝整天出汗。夏季气温较高，宝宝出汗纯属正常现象，而宝宝在冬季出汗则多是人为的。宝宝身上温度高而周围环境冷，这样的冷热不均，反而更容易生病。

专家医生来帮忙

宝宝感冒怎么办

普通感冒是宝宝的常见病，也是多发病。宝宝易患的感冒有 3 种，即暑热感冒、风寒感冒和风热感冒。宝宝患感冒时，要及时去看医生，积极治疗。当然，家人也有必要掌握分辨感冒类型的一些方法，这样护理宝宝才会得心应手。

症状

◎**暑热感冒**。宝宝的主要表现是头痛、头胀、腹痛、腹泻、口淡无味、发热。

◎**风寒感冒**。宝宝有鼻塞、头痛、打喷嚏、咳嗽的症状，同时伴有畏寒、低热无汗、肌肉酸痛、流清涕、吐稀薄白痰、咽喉红肿疼痛、口不渴或渴喜热饮、苔薄白等特点。

◎**风热感冒**。宝宝发热较高，一般为 38 ~ 40℃，出汗多、口唇干红、咽干、咽痛、鼻塞有黄鼻涕、咳嗽声音重浊、痰少不易咳出、舌苔黄腻。

了解病因

1. 宝宝睡觉时，遭受凉风侵袭，是造成感冒的一大原因。电风扇或空调风口直接对着宝宝吹，也是患感冒的原因。

2. 喂养方式不科学，造成宝宝营养不良或不均衡，会直接影响宝宝机体的抵抗力，以至于经常感冒。

3. 婴幼儿感冒的另一个原因可能是受妈妈的传染。宝宝的免疫功能不健全、抗病力差，又与妈妈零距离接触。如果妈妈患了感冒，在给宝宝喂奶、洗澡、换尿布时，很容易传染给宝宝。

预防措施

◎适时增减衣物。天气变化是导致宝宝感冒的重要原因，如果气温降低，不注意给宝宝添加衣服，或气温过高而宝宝穿得过多，出汗后受风都会导致感冒的发生。

◎少去公共场所，如超市、车站、电影院等，这些地方人多嘈杂、空气污浊，宝宝抵抗力低很容易被传染上感冒。

◎当家中有人感冒时，拿宝宝的用具或抱宝宝之前一定要洗净双手；咳嗽和打喷嚏要遮掩；以用完即丢的纸巾代替手帕；不要共用毛巾或碗筷。每天可将醋加热熏蒸以进行室内消毒。

◎每天定时开窗通风，保持空气的清洁和流通，在通风时，不要让风直吹宝宝。

◎宝宝睡觉时不要盖得太厚，以免过热引起伤风。窗子也要关好，电风扇、空调不要直吹宝宝，以免引起风寒感冒。

护理方法

◎**饮食护理**。在炎热的夏季，宝宝如患有暑热感冒，食物应以清淡为主，切忌过于油腻。家长可以给宝宝制作一些具有清凉去热功效的果汁饮用，如西瓜汁、葡萄汁等，也可以给宝宝喝些绿豆汤。秋冬季节是风寒感冒的多发期，家长要尽量通过饮食调节为宝宝补充各种维生素，来提高宝宝的免疫力，增强抗病能力。建议给患病宝宝吃一些诸如动物肝脏、水果、海产品等的食物。患有风热感冒的宝宝一般发热较重，容易口渴，也爱出汗，因此家长还要及时为宝宝补充水分，以防汗液蒸发带走宝宝体内过多的水分。

◎**鼻子护理**。宝宝流清涕时，要选用柔软的纸巾为其擦拭，而且动作要轻柔。将凡士林或其他软膏涂抹于鼻孔外部，以免皮肤皲裂或红肿。但小心别让凡士林进入宝宝鼻孔而阻塞呼吸。对于鼻塞、呼吸困难的宝宝，先用盐水滴剂软化鼻涕，再用吸鼻器吸出鼻涕，可使呼吸顺畅。也可用热的湿毛巾敷在宝宝鼻子上。

◎**室内空气要湿润**。可以用加湿器增加宝宝居室的湿度，尤其是夜晚能帮助宝宝更顺畅地呼吸。

◎**充分休息**。对于感冒的宝宝，良好的休息是至关重要的。此时要尽量让宝宝多睡一会儿，减少户外活动。

◎**合理用药**。由于感冒大多数是因病毒感染引起的，所以应选用抗病毒的药物，不能滥用抗生素。新手爸妈可以在医生的指导下选用一些适合宝宝的感冒药。

对症食疗

香菇蒸冬瓜

材料 冬瓜 500 克，香菇 20 克，海米、猪肉末各 10 克。

调料 香油、淀粉各适量。

做法 1. 海米用温开水发好，备用。

2. 香菇洗干净，切成细丁，与猪肉末、香油、淀粉搅拌均匀，备用。

3. 冬瓜洗净，切顶去瓤，将海米、香菇丁、猪肉末倒入瓜内。

4. 将瓜顶覆盖，蒸 15 分钟，蒸熟后放置片刻即可食用。

雪梨百合冰糖饮

材料 雪梨 100 克，鲜百合适量。

调料 冰糖适量。

做法 1. 百合洗净，撕成小片；雪梨去皮、去核，切成小薄片。

2. 将百合片与雪梨皮放入锅中，加水，大火烧开，再转小火煮 15 分钟左右。

3. 放入冰糖和雪梨片，以中火煮至冰糖完全融化。

4. 捞出百合片和雪梨片，晾温后喂给宝宝喝。对于大一点儿的宝宝，可以把百合和雪梨捣成糊，和汤水一起服用。

宝宝反复腹痛怎么办

护理方法

患了反复发作性腹痛，首先要查明病因，要排除器质性疾病引起的腹痛，如急腹症（急性阑尾炎、肠套叠、肠梗阻、胃扩张等）、过敏性紫癜、腹型癫痫、腹型偏头痛等。器质性腹痛常伴有全身症状，疼痛部位固定，多呈持续性腹痛或阵发性加剧，难以自行缓解，需及时就医。

非器质性反复腹痛可采用按摩的方法来缓解腹痛。两手掌轻柔地沿宝宝肚皮右侧抚摸至左臀部，抚摸到肚脐处时，应减轻力度缓缓进行；手掌搓热，盖在宝宝的肚脐上，采用轻抚按摩的动作轻轻进行；手背依然稍微弯曲，按顺时针方向从宝宝肚脐右下方，围绕肚脐按摩至肚脐左下方，从而对整个腹部进行按摩。

亲子游戏时间

我也会用钥匙开门

1 益智目标： 培养宝宝对事物之间联系的理解能力；训练宝宝手眼的协调能力。

2 游戏准备： 钥匙 1 把。

3 游戏步骤： ①妈妈拿起钥匙，引起宝宝的注意，然后在宝宝的注视下将钥匙插入钥匙孔中，同时跟宝宝说："钥匙要插进钥匙孔，这样才能打开柜门。"

②让宝宝拿着钥匙，帮助宝宝将钥匙插进钥匙孔。

③反复训练后，让宝宝自己拿着钥匙插钥匙孔，当宝宝插进时，妈妈把锁打开，然后说："宝宝真棒，会自己打开柜门喽！"

4 注意事项： 训练结束后，家长要及时收好钥匙，以防宝宝吞食而引发意外。

5 专家指点： 12 个月大的宝宝，拇指和食指的配合越来越灵活，手眼协调能力也有了很大的提高。这个时候，家长可以让宝宝玩用钥匙开门的游戏。用钥匙开门，需要宝宝用钥匙对准钥匙孔，这可以锻炼宝宝眼睛、手部的协调能力。此外，用钥匙可以开门，能让宝宝认识到事物之间的因果关系，对宝宝认知能力和逻辑思维能力的发展有良好的促进作用。

1 益智目标： 帮助宝宝认知图形，培养宝宝的想象力；训练宝宝小手的精细动作能力。

2 游戏准备： 红色纸板1张，剪刀1把，笔1支。

3 游戏步骤： ①妈妈在红色纸板上画上若干个大小不一的圆圈和一个三角形、一个长方形，然后用剪刀减下来。

②妈妈和宝宝面对面坐好，妈妈用三角形、长方形摆出房子图案，然后在“房子”前将圆圈按从小到大的顺序摆放好，给宝宝做示范。

③妈妈把已经摆放好的各种图形打乱，然后让宝宝随意摆放这些图形，摆好后根据宝宝摆放的图形一一进行描述，并问宝宝对不对。

4 注意事项： ● 用剪刀剪下来的图形周围不要太锐利，否则容易划伤宝宝的小手；在游戏时，妈妈注意不要让宝宝把图形放进嘴里。

● 妈妈不要勉强宝宝一定要摆出某种图形，而是让宝宝自由发挥，只要是宝宝摆出的图形，妈妈都要给予鼓励和夸奖。

● 游戏结束后，剪出的图形不要扔掉，可以反复利用，如教宝宝认识这些图形、告诉宝宝这些图形的特点等。

动物世界

1 益智目标： 训练宝宝的语言模仿能力和记忆能力。

2 游戏准备： 小鸡、小鸭、小狗、小羊、小猫等卡片各1张。

3 游戏步骤： ①爸爸坐在宝宝旁边，举着小鸡卡片，给宝宝介绍：“这是小鸡，叽叽叽，叽叽叽。”举着小鸭卡片说：“这是小鸭，嘎嘎嘎，嘎嘎嘎。”举着小狗图片说：“这是小狗，汪汪汪，汪汪汪。”举着小羊卡片说：“这是小羊，咩——咩——咩——”举着小猫图片说：“这是小猫，喵喵喵。”

②爸爸将这些卡片在宝宝面前“一”字排开，然后模仿各种动物的叫声，每模仿一种动物，就让宝宝指出是哪种小动物。

③反复训练后，爸爸指着某张动物卡片，让宝宝模仿动物的叫声。

4 注意事项： ● 爸爸的表情和动作要尽量夸张，以加深宝宝的记忆。

● 如果宝宝还不会模仿动物的叫声，爸爸不要太着急，要耐心地引导宝宝发声，并教宝宝把声音跟具体的动物联系起来。

我是『灌篮高手』

1 益智目标： 训练宝宝的语言理解能力；锻炼宝宝手部的运动能力和协调能力。

2 游戏准备： 小积木等玩具若干个，纸篓1个。

3 游戏步骤： ①妈妈拿起一个小玩具，做投篮的动作，把玩具扔进纸篓中，然后跟宝宝说："宝宝，你来投篮！"然后让宝宝自己捡起玩具投入纸篓中。

②当宝宝将玩具投入纸篓中时，妈妈要给予鼓励："投中啦，宝宝真棒！"如果宝宝没有投中，要把玩具捡回来并跟宝宝说："这个没有进去，宝宝要再试一试。"让宝宝重新投篮。

4 注意事项： ● 纸篓的底部要铺有毯子，以防玩具落地后弹起，伤害到宝宝。

● 妈妈要尽量准备口比较大的纸篓，如果纸篓的口太小，宝宝投掷的准确性低，会失去玩的兴趣。

5 专家指点： 宝宝视觉和动作的协调性、手部运动的灵活性对他今后运动智能的发展有着重要影响，因此，家长要根据宝宝各个阶段的精细运动特点，有目的地训练宝宝的运动技能。此外，在训练宝宝时，家长可加入一些带有指令性的语言，以加强宝宝对语言和动作之间联系的认知，促进宝宝语言能力的发展。

跟妈妈干杯

1 益智目标： 训练宝宝与人交往的能力；培养宝宝使用杯子的习惯。

2 游戏准备： 带把的杯子 2 个。

3 游戏步骤： ①妈妈在 2 个杯子里各倒少许温开水，然后自己拿一个较大的杯子，让宝宝拿另外一个较小的杯子。

②妈妈先拿杯子碰一下宝宝的杯子，然后做双手举杯喝水的动作。

③同时对宝宝说："宝宝，让我们举起杯子，干杯！"妈妈让宝宝举起杯子和自己碰杯，看宝宝是否会学着自己的样子双手举杯并将杯中的水喝光。

4 注意事项： ●如果宝宝拿杯子喝水时弄得满身都是，妈妈不要责怪宝宝，要多鼓励，以增加宝宝的信心。

●杯子中水的温度一定不要太高，以不超过 30℃的温水为宜，而且水也不能过多，否则太重了宝宝会无力托举杯子。

5 专家指点： 12 个月大的宝宝小手越来越灵活，而且独立性越来越强，开始厌烦大人喂水、喂饭了。家长可以根据宝宝的这一成长特点，训练宝宝自己拿杯子喝水。让宝宝自己拿杯子喝水，尤其是跟宝宝之外的人一起喝水，可以让宝宝感受到与他人一起喝水的乐趣，同时还能促进宝宝自理能力的发展。

Chapter 2

幼儿篇

You Er Pian

（0~3岁）

育儿要点

- 怎样应对宝宝耍脾气
- 怎样让宝宝学会用勺子吃饭
- 怎样让宝宝独立吃饭
- 怎样让宝宝快乐用餐
- 怎样应对宝宝进餐坏习惯
- 怎样使宝宝养成卫生好习惯
- 小儿厌食怎么办
- 怎样让宝宝拥有好睡眠
- 宝宝磕到牙、擦伤怎么办
- 警惕宝宝视力异常
- 宝宝咳嗽、食物中毒怎么办
- 禁止胡乱拍打宝宝

第1章

我长成小淘气包啦

宝宝生长发育月月查

本月宝宝体格发育状况

满 1 周岁的宝宝对周围的世界开始敏感起来，比如听到爸爸的开门声，会想去门口迎爸爸；听到妈妈与别人说话的声音，会哭，希望妈妈会在自己身边。1 周岁时会走上两三步，1 岁半时，走路会快些。当然也有的宝宝周岁时还不会走路，但到 1 岁半就都会走路了。这个时期，要充分保护好宝宝，不要让其受到惊吓，否则会大减宝宝的自信心。

12 ~ 15 个月

体重	男宝宝平均体重 10.5 千克，女宝宝平均体重 9.8 千克。
身高	男宝宝平均身高 78.3 厘米，女宝宝平均身高 76.8 厘米。

15 ~ 18 个月

体重	男宝宝平均体重 11.04 千克，女宝宝平均体重 10.4 千克。
身高	男宝宝平均身高 81.4 厘米，女宝宝平均身高 80.2 厘米。

本月宝宝智力发育状况

大动作能力

- 上下楼梯的动作还不太稳，会采取各种方法上楼梯，如爬行、挪动屁股等。
- 能自如地在平坦的地上行走。
- 看到喜欢的东西而够不着时，会搬凳子或用其他方法去拿。
- 能拿着玩具行走或倒退。

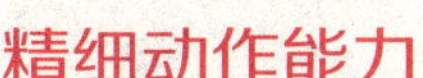

精细动作能力

- 懂得用绳子拴住玩具，拉着绳子使玩具移动。
- 如果给宝宝一支蜡笔或彩笔，他会拿笔在纸上随意涂画。
- 能同时用两只手抓住两件东西。
- 在没有大人帮助的情况下，可以自己将瓶盖放在瓶子上，并使瓶盖和瓶子嵌合。

认知能力

- 开始能较长时间地集中精力去做一件事情。
- 喜欢听妈妈讲故事，当妈妈讲到熟悉的人物时，宝宝会有较强烈的反应。
- 记忆能力进一步加强，能想起自己把喜欢的玩具或喜欢吃的东西放在哪里等。
- 空间感知能力进一步增强，能懂得容量的基本概念。
- 能解决一些简单的问题，如打开盒子找东西、打开抽屉等。

语言能力

- 能说 2 ~ 9 个字，而且具体有所指，还能叫出家庭成员，虽然发音还不清楚。
- 能说一些有具体意义的短句，如“爸爸抱”、“妈妈吃”、“吃饭饭”、“妈妈再见”等。
- 能用语言和动作一起来表示自己的需要，如拿着糖果给大人，说“剥”，表示要大人帮忙剥开。

- 对少儿节目感兴趣，听到声音会立即跑进来看。
- 能够执行一些简单的指令，如拿东西给爸爸。
- 给宝宝介绍一些常见的东西后再向他提问，他能指出两种。

社交能力

- 会模仿大人的动作和说话，尤其是模仿大人说话的最后两个字。
- 碰到自己不愿意做的事情会发脾气。
- 能把玩具递给另外一个宝宝，能跟其他宝宝一起玩，还会观察其他宝宝如何跟别人交往、如何玩。
- 如果特别喜爱某种事物或某个玩具，会向人表露出来。

自理能力

- 跟大人同桌吃饭时，能学会一些基本的用餐礼仪和习惯，吃完饭会主动把空碗拿给妈妈洗。
- 想自己独立做更多的事情，特别是吃饭、穿衣。
- 能模仿大人做一些简单家务，如擦桌子、扫地等。
- 如果白天大人按时叫宝宝大小便，基本上不会尿裤子。
- 能自己熟练地用杯子喝水，喝完自己放下杯子，洒出的水很少。

喂养也要讲科学

营养方案有重点

了解宝宝的饮食情况

宝宝1岁以后，一般都已经断奶成功脱离了母乳，并开始有规律的吃饭，这时的饮食情况主要体现在以下几点：

◎长出更多牙齿的宝宝，其咀嚼能力有了明显提高，但消化系统仍不能与大人相比，因此饭菜仍要应做得软、烂、碎。

◎宝宝的饮食有规律，遵循一日三餐，另外，两餐之间要吃些辅助性食物或喝一些配方奶，一般每天喝2次奶。

◎饮食注重多样性和均衡性，以免宝宝挑食，造成营养不良或营养过剩。

宝宝离不开的营养素

这一阶段的宝宝虽然体格发育开始变得缓慢，但智力发育速度加快，每天的活动量也有所增加，因此需要多补充能量，此时多摄入优质蛋白是必不可少的。此外，宝宝摄入维生素，可以帮助把蛋白质、碳水化合物等转化成能量，以补充宝宝消耗的体力，让宝宝快乐而健康地成长。

◎维生素尤其是B族维生素有利于促进人体的新陈代谢，帮助蛋白质转化成能量，一般主要从蔬菜、水果等食物中摄取。

◎蛋白质是补充能量的有效营养素，而且也是人体细胞组织的重要成分，宝宝的肌肤、毛发、神经系统、内分泌系统等都离不开蛋白质。因此，断奶后的宝宝需要从食物中摄取充足的蛋白质，如肉类食物、蛋类食物等。

帮助宝宝养成良好的饮食习惯

宝宝添加辅食后，应训练宝宝养成吃辅食的好习惯，这样对宝宝今后健康的进餐有好处。

◎**按时进餐**。宝宝断奶后一般都能遵循一日三餐的饮食规律。养成宝宝到时间就主动吃饭的习惯，有助于食物在体内正常消化吸收。

◎**掌握好进餐时间**。一般宝宝吃饭的时间不宜过长，吃饭的时间控制在20分钟即可，如果宝宝有边吃边玩的习惯，最好正确地引导宝宝专心吃饭，把吃饭和玩耍分开。

◎**在餐桌上进餐**。宝宝1岁以后与大人同桌吃饭了，给宝宝安排好属于自己的进餐位置，让宝宝形成在餐桌上进餐的好习惯。

◎**建立良好的进餐环境**。这时的宝宝好奇心很强，容易被外界的环境所干扰，因此，在进餐的时候最好有一个安静的进餐环境，爸妈们吃饭时不要讲笑话或逗宝宝发笑，以免呛到宝宝。

1～1.5岁宝宝的五大营养原则

全面

宝宝生长发育必需的营养素，包括七大类：碳水化合物、矿物质、维生素、脂肪、蛋白质、膳食纤维和水。这些营养素必须从食物中获取，而食物的全面是保证营养全面的第一原则。

多样

在每一食品大类里，爸爸妈妈都要变换花样，变换品种，能列出的食品品种名单越多越好，最好经常尝试没有吃过的新鲜食物品种。爸爸妈妈要给宝宝最大的食物选择自由，宝宝吃某一种食物多寡不重要，重要的是能否吃多种多样的食物。这是喂养宝宝的第二原则。

均衡

尽管营养摄入全面、多样，但如果摄入的各种营养素比例不均衡，同样会影响宝宝的生长发育，会导致喜欢吃的就没有节制，不喜欢吃的就少吃、甚至不吃，这些都是不良的饮食习惯。任何食物都不是绝对的好和绝对的坏，再好的食物也要适量。均衡的营养是喂养宝宝的第三原则。

新鲜

生活品质提高，营养进入比较高的境界，那就是新鲜。爸爸妈妈经常喂宝宝吃天然新鲜的食物，是喂养宝宝的第四原则。

美味

美味是营养好的第五原则。制作健康的美味食物应少油、少盐、少糖、少调味剂，最大限度地保留食物本身的营养素和天然味道。而且，宝宝味蕾非常娇嫩和敏感，不要给宝宝过度“厚味重味”的食品，如奶油甜点、巧克力等食物，如果宝宝对这些食品吃上瘾，就会对天然清淡的健康食品乏味。

提供丰富的营养，满足宝宝成长需求

1 岁多的宝宝生长发育仍相当快，故仍应供给足够的能量及优质蛋白。

在日常膳食中，妈妈要注意安排各种食物，保证宝宝对维生素等营养素的摄入。

以营养丰富易于吸收为原则

要保证宝宝摄取到足够的营养，家长除注意营养均衡外，还应注意食材的选择和烹调手法。要保持食物新鲜，如鱼应去刺、虾剥壳、肉切碎等，要注意碎、细、软、烂，以适应宝宝较弱的咀嚼和消化能力；少给宝宝喂食油炸质硬的食物，避免吃豆粒、花生、瓜子，以防呛入气管而引起窒息；烹调应注意色香味，口味以清淡为好，不宜给宝宝喂食酸、辣、麻等刺激性食物；可常做稠粥、饺子、馄饨、馒头、包子之类口味好、易消化的带馅食物。

粥不仅营养丰富，还易于消化，适合宝宝食用。

饮食习惯与口味的改变

宝宝 1 岁以后，爸爸妈妈可能会注意到学步的宝宝食欲明显下降，突然开始对吃的食物挑剔起来，刚刚吃一点儿就将头扭向一边，或者到了吃饭的时间拒绝到餐桌旁。这时候爸爸妈妈应该采取的措施是，在每次吃饭时准备多一些有营养的食物，让宝宝选择想吃的食物，尽可能变换口味并保持营养。

如果宝宝拒绝吃任何食物，你可以暂时收起这些食品，在宝宝饥饿时让他吃。但是，在宝宝拒绝吃饭以后，决不允许他吃饼干和甜点，因为这将勾起他对只能供给热量食物的兴趣（那些食物含热量高，但是含的营养成分，如维生素和矿物质较少），会使宝宝对营养食品的兴趣下降。

主食的变换

宝宝的主食应该粗细兼备，混合食用，以提高营养价值。既不能给宝宝总吃大米，也不能总给他喂食面粉类食物，这样的吃法都不好。最好的是既给宝宝吃米又吃面，还要吃些粗杂粮，以获得全面营养。比如，米、面蛋白质中缺乏赖氨酸、色氨酸，将几种粮食混合食用，就能使生理效能较低的蛋白质在氨基酸上取长补短。这种吃法在营养学上称为“蛋白质互补”。

再比如，大豆富含赖氨酸，在谷类粮食中补充适量大豆，可大大缩小谷类赖氨酸的不足，提高粮食蛋白质的营养价值。各种豆类、荞麦、莜麦、高粱、小麦和薯类等，都是蛋白质互补的好材料，均应变换着做成食物来喂食宝宝。

主食和副食的搭配

五谷杂粮能提高人体所需的大部分蛋白质，但质量不太好，而肉、蛋奶等副食品含有优质蛋白质，可弥补宝宝主食的缺陷。

加工食物的方法要科学

◎**蒸**。能保持食品的原汁原味，并最大限度地保留食品中所含的营养成分。由于蒸具将食物与水分开，即使水沸，也不致触及食物，使食物的营养价值全部保持于食物内，不易遭受破坏。而且，比起炒、炸等烹饪方法，蒸出来的饭菜所含的油脂要少得多，符合健康的饮食要求。

◎**炖**。一般情况下，是一次加好汤和料，可以保持原汁原味，制作的菜肴美观别致，制作的食物味道清香、淡雅，软而酥烂、清

新妈妈可以通过多种烹调方式为宝宝准备食物。

爽可口。

◎**瓤**。此法制作细腻，外形漂亮，制成的菜肴美观别致，荤素相配，口味鲜美，如黄瓜瓤肉、葫芦瓤肉、瓤冬瓜盅等。

◎**熘**。这种烹调法是下较多油，用大火把食物炒熟，炒的时间要短，以保持食物鲜嫩。食物要先用生粉拌匀，再下油锅炒，炒熟取出，淋上勾芡汁拌匀即成，如熘肉片、熘鱼片等。但肉片应切得薄，否则熘不熟。

◎**烧**。红烧、汤烧，菜肴味鲜微咸，色泽发红。

◎**汆**。是烹制汤菜或连汤带菜的一种烹饪方法。

避开有损宝宝大脑发育的食物

过咸的食物

过咸的食物会损伤动脉血管，使脑细胞缺血缺氧，导致宝宝智力迟钝，因此，父母应少给宝宝吃含盐较多的食物，如咸菜、榨菜、咸肉、豆瓣酱等。

含味精多的食物

医学研究表明，孕妈妈如果在妊娠后期经常吃味精会引起胎宝宝缺锌，周岁以内的宝宝食用味精过多，则有引起脑细胞坏死的可能。因此，孕妇和周岁以内的宝宝禁食味精。即使宝宝大了，也应尽量少给宝宝吃含味精多的食物。

含过氧化脂质的食物

过氧化脂质会导致大脑早衰或痴呆，直接损害大脑的发育。腊肉、熏鱼等食物及在油温200℃以上煎炸或长时间暴晒的食物中含有较多的过氧化脂质，应少给宝宝吃。

含铅、铝的食物

铅过量会杀死脑细胞，损伤大脑。爆米花、松花蛋等食物含铅较多，妈妈应少给宝宝吃。经常给宝宝吃含铝量高的食物，易造成宝宝记忆力下降、反应迟钝，甚至导致痴呆。所以，最好不要让宝宝吃油条、油饼等含铝量高的食物。

1～1.5岁宝宝一日营养方案

主要营养来源

软饭、面食、鱼类、肉类、蔬菜、水果等，饼干、面包等

喂养时间

上午8点、10点、12点，下午15点、18点，夜间21点

注意事项

给宝宝制作的食物要遵循软、碎、烂且有利于肠胃消化的原则

辅助食物

配方奶或牛奶

Q 宝宝只喜欢吃零食，不喜欢吃正餐怎么办

A 让正餐更吸引宝宝。宝宝爱吃零食主要是由于零食味道好，形状也深得宝宝喜爱，所以妈妈在制作正餐的时候可以从食物的色、香、味、形这4个方面入手，让宝宝开始喜欢正餐。

●控制吃零食的时间和次数。给宝宝吃零食一般要在两餐之间，不能与正餐时间离得太近，而且每天吃零食不能超过2次。

Q 宝宝怎么吃都不胖是怎么回事

A 可能有以下几个原因：

●宝宝出现挑食的习惯，不喜欢吃妈妈做的食物。

●宝宝肠道里有寄生虫，影响了宝宝对营养的吸收。

●宝宝的内分泌系统或胃肠道出现不适，进而影响了对食物中营养的吸收。

香椿芽拌豆腐

材料 嫩香椿芽250克，盒装嫩豆腐1盒（约100克）。

调料 盐、香油各少许。

做法

1 嫩香椿芽洗净，入开水中氽烫5分钟，挤出水，切成细末。

2 盒装豆腐倒出，搅成块，加入香椿芽末，调入盐、香油，拌匀即可。

爱心提醒 香椿芽烹调前要用开水氽烫。

猪肝卷菜

材料 豆腐末50克，猪肝泥、胡萝卜各30克，圆白菜叶片20克。

调料 盐少许，肉汤、淀粉各适量。

做法

1 胡萝卜洗净，煮熟，切碎；圆白菜叶片入沸水中氽烫至熟。

2 将猪肝泥和豆腐末混合拌匀，加入胡萝卜碎和少许盐做成馅，放在圆白菜叶片中间。

3 将圆白菜叶片卷起，用淀粉封口，放入肉汤内煮熟即可。

丝瓜虾皮汤

材料 嫩丝瓜200克，虾皮15克。

调料 盐、香油各少许。

做法

1 嫩丝瓜洗净，切片。

2 锅置火上，倒入油烧热，放入丝瓜片，煸炒片刻，加水煮开。

3 加入虾皮，以小火煮2分钟左右，调入盐、香油即可。

推荐理由 虾皮富含蛋白质和钙，配以丝瓜煮汤，汤鲜味美。

青菜骨汤面

材料 骨头200克，青菜、龙须面各50克。

调料 盐、米醋各少许。

做法

1 青菜洗净，切碎。

2 骨头洗净，砸碎，放入冷水锅中，用中火熬煮。

3 煮沸后，加几滴米醋，继续煮30分钟，取骨头汤。

4 将龙须面下入骨汤中，煮六成熟；将青菜碎加入汤中，煮至面熟，调入盐即可。

丝瓜香菇汤

材料 丝瓜1根（约100克），香菇100克，葱末、姜末各适量。

做法

1 丝瓜洗净去皮，切丝；香菇洗净切成丝。

2 锅置火上，加适量油烧热，加入香菇丝炒一下，盛出。

3 另起锅，在锅中加适量的清水，大火煮沸后，放入丝瓜丝和香菇丝，待煮熟时，放入葱末、姜末稍焖即可。

海带瘦肉汤

材料 猪瘦肉300克，海带200克（水发后的），葱段、姜片各适量。

调料 盐、白糖、酱油、料酒各少许。

做法

1 猪瘦肉洗净，切块；海带洗净，入开水中煮10分钟，切成小块。

2 油锅烧热，下入白糖，炒成糖色，放入猪瘦肉块、葱段、姜片及剩余调料，略炒，加水，炖至烂，投入海带块，炖至熟烂即可。

四色炒蛋

材料 鸡蛋2个（约100克），青椒、黑木耳各150克，葱花、姜丝各适量。

调料 盐少许，水淀粉适量。

做法

1 青椒、黑木耳均洗净，切成菱形块；将鸡蛋打散加入盐，搅匀。

2 油锅烧热倒入鸡蛋液煸炒，成块后，盛出。另起油锅，投入葱花、姜丝爆香，再放入青椒块、黑木耳块翻炒，快熟时，加入盐、鸡蛋块，以水淀粉勾芡即可。

韭菜炒鸡蛋

材料 韭菜150克，鸡蛋2个（约100克）。

调料 盐少许。

做法

1 韭菜洗净，切成小段；鸡蛋磕入碗中，打散成蛋液。

2 油锅烧热，倒入鸡蛋液，炒熟。

3 放韭菜段，快速煸炒，同时调入少许盐，翻炒均匀即可。

爱心提醒 如果宝宝消化不良，则不宜吃韭菜，易引起消化不良。

小葱炒鸡蛋

材料 鸡蛋2个（约100克），小葱适量。

调料 盐少许。

做法

1 鸡蛋磕入碗中，加适量盐打散，搅匀；小葱去根，洗净，切段，备用。

2 锅置火上，倒入适量水烧开，倒入鸡蛋汁并不断搅炒，待鸡蛋成块，投入葱段，拌炒几下即可。

爱心提醒 妈妈在制作此膳食时，应以小葱作配料，不能用大葱炒。

冬瓜荷叶汤

材料 冬瓜500克，嫩荷叶适量。

调料 盐少许。

做法

1 冬瓜洗净，连皮切块。

2 荷叶剪碎煎汤，煮沸，取荷叶水，去掉荷叶碎。

3 加入冬瓜块，调入适量盐，煮熟即可。

爱心提醒 冬瓜与荷叶同食，有清热去火的功效。

香椿炒鸡蛋

材料 鸡蛋2个，嫩香椿芽适量。

调料 盐少许，水淀粉适量。

做法

1 鸡蛋磕入碗中，加适量盐打散，搅匀；嫩香椿芽洗净，入沸水中汆烫5分钟，挤出水，切成细末。

2 锅置火上，倒入适量水烧开，倒入鸡蛋汁并不断搅炒，待鸡蛋成块，放入香椿芽末，拌炒几下即可。

豆腐蛋汤

材料 西红柿100克，鸡蛋1个（约50克），豆腐200克。

调料 盐、香油各少许。

做法

1 豆腐洗净，切成菱形小片，放入开水中汆烫一下；西红柿洗净，用开水汆烫一下，去皮，切小片；鸡蛋磕入碗中，打散搅匀成蛋液。

2 锅置火上，放入适量水、豆腐片、西红柿片、少许盐，烧开。

3 将蛋液淋入汤中，再淋入少许香油即可。

本月宝宝的日常照顾

培养本月宝宝讲卫生的好习惯

宝宝的很多习惯是从很小的时候就养成的，不要因为宝宝还小就忽视了好习惯的培养，尤其是卫生习惯的培养。

◎对于 1 ~ 1.5 岁的宝宝来说，正确盥洗是很重要的。应每天早晚给宝宝洗手、脸；晚上洗会阴和肛门，还要换盆洗脚；饭前便后洗手，饭后擦嘴，手脏了后要主动去洗；定期洗澡、洗头、理发、剪指甲；每日随身带干净手帕，咳嗽和打喷嚏时用手帕掩住口鼻、擦鼻涕；注意环境的整洁，不随地丢果皮、纸屑，不随地吐痰，东西用完后放回原处并排列整齐；还可鼓励宝宝主动参加盥洗，洗前卷袖口，洗时不溅水，洗后擦干手。宝宝要有单独的盥洗用具，香皂应选择碱性小的。水温要冷热适度，否则宝宝会因害怕而拒绝洗澡。

◎指甲缝是细菌容易寄存之处，宝宝由于某些生理和心理的因素，常常将手指放在口中吸吮，极易传染病菌。因此，一定要给宝宝勤剪指甲，保持指甲清洁，不积泥垢。同时，要纠正宝宝吃手指、挖鼻孔和抠耳朵的毛病，防止其形成习惯。

◎ 1 ~ 2 岁的宝宝在每次吃东西以后，家长要让他喝一些白开水，以清洁口腔。到 2 岁左右，家长要培养宝宝饭后漱口的习惯。

爸爸妈妈要有足够的耐心

培养宝宝这些习惯时，不要急于求成，更不要训斥。

在培养宝宝讲卫生习惯的同时，父母还要培养宝宝掌握与盥洗有关的用语，如“牙刷、牙杯、毛巾、水冷、漱口”等，教时要耐心，边讲解边示范，并给以必要的帮助。

须知，宝宝的卫生习惯不是一天两天就能培养起来的，爸爸妈妈应经常督促、提醒，持之以恒，不断地重复、巩固，可将盥洗过程编成儿歌，如洗手歌、洗脸歌、刷牙歌等，教唱给宝宝。

培养宝宝感知大小便的意识

1 ~ 1.5 岁的宝宝对排便逐渐有了较明确的意识，尽管他们这时不能确切地表达出来，然而细心的妈妈可以发现，宝宝此时会在做事情时突然停下来或面部表情发生瞬息的变化。因此，1 ~ 2 岁是宝宝接受大小便训练的最好时期。爸爸妈妈可以为宝宝准备一个漂亮的小便盆，在开始的一周里，要让他觉得这是一件新奇的玩具，可让他穿着衣服去坐坐，要让他觉得便盆像板凳一样，并对它产生好感。如果宝宝不愿坐着玩了，那就应马上让他起来，要使他自觉自愿、高高兴兴地去做这件事。

当宝宝对便盆有兴趣以后，就可以开始训练他了解便盆与大小便的关系。这时，可以找一个宝宝认识的大宝宝做范例，也可以告诉他，父母是怎样大小便的，对他要耐心解释。当宝宝接受了大小便与便盆之间的联系后，父母可以找个宝宝最有可能大小便的时候，把他领到便盆前，建议他坐上去试一试。如果宝宝不肯，也不要勉强。只要有一次成功了，那以后就好办了。

警惕宝宝视力异常

视力检查的方法

家长可在家跟孩子做一些简单的试验，如分别遮住宝宝的一眼，让他看眼前 0.5 ~ 1 米处的 1 个画片。如两眼分别看时都能讲述画片的内容，说明两眼视力相似，无明显的视力下降；当用某一只眼看画片时，常说错画片内容，或此时宝宝变得很烦躁，急于打开被遮盖的眼，可能未遮盖眼视力下降。此种试验需反复做几次，并应注意所用画片的内容应是宝宝所熟悉的。

注重日常预防

◎**避免在灯光下睡觉**。因为宝宝还处于发育阶段，适应环境变化的能力很差，如果卧室灯光太强，就会使宝宝躁动不安、情绪不宁，以致难以入睡，同时也会改变宝宝适应昼明夜暗的生物钟的规律，使他们分不清黑夜和白天，不能很好地睡眠。

◎**注意预防眼内异物**。宝宝的瞬目反射尚不健全，应该特别注意预防眼内异物。刮风天外出，应该在宝宝的脸上蒙上纱巾。

小儿咳嗽的预防、护理、按摩疗法和对症食疗

宝宝支气管黏膜娇嫩，抵抗病毒感染能力差，很容易发生炎症，引发咳嗽。

病因分析

1. **感染**。咳嗽的形成和发作与呼吸道感染有关。感染的病源体最常见的是细菌，病毒支原体。

2. **吸入物**。吸入物也会引起阵发性咳嗽。吸入物有特异性和非特异性两种，特异性吸入物如尘螨、动物毛屑、花粉、真菌等；非特异性吸入物如二氧化硫、硫酸、氯氨等。

3. **食物**。饮食与咳嗽也有关系，某些婴幼儿容易对食物产生过敏反应，从而引起咳嗽，这些食物包括虾蟹、鱼类、蛋类、牛奶等。

4. **气候**。气候骤变时，气压、温度和空气中的离子会发生改变，从而诱发咳嗽。

5. **精神因素**。情绪激动、紧张不安、烦躁发怒也会引起咳嗽，医学专家认为这是由于大脑皮层和迷走神经反射或过度换气所致。

预防措施

咳嗽的发生多由于呼吸道疾病引起，因此预防呼吸道疾病是防止咳嗽的关键。具体预防措施如下：

◎**室内空气要清新**。经常开窗通风，家庭成员中有感冒者可用醋熏蒸消毒，以防止传染给宝宝。

◎**加强锻炼**。每天坚持锻炼，可强健体格，增强宝宝的免疫力，提高抗病能力。

◎**切断诱因**。污染的空气和带有异味的化学烟雾，会对宝宝的肺部造成损害，还会诱发咳嗽，应避免宝宝暴露在这样的环境下。

◎**注意防寒保暖**。气温骤变时，应适时为宝宝增减衣物，以防过冷或过热引起身体不适而诱发咳嗽。

护理方法

在宝宝咳嗽时，父母应积极寻找诱发咳嗽的原因，或去医院经医生诊断是由何病因引起。对症治疗的同时还要进行科学的护理才能使咳嗽痊愈。宝宝咳嗽的一般护理方法如下：

◎当宝宝冬天出现咳嗽时，外出要让其戴上口罩，或用围巾、丝巾包住鼻子和嘴。因为冷空气会使咳嗽加剧，使用口罩或围巾、丝巾能使吸入的空气变暖，从而避免冷空气的刺激。

◎室内湿度适宜，对宝宝的呼吸道黏膜有一定的保护作用。如果室内太干燥，可用加湿器加湿。

◎家人应注意居室的清洁，注意把家中的一些死角打扫干净，电视机、电脑、床下、茶几下、沙发缝里、柜子缝隙是容易积灰的地方，宝宝在这样的环境下吸入很多灰尘，更不利于病情的恢复。宝宝的床单、被褥、毛巾等也尽可能使用棉制品，而且要经常换洗。宝宝的毛绒玩具也是导致咳嗽的一大隐患，所以家人也应注意宝宝玩具的清洁。

◎宝宝咳嗽痰多时，应将其头部抬高，减少腹部对肺部的压力。还可将宝宝竖着抱起，轻轻地抚摩或拍打其后背，这样能使宝宝感到舒服一些。

◎不宜洗澡。因为洗澡会使血液循环旺盛，年龄太小的宝宝因不愿洗澡而哭闹不休，继而引发咳嗽，还会使宝宝受凉而加重病情。

宝宝咳嗽时，将宝宝竖着抱起，轻拍宝宝后背，宝宝可以感到舒服些。

按摩疗法

1. **按揉膻中穴（在胸部，横平第4肋间隙，前正中线上。）**。宝宝仰卧，也可将宝宝抱坐在大腿上，先以拇指按揉膻中穴2分钟。然后两手拇指相对，其余四指分开，自胸骨顺1～4肋间向外分推至腋中线，如此操作3

分钟。

2. 弹拨足三里穴（在小腿外侧，犊鼻下3寸，犊鼻与解溪连线上。）。按揉并弹拨宝宝足三里各1分钟。

3. 按揉肺俞穴（在脊柱区，第3胸椎棘突下，后正中线旁开1.5寸。）。让宝宝俯卧，按摩者用一手的拇指按揉其肺俞、脾俞穴各约2分钟，最后轻揉肩胛骨内侧结束。

另外，当宝宝鼻塞和咳嗽症状比较轻时，可轻微按摩鼻翼两侧的迎香穴。还可以选择一些含有桂枝、薄荷等成分的中药贴贴在膻中穴和肺俞穴上，同样可减轻咳嗽。

对症食疗

冰糖川贝雪梨汤

材料 雪梨（或水晶梨）1个（约100克），川贝2克。

调料 冰糖1粒。

做法 雪梨洗净，靠柄修掉柄帽，挖去核，放入冰糖、川贝；将雪梨壳放入碗里，上笼屉隔水蒸30分钟左右即可；熟后分2次给宝宝吃，喝水吃梨。

推荐理由 梨性寒、味甘，可以祛痰止咳；川贝也有清肺、润燥、止咳的作用。

雪梨

蒸大蒜水

材料 大蒜适量。

调料 冰糖适量。

做法 蒜瓣洗净，拍碎，放入碗中；加入半碗水，放入冰糖，碗加盖，放入锅中隔水蒸15分钟左右；一次喂宝宝小半碗，一天2～3次。

推荐理由 中医认为，大蒜可缓解寒性咳嗽、肾虚咳嗽。

蛔虫症的防治护理和对症食疗

处于婴幼儿时期的宝宝活泼好动，看见什么都想去摸一摸、尝一尝。家人如果看护不好，让宝宝沾满蛔虫卵的双手污染了食物，再吃进肚里，就可能感染蛔虫症。蛔虫症如果病程过长，会影响宝宝的身体发育。所以父母应及时发现，尽早给宝宝治疗。

症状

由于宝宝语言表达能力差，不能将自己身体的不适反应及时说给父母听，所以父母应注意观察宝宝的异常情况，以判断宝宝是否生病。宝宝患蛔虫病后一般会有以下症状：

◎发病时出现轻微的腹痛，疼痛部位一般位于脐周，呈阵发性。父母用手给宝宝轻揉腹部可缓解疼痛。宝宝出现腹痛的原因是，寄生在肠道内的蛔虫刺激肠黏膜，促使肠蠕动，导致宝宝出现脐孔周围腹部隐痛或阵痛。

◎有些宝宝会出现轻度食欲不振的症状，但个别宝宝会有异食癖，如喜吃纸、土块、墙皮、生米、草根、炉渣等。

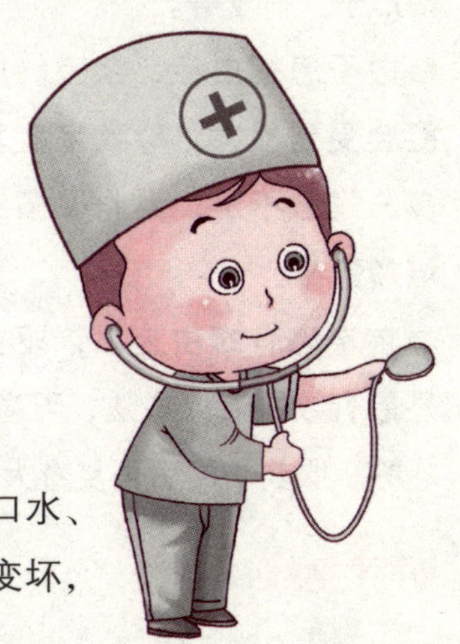

◎由于蛔虫寄生在肠道内，从而影响宝宝对营养物质的吸收，宝宝就会出现消瘦、贫血等营养不良表现，有的宝宝生长发育指标明显低于其他无病儿。

◎宝宝夜间睡眠不好，常常会出现哭闹不安、流口水、磨牙的现象。受蛔虫毒素的影响，宝宝的脾气会变坏，甚至烦躁不安。

◎蛔虫幼虫在生长过程中有可能移行到肺部，引起咳嗽、发热等症状。

◎有的宝宝手指甲有白斑，似点状或线条状；下唇出现单个或多个灰白色颗粒，少许发亮，略高于正常嘴唇；舌头上的斑点格外突出发红，又称“红花舌”。

病因分析

蛔虫症的发生与卫生习惯、饮食、环境等因素相关。当宝宝吃了不洁的食物或用污染了的双手拿东西吃时，有可能将虫卵吃到肚子里。宝宝吮吸手指、啃玩具等也会引起蛔虫感染。

防治护理

◎宝宝个人卫生要注意。教育宝宝饭前便后要洗手，不要用脏手拿东西吃，手不要到处乱摸。洗手时要用肥皂，然后用流动的水将双手冲洗干净。

◎保持环境的清洁。将家里的蚊、蝇消灭干净，以免携带虫卵污染食物。

◎饮食要卫生。瓜果要清洗干净，用蔬菜拌沙拉给宝宝吃，要注意菜叶的清洁。让宝宝多喝温开水，不要喝生水。

◎教育宝宝不要吮吸手指头，不啃指甲，不随地大小便。

◎适当给宝宝食用具有杀虫功效的食物，如南瓜子、榧子等。

◎由于患蛔虫症，宝宝的脾胃功能会受到损害，导致宝宝营养不良、气血不足，因此要多给宝宝增加营养。

让宝宝多喝开水，不要喝生水。

◎宝宝患有蛔虫症后，驱虫处理是最有效的治疗方法，可遵医嘱吃一些驱虫药，如哌嗪、阿苯达唑、甲苯达唑等。服药 2 周后再复查大便。

对症食疗

乌梅冰糖饮

材料 乌梅 9 克。

调料 冰糖 15 克。

做法 乌梅洗净，放入锅中，加适量水煎煮；煮沸后 10 分钟，加入冰糖，再煮 20 分钟，冰糖融化后即可。

推荐理由 乌梅有和胃的功效，对蛔虫引起的腹痛有疗效。

亲子游戏时间

宝宝踩气球

1 益智目标： 训练宝宝身体的协调能力。

2 游戏准备： 五颜六色的小气球若干个。

3 游戏步骤： ①妈妈将小气球充好气，系在自己的小腿上，然后一面向前走动，一面让宝宝追气球："宝宝快来啊！"

②妈妈故意停下来让宝宝追到，说："宝宝追上气球啦，来，踩气球。"然后让宝宝踩系在自己腿上的气球，如果宝宝踩爆气球，妈妈要模仿气球爆炸的声音："嘭！气球踩爆啦！"

4 注意事项： 在训练时，妈妈要注意走动的速度，以宝宝能摸到气球为最佳。

5 专家指点： 13 ~ 15个月大的宝宝开始尝试让自己的身体动起来，同时还喜欢到处探索，学习走路和小跑。家长在训练宝宝时，要注意这个时期宝宝的特点，让宝宝充分发挥自己身体的潜能。

我的小手最灵巧

1 益智目标： 锻炼宝宝的小手肌肉。

2 游戏准备： 大豆适量，塑料碗 2 个。

3 游戏步骤： ①在一个碗里装入适量大豆（大半碗即可），然后妈妈给宝宝示范将大豆从碗中抓起，放入旁边另一个碗中。

②让宝宝自己用小手抓大豆放入另外一个碗中，如果宝宝不小心掉了大豆，妈妈要及时鼓励宝宝："没关系，宝宝很能干，大豆掉了，我们把它捡起来放到碗里。"

③逐渐拉开两个碗的距离，让宝宝继续做游戏。

4 注意事项： ●不要让宝宝把大豆放进嘴巴、鼻子、眼睛里，以免发生意外。

● 在宝宝一把一把抓大豆的同时，妈妈也可在一旁帮宝宝数数。如"第 1 把"、"第 2 把"，这样可加深宝宝对数字的认识。

● 在玩这个游戏时，家长要全程陪同，同时注意观察宝宝的举动。

5 专家指点： 虽然宝宝已经 1 岁了，但小手的抓握能力还较差，手、眼的协调性还有待发展。而这里推荐的游戏可以帮助宝宝提高小手的抓握能力和手、眼的协调能力，从而促进宝宝运动能力的发展。此外，家长还要多给宝宝创造触摸、抓握、拉扯物体的机会，让宝宝的小手变得更加灵活、更加有力。

拍拍手，点点头

1 益智目标： 培养宝宝的节奏感；训练宝宝的语言理解能力。

2 游戏准备： 毛毯 1 条。

3 游戏步骤： ①妈妈将毛毯铺在地上，和宝宝面对面坐好，然后一面念儿歌一面做动作。

②“拍拍手，”妈妈双手在胸前拍一下，引导宝宝也这样做。（图①）

③“点点头，”妈妈点点头，引导宝宝也这样做。（图②）

④“左拍拍，右拍拍，”妈妈的双手先向左拍再向右拍，引导宝宝也这样做。（图③）

⑤“和妈妈对拍手。”妈妈和宝宝双手对拍。（图④）

4 注意事项： ● 刚开始的时候，妈妈可坐在宝宝的背后，握住宝宝的小手做动作，训练一段时间后可慢慢地让宝宝自己做。同时，注意节奏不要太快。

● 如果宝宝没有按照儿歌的节奏拍手，妈妈不要勉强，而要多鼓励宝宝，并多为宝宝示范几遍，一面念儿歌一面拍手，让宝宝意识到儿歌的节奏与拍手动作之间的联系，循序渐进地引导宝宝根据儿歌的节奏拍手。

① ② ③ ④

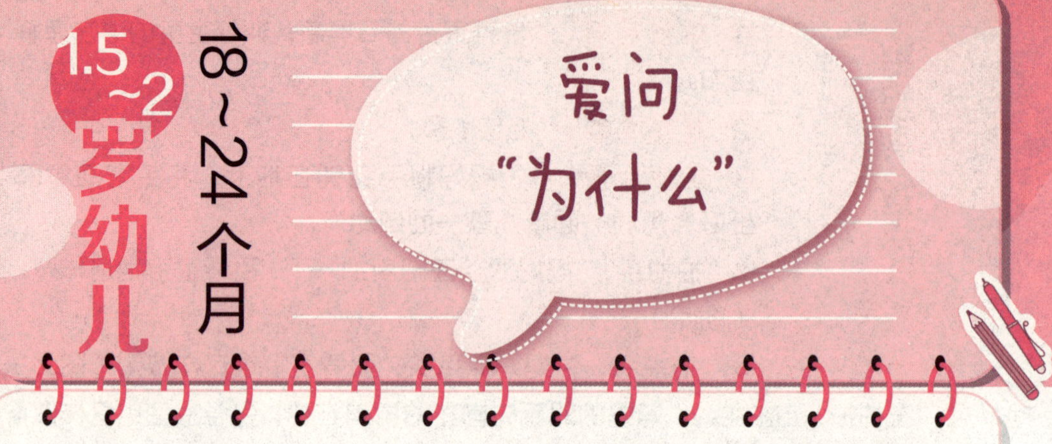

宝宝生长发育月月查

本月宝宝体格发育状况

这个时期的宝宝模仿能力增强，比如听到电视里有歌曲，会模仿着唱；走路比以前硬实，单腿甚至能站立 1 ~ 2 秒钟，还可以倒着走；虽然跑起来会摔跟头，但是能慢慢地跑。

同龄宝宝走近他，他会很高兴；但是当他与同龄宝宝在一起时，会玩不到一块。这是宝宝自我意识增强的表现。

18 ~ 21 个月

体重	男宝宝平均体重 11.7 千克，女宝宝平均体重 11.0 千克。
身高	男宝宝平均身高 84.0 厘米，女宝宝平均身高 82.9 厘米。

21 ~ 24 个月

体重	男宝宝平均体重 12.4 千克，女宝宝平均体重 11.8 千克。
身高	男宝宝平均身高 87.3 厘米，女宝宝平均身高 86.0 厘米。

本月宝宝智力发育状况

大动作能力

- 双脚并跳时，不仅能同时离地还能同时踏地。
- 在没有任何支撑的情况下，宝宝能单腿站立，同时还能用另一只脚踢球或做其他动作。而且当大人发出踢球的指令时，能迅速做出踢球的动作。
- 跑动越来越灵活，基本上不会跌倒了。
- 不用扶其他东西就能自己上下楼梯。
- 能将球举高超过肩膀，并向大人抛去。
- 宝宝模仿能力增强，可能会开关冰箱门，或者把椅子推来推去。

精细动作能力

- 手、眼进一步协调，看书时能仔细地看清楚每一页，同时指出自己感兴趣的人或事物，还能自己翻页。
- 能有效地运用拇指和食指拿捏比较小的物体，还能用拇指和食指拿笔。
- 大人递给宝宝东西时，宝宝能接过来，或者把自己手上的东西递给大人。
- 能将瓶盖放在瓶子上并拧紧。
- 能自己搭 7 块积木而使这些积木不倒下来。

认知能力

- 在摆弄物品的同时，学会观察物品并了解它们，如把瓶盖打开，看瓶子里面有什么东西。
- 喜欢角色扮演游戏，能运用想象编造故事和场景，用玩具扮演不同的角色，或者自己扮演一定的角色。
- 好奇心越来越浓厚，会问许多关于周围事物的问题。
- 能模仿一些动物和人的动作，能表示出一些东西的用途。

语言能力

- 会说 50 多个字，发音虽然还不是很准确，但已经很清楚。
- 能使用第一人称代词“我”来表示自己，还会用第二人称代词“你”。
- 可以清楚地用字表达，但有的时候可能不易听清，能断断续续地说儿歌，多数能说出儿歌前面和结尾的几个字。

- 能够记住并用简单的语言描述过去发生的事情。

社交能力

- 当大人询问宝宝时，宝宝能用语言明确地表达自己的行为，如“我在看书”等。
- 跟其他小朋友一起玩时，会帮助其他小朋友放好玩具。
- 如果大人问宝宝镜子中的影像是谁，宝宝能明确地说出来。
- 宝宝高兴的时候，会主动用亲昵的声音和举动向家人靠近，喜欢在家庭中扮演节目主持人的角色。

自理能力

- 能自己洗手、穿鞋。
- 不需要大人的帮助，还能自己用勺子吃饭，而且撒出来的米粒很少。
- 拿一些易碎的物品时会当心。

喂养也要讲科学

让宝宝自己独立吃饭

如果妈妈在给宝宝添加辅食的时候就开始有意地训练宝宝用勺子、用餐具吃饭，那么这一阶段的宝宝一般可以自己独立吃饭了，妈妈可以放手让宝宝自己用勺子吃饭，以便培养宝宝的自理能力。也许宝宝仍然会吃得一塌糊涂，不要责备宝宝，应引导宝宝正确地独立吃饭。

营养方案有重点

重视膳食均衡

膳食均衡是指根据个人的生长发育特点、年龄、体格情况，均衡地安排膳食，以满足人体对营养的需要。这一阶段，大多数宝宝已经断奶结束，开始正常吃饭，而且每个宝宝的身体发育开始出现明显的个人差异，对营养的需求和食物的摄入都有所不同。因此，妈妈需要从膳食平衡上来满足宝宝身体所需的各种营养，讲究各类食物的混合搭配。

宝宝正常吃饭，不需额外补充营养素

每个宝宝的身体发育状况都会有所不同，饮食量也有大有小，但如果宝宝能够吃饭正常，消化功能也正常，一般可以不用额外补充维生素。妈妈完全可以通过合理搭配膳食，丰富食物的种类，保证宝宝从食物中获取足够的营养。因此，给宝宝摄入的食物不仅要包括适当的主食，如面食、米饭等；以及富含蛋白质的食物，如肉、蛋、奶类；还要多吃蔬果，以补充维生素和矿物质。

给宝宝换阶段性奶粉

宝宝虽然断奶后离开了母乳，但仍可以继续喝配方奶粉，但这一阶段宝宝的配方奶粉需要从婴儿配方奶粉换成适合本年龄段的幼儿奶粉，以便更适应宝宝生长发育和本阶段的营养需求。给宝宝换奶粉就像给宝宝添加辅食一样，需要经历循序渐进的过程，要让宝宝逐渐适应新的奶粉，而不是直接突

然地换掉奶粉。

一般正确的换阶段性奶粉的步骤是：首先第一天一次少量喂新奶粉，然后观察宝宝喝新奶粉的反应，如果没有不适应，第二天可以增加喝奶次数，按需喂新奶粉，宝宝一旦适应后就可按照每日规定的喂奶量喝奶。但如果宝宝换奶粉后出现不适，需要暂时停止，找出原因，最好向医生咨询。

本阶段宝宝的营养总方案

此时的宝宝正值生长发育最快速的阶段，因此要多摄取蛋白质的食物才能促进骨骼的生长，并增强抵抗疾病的免疫力。在这里需要提醒家长的是，不要忘了蔬菜、水果的重要性，一来可为宝宝提供足够的维生素 C 来增加抗病能力；二来可获得足够的膳食纤维，使肠道功能正常。

多吃蔬菜、水果

宝宝每天营养的主要来源之一就是蔬菜，特别是橙、绿色蔬菜，如西红柿、胡萝卜、油菜、甘蓝、茄子等。爸爸妈妈可以把这些蔬菜加工成细碎软烂的菜末炒熟调味，给宝宝拌在饭里喂食，也要注意水果也应该给宝宝吃。

甘蓝

橘子

适量摄取动植物蛋白

肉类、鱼类、豆类和蛋类中含有大量优质蛋白，可以用这些食物炖汤，或者用肉末、鱼丸、豆腐、鸡蛋羹等容易消化的食物喂宝宝。1.5 ~ 2 岁的宝宝每天应吃肉类 40 ~ 50 克、豆制品 25 ~ 50 克、鸡蛋 1 个。

多喝牛奶

牛奶中营养丰富，特别是富含钙质，利于宝宝吸收，因此这一时期，牛奶仍是宝宝不可或缺的食物，每天应保证摄取 250 ~ 500 毫升。

粗粮、细粮都要吃

主食可以吃软米饭、馒头、饺子、燕麦粥等，每天的摄取量在 150 克左右即可。

一日三餐保持规律的节奏

宝宝的早、中、晚三餐到了这个时期已经类似大人的进食节奏了，这时如果宝宝还没有固定的用餐时间，并不需要勉强改变，但可以慢慢地配合家人进食的时间。所以，这时最重要的是，爸爸妈妈们的作息也应尽量规律，不吃早餐或晚餐吃得太晚都会对宝宝造成不良的影响。因工作关系而较晚吃晚餐的爸爸妈妈，最好将宝宝的晚餐时间单独提前。

宝宝不想坐下来吃饭怎么办

这一时期，宝宝常喜欢边吃边玩，爸爸妈妈一旦确定用餐的时间，如果宝宝意犹未尽，还想玩、不想吃饭，就应让他继续玩。这么大的宝宝不能安静地坐在那里吃饭，不是异常表现。因为宝宝注意力集中时间很短，通常情况下在 10 分钟左右。食欲好、食量大、能吃的宝宝，能够坐在那里吃饭，一旦吃饱了就会到处跑。

所以，爸爸妈妈帮助宝宝养成坐下来集中时间吃饭的习惯，最好的方法是让宝宝坐在专门的吃饭椅上，以免宝宝乱跑。

小心宝宝贪吃造成“肥胖脑”

吃得过量，食入的热量就会大大超过消耗的热量，使热量转变成脂肪在体内蓄积。若脑组织的脂肪过多，就会引起“肥胖脑”。

研究证实，人的智力与大脑沟纹皱褶有关，大脑沟纹皱褶越多，智力水平越高，而肥胖脑使沟纹紧紧靠在一起，皱褶消失，大脑皮层呈平滑样，而且神经网络的发育也差，所以智力就会降低。这个阶段的宝宝胃口大增，而家长也以为宝宝正是长高的时候，往往在给宝宝准备食物时也会特意让宝宝多吃。这种做法并不科学，家长应该适当地控制宝宝进食的分量。

1.5～2岁宝宝一日营养方案

主要营养来源

各类食物

喂养时间

上午8点、10点、12点，下午13点、15点、18点，夜间21点

注意事项

宝宝身体正常发育，在营养的补充上，妈妈主要以食物补充为主就可以了

辅助食物

温开水、鱼肝油、牛奶、水果、各种小零食

Q 宝宝偏爱吃肉，不喜欢吃蔬菜怎么办

A 蔬菜能够为宝宝提供丰富的营养物质，富含膳食纤维的蔬菜还能帮助人体消化吸收，是宝宝不能离开的主要食物之一。但一些宝宝不爱吃蔬菜而偏好肉食，这就需要妈妈找到宝宝不爱吃蔬菜、爱吃肉的原因，有效改变宝宝这一错误的饮食习惯。

宝宝不爱吃蔬菜，如果是因为蔬菜中含有的膳食纤维让宝宝咀嚼困难，那么妈妈就需要把菜烹煮得软一些、烂一些。如果是因为蔬菜没有味道，或者味道过浓，宝宝不喜欢，那就需要把这类蔬菜与其他食物搭配在一起让宝宝食用，如把蔬菜和肉混合做成饺子给宝宝吃，让爱吃肉的宝宝也能吃到蔬菜。

另外，妈妈还可以在制作蔬菜类食物时，从外形和颜色上吸引宝宝，让宝宝产生吃蔬菜的兴趣。

木瓜炖银耳

材料 木瓜块 100 克，银耳 30 克。

调料 碎冰糖适量。

做法

1 木瓜块置于碗内。

2 银耳温水泡发后洗净，撕碎，放进盛木瓜块的碗内，将冰糖淋在碎银耳上。

3 放入蒸锅中，用大火隔水蒸熟即可。

爱心提醒 木瓜富含 17 种氨基酸及多种维生素和人体必需的微量元素，宝宝食用木瓜对生长发育有益。

爆炒三丁

材料 豆腐丁、黄瓜丁各 200 克，鸡蛋 1 个（取蛋黄），葱花、姜片少许。

调料 盐、水淀粉各少许。

做法

1 鸡蛋黄打入碗中，倒入抹油的盘内，上笼蒸熟后，切成小丁。

2 锅置火上烧热，放适量油，加入葱花、姜片爆香，再放入豆腐丁、黄瓜丁、蛋黄丁。

3 加适量水及盐，烧透入味，以少许水淀粉勾芡即可。

鱼泥豆腐汤

材料 鱼肉 250 克，豆腐 150 克，姜末、葱花各适量。

调料 香油、盐各少许。

做法

1 嫩豆腐洗净，略氽烫一下，切成小丁。

2 鱼肉洗净，加盐和姜末，入蒸锅蒸熟，去皮及刺，捣成鱼泥。

3 锅置火上，加适量水烧开，加入少量的盐，放入嫩豆腐丁。

4 煮沸后倒入鱼泥，加入适量香油、葱花，煮成糊状即可。

排骨汤煲饭

材料 大米 30 克，排骨适量。

调料 排骨汤适量（除去汤面的油），盐少许。

做法

1 取 1~2 根已煲过的排骨，剔出瘦肉，切至极细；大米洗净，加入清水浸泡 1 小时。

2 将排骨汤放入小煲内，放入大米及浸大米的水，煲沸后，改小火煲至粥成浓糊饭状，加入切细的瘦肉，搅匀，再放入少许盐调味即可。

宝宝营养餐

凉拌肉末丝瓜

材料 丝瓜1根（约100克），熟肉末20克。

调料 香油、酱油、盐、醋各少许。

做法

1 丝瓜去皮洗净，切丝，用沸水汆烫后沥干。

2 将丝瓜丝盛入盘中，拌入熟肉末，加入香油、酱油、盐、醋搅匀即可。

爱心提醒 丝瓜的蛋白质含量很高，并含有瓜氨酸、脂肪等营养元素，宝宝食用丝瓜能增强身体机能。

鸡肉玉米粥

材料 鸡胸肉末20克，稀饭适量，玉米酱（罐头）20克。

调料 水淀粉适量。

做法

1 鸡胸肉末先加入少许水淀粉拌匀。

2 将稀饭加入玉米酱及鸡胸肉末一起煮熟即可。

爱心提醒 鸡肉味鲜，且肉质细软，玉米营养丰富，且味甜，两者配食宝宝更喜欢。

香豆干菠菜

材料 菠菜200克，香豆腐干适量，熟瘦肉、虾米各少许。

调料 无。

做法

1 将菠菜洗净，汆烫，沥干后剁成末。

2 虾米洗净，泡软后剁成碎末。

3 香豆腐干和熟瘦肉切末，与虾末一起倒在菠菜末中，拌匀即可。

推荐理由 菠菜煮熟后易消化，特别适合宝宝食用。

丝瓜炒木耳

材料 丝瓜片200克，泡发黑木耳150克，蒜末适量。

调料 盐、水淀粉各少许。

做法

1 黑木耳洗净，撕成小片。

2 油锅烧热，放入丝瓜片和黑木耳片煸炒。

3 快熟时放入蒜末，加盐，淋入水淀粉勾芡，略炒片刻即可。

本月宝宝的日常照顾

让宝宝远离意外事故

针对意外，父母应该有的意识

◎“不可能发生这样的意外”的思想要不得。

◎当意识到宝宝的某种做法会有危险时，要果断而坚决地制止。

◎当意识到“这个环境不能保证宝宝安全”时，要马上把宝宝抱离。尽管爸爸妈妈已经把宝宝置于自己认为安全的环境中了，也不能把宝宝一个人丢在一边不管。爸爸妈妈的视线始终不能离开宝宝。

◎当爸爸妈妈不能保证新的宝宝看护人拥有安全知识和技能时，不能把新的看护人和宝宝单独留在家里。

◎不要只以自己的视角考虑环境是否对宝宝安全，还要从宝宝的视角去考虑。比如爸爸妈妈认为宝宝够不到的东西，宝宝却可能毫不费力就能爬到放置危险物的高处。

预知宝宝容易出现的意外事故

◎各种摔伤：从床上摔下来；从楼梯上摔下来；从窗台上摔下来；从窗户上摔出去；从自行车上摔下来；从大型儿童玩具上摔下来；在浴盆中打滑摔伤；学步车倾覆使宝宝摔伤或夹伤；被陈列柜倾倒砸伤；等等。

◎用手去抠没有安全盖的电插座口。

◎手指卡在玩具或家庭用具的孔眼中。

◎把药物当食物吃掉。

◎把矮柜上的台灯拽了下来，更危险的是触电。

◎把工具箱打开，拿着危险工具乱舞。

◎把水果刀、剪刀拿在手里。

◎把桌布拽了下来，桌布上有热水瓶或热汤。

◎拧开了装有洗涤液、洗发液、香水或化妆品的瓶子，并当作饮料喝了。

◎用铁制玩具或坚硬的东西砸电视的屏幕或镜子。

◎浴盆中的洗澡水没有放掉，宝宝能够把头伸过去或会站到小凳上试图玩水。

◎打开没有锁的马桶盖。

◎把很热的熨斗放到宝宝能摸到的地方，宝宝会站在小凳子上，通过拽连在熨斗上的电线把熨斗拽下来。

◎宝宝会站在小凳子上拧自来水龙头。

◎宝宝走到盛满水的盆或桶前。

◎烟灰缸里的烟蒂被宝宝吃到嘴里。

◎宠物并不总是对宝宝友好，爸爸妈妈也不能保证宝宝不去招惹它。

◎抱着宝宝喝热茶、热咖啡、热水。

不要抱着宝宝喝热水，以免热水烫到宝宝。

◎玩具上的零件、衣服上的纽扣被宝宝抠了下来，送到嘴里。

◎糖豆、瓜子、花生等可能被宝宝塞到鼻孔中，也可能会卡在宝宝的喉咙中。

◎宝宝边跑边吃，嘴里的东西卡在气管里。

◎宝宝自己吃或喂宝宝果冻，都可能会堵塞宝宝的呼吸道。

◎有硬度、有长度，或者能放到嘴里、鼻孔中、耳朵眼中的东西被宝宝拿到，他就会真的把它放进去。如果宝宝拿着这样的东西跑，还可能会戳到眼睛，如筷子、牙刷、小木棒等。

◎宝宝不但喜欢水，更喜欢火，不要把火柴、打火机等放到宝宝能拿到的地方。

◎小河沟、小水坑。

◎别人的宠物。

◎游乐场并不都是安全的。

◎道路上的各种危险。

◎乘坐汽车时要坐在后排，安装结实的安全座椅，系牢安全带。

◎打雷、闪电时，宝宝正在树下玩耍。

让宝宝拥有好睡眠

这么大的宝宝还有不自觉的恐惧感，希望妈妈陪伴在身边，只有到3～4岁以后这种恐惧感才会开始减轻，甚至消失。

所以，爸爸妈妈此时不要因为怕把宝宝惯坏，而非要宝宝一个人在恐惧中入睡。如果宝宝对睡眠环境比较挑剔，父母就不要把电视或音响的声音放得很大或大声讲话。既然父母已经把宝宝养成安静睡眠的习惯了，就不要试图在短时间内纠正过来。

半夜醒来不要陪着宝宝玩

当宝宝半夜醒来的时候，爸爸妈妈不要像白天一样陪着宝宝玩耍，直到宝宝玩够为止。爸爸妈妈可以采取以下方法使宝宝再次入睡。

◎爸爸妈妈应该明确地告诉宝宝，现在是睡觉的时间，天亮起床后才能陪着宝宝玩。

◎可以把地灯打开，不要灯火通明。

◎如果宝宝哭闹，爸爸妈妈可把宝宝的一双小手放在他自己的胸前或放在自己的心口，再用一只手握住宝宝的小手轻轻地摇晃，另一只手轻轻地抚摸宝宝的头部安抚他。

◎爸爸妈妈也可以让宝宝临时枕在自己的臂弯里，轻轻哼唱着摇篮曲，宝宝就会满足而安心地入睡。

如果以上这些方法都没有效果或宝宝哭闹，也不能放弃“不半夜陪着玩”的原则，但不能训斥宝宝或发火。不该让宝宝做的事情从一开始就应该拒绝，这样做并不会构成对宝宝的伤害。不该让宝宝做的，父母一开始允许宝宝这么做，而终于有一天忍耐不了了，或认为该管教了，再改变态度，宝宝不但不接受，还会产生极大的心理创伤。

最好不让宝宝傍晚小睡

如果到了傍晚还睡上一觉，宝宝晚上通常就会睡得比较晚了。如果宝宝从傍晚一直睡，晚上不起来吃饭，那就会在半夜醒来玩好一阵子。所以最好不要让宝宝在傍晚小睡。

如果宝宝每天白天要睡两觉，爸爸妈妈要争取让宝宝在上午睡一觉，午饭后睡一觉，傍晚就不要再睡一觉了。尽量让宝宝早睡早起，如果宝宝不愿意自己早早睡觉，在可能的情况下，爸爸妈妈也应尽量满足宝宝，早些睡觉。如果爸爸妈妈确实不能像宝宝一样早早睡觉，可待宝宝睡着后，爸爸妈妈再悄悄起来。

下班后爸爸妈妈应尽量多陪宝宝玩耍

如果父母上班，由保姆或老人看护宝宝，一天看不到爸爸妈妈的宝宝可能会不舍得睡觉，希望和爸爸妈妈一起玩耍，爸爸妈妈要尽量满足宝宝的愿望，多抽些时间给宝宝，而不是做复杂的饭菜、收拾屋子或和大人们聊天，到了快睡觉的时候，爸爸妈妈才把时间给宝宝，宝宝当然不会早睡了。

让宝宝养成早晚漱口的好习惯

为了保护好宝宝的乳牙，从这个时候起就应开始训练宝宝早晚漱口，并逐渐培养宝宝养成这个良好的习惯。训练时可先为宝宝准备好水杯，并预备好漱口所用的温白开水（夏天可以用凉白开水）。

为什么不用自来水呢？这是因为宝宝在开始时不可能马上学会漱口的动作，往往漱不好就会把水咽下去，所以刚开始最好用温（凉）白开水。初学时，家长要为宝宝做示范，把一口水含在嘴里做漱口动作，而后吐出，反复几次，宝宝很快就会学会。

这里提醒家长，不要让宝宝仰着头漱口，这样很容易造成呛咳，甚至发生意外。在训练过程中，家长要不断地督促宝宝，这样时间久了，宝宝就会养成习惯。

宝宝啃指甲不能轻视

很多人认为啃指甲是一种因为精神紧张而导致的行为，但事实并非完全如此。对于 2 岁左右的宝宝来说，精神紧张仅仅是他啃指甲的一个原因，还有很多别的原因也会导致宝宝的这种行为习惯。

比如，对指甲产生了好奇，感觉很无聊，压力大，或者仅仅是某一次啃了一下指甲，就对啃指甲发生了兴趣，或者因为指甲过长、没有及时修剪而感觉不舒服，等等，所有这一切都可能让宝宝养成这样一个习惯。

让宝宝不再啃指甲的方法

别让宝宝的小手闲着

仔细观察，看看宝宝在什么情况下会热衷于啃指甲，每当这个时候，就给宝宝一些替代品，如手指偶、可以挤压的软球或者他喜欢的其他玩具等，将这样的玩具塞进宝宝的手里，他就会有些事情可做，忘记啃指甲。

及时为宝宝修剪指甲

指甲过长或凹凸不平时，宝宝会感觉不舒服而啃咬，大点儿的宝宝可能觉得指甲的模样太丑，所以想用自己的小牙把它们“修剪”得漂亮点儿。爸爸妈妈一定要及时给宝宝修剪指甲，防止因为指甲带来的不舒服刺激这种行为，及时修剪指甲还可以在宝宝想啃指甲的时候没有东西可以啃。慢慢地，他就会对啃指甲的行为失去兴趣。

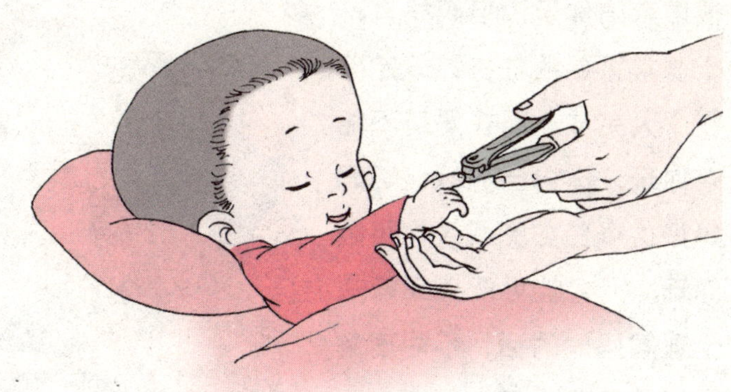

父母要及时为宝宝修剪指甲。

别过分在意

对 2 岁左右的宝宝来说，啃指甲更多的是一种无意识行为，也就是说他根本就不知道自己究竟在干什么，直到爸爸妈妈注意他的行为。爸爸妈妈要用自己的方式，如把他的小手拿开，让他意识到原来他是在啃指甲。因为无意识，因此，父母的唠叨和惩罚对改变这一行为习惯不会有什么大的帮助。相反，过分关注这一行为习惯只会让他啃指甲啃得更加频繁。另外，父母长时间的唠叨和惩罚还会让他更加依赖这种行为来排解内心的压力。

不可采取强制的办法

给宝宝的指甲上面涂上带苦味的食物对改变这一行为也没有什么帮助，因为对于 2 岁左右的宝宝来说，根本就理解不了这是父母的一种惩罚措施，相反，这种古怪的味道会更多地提醒他反复回味啃指甲的快乐，使他的行为朝着父母期望的相反的方向发展。

所以，一旦发现宝宝有啃指甲的行为，一定不要大惊小怪，要通过转移注意力的方式来帮助他忘却这个行为习惯。

正确表达没时间和宝宝玩

宝宝闹着让爸爸妈妈陪着玩，可爸爸妈妈没有时间，便对宝宝说：“别捣乱，没看妈妈忙着吗？自己玩去。”这样的语言给宝宝传递的信息是：妈妈不想陪宝宝玩，妈妈不高兴了。宝宝会感到委屈，有损自尊心。

爸爸妈妈应该这样表达：停下手中的工作，蹲下来，两手扶着宝宝的肩膀或揽着宝宝的腰，两眼温和地注视着宝宝，语调平和地对宝宝说：“妈妈很愿意陪你玩，但妈妈有一个非常重要的任务，一定要在今天完成。现在妈妈不能陪你玩，你自己先玩，等妈妈把这个任务完成了，再陪你玩。”宝宝可能还不能完全理解妈妈的话，不能理解妈妈的任务是怎么回事，为什么要在今天完成。但宝宝会理解妈妈，所接受的信息是积极的，他不会因为妈妈不陪他玩而感到被妈妈丢弃了。

父母正确表达没时间陪宝宝玩，宝宝就会积极地“自玩自乐”了。

宝宝耍脾气时如何应对

随着宝宝心智的发育，不少家长会发现宝宝逐渐有了自己的小脾气，一旦自己不顺心时，就会耍起脾气来。面对宝宝耍脾气，家长应该怎么做呢？

宝宝耍脾气时的应对误区

◎**立即满足要求**。当宝宝大哭大闹时，如果爸爸妈妈马上满足他的要求，宝宝就有了这样的经验：只要他大发脾气，什么事都能如愿以偿。

◎**千哄万哄**。如果爸爸妈妈千方百计地哄耍闹中的宝宝，甚至做出不切实际的许诺，比马上满足宝宝的要求更糟。宝宝会不断以此要挟爸爸妈妈，爸爸妈妈还会失去宝宝对父母应有的尊重。

◎**严厉训斥**。当宝宝坐在地上耍赖时，如果爸爸妈妈大声训斥他，或许会立即奏效，让正在耍闹的宝宝乖乖地站起来，或许会有很长时间，宝宝都不敢再这样耍赖了。爸爸妈妈很是欣慰，认为采取了有效的方法，但却可能不知道，这样做的结果并不乐观，因为在这种强压管制下，宝宝的心灵会受到伤害。

◎**暴力制止**。当宝宝躺在地上哭闹时，如果爸爸妈妈对他动武，宝宝可能会产生被羞辱感。尽管这么大的宝宝不会产生对爸爸妈妈的憎恨，但如果爸爸妈妈常常用这样的态度对待有“要求”的宝宝，宝宝会变得性格孤僻，对人缺乏信任，影响宝宝以后与人的交往能力。

◎**置之不理**。当宝宝站在那里哭闹时，如果爸爸妈妈干脆走开，离他远远的，宝宝可能会有被爸爸妈妈抛弃的感觉，但又因为爸爸妈妈没有满足他的要求，不肯跟着爸爸妈妈一起走，和爸爸妈妈产生对峙。宝宝会对爸爸妈妈产生不信任感，不愿意和爸爸妈妈进行交流。

这样应对比较好

当宝宝耍闹时，如果爸爸妈妈都在场，其中一个人可暂时离开宝宝的视线。

第 1 步：爸爸或妈妈走到宝宝身边，蹲下来，两眼温和，但不露一点儿笑容地注视着宝宝的面部，能和宝宝的眼睛对视最好，一只手轻轻地放在宝宝的肩膀上，不要拍，不要摇，默默地等待着。

第 2 步：如果宝宝不再腿脚乱蹬，手臂不再乱舞，哭声也小了，就轻轻拍两下宝宝的肩膀，但仍然不要吱声。

第 3 步：如果宝宝一点儿也不哭了，两眼看着你，你可以开口说：“妈妈相信你，你不会一直这样闹的。”如果宝宝点头，你就说：“妈妈相信你会自己站起来。”如果宝宝站起来了，你继续说：“你是个勇敢的宝宝。”

第 4 步：当宝宝又开始高兴的时候，妈妈可以对宝宝说：“宝宝这样哭闹不好，妈妈不会满足你的要求，刚才你的要求并不合理，所以妈妈要拒绝。以后，妈妈相信宝宝不会再有这样的表现了。”

爸爸妈妈怎样与宝宝说话，也要根据当时具体情况，结合具体问题而定。但语言要简练，就事论事，不给宝宝下不好的结论、讲大道理。宝宝对爸爸妈妈的话可能并不完全理解或认可，但却会得到这样的信息：他的行为和做法是不对的，爸爸妈妈不会满足他不合理的要求，但爸爸妈妈始终是爱他的。

专家医生来帮忙

小儿哮喘的预防、护理、按摩疗法

婴幼儿哮喘是指过敏体质的宝宝的支气管对某些外来物质产生高度敏感反应，使支气管痉挛、支气管内分泌物增多，从而引起咳嗽、气喘、多痰等一系列临床症状。哮喘是一种慢性疾病，需要家人做好宝宝的日常预防及护理工作，以减少或避免哮喘的发生。

症状

哮喘的早期症状类似感冒等上呼吸道感染，如鼻咽部发痒、打喷嚏、咳嗽、咳痰等，多在晚上与清晨发作。随着病情的发展，开始出现胸闷、喘息、呼吸困难、口唇青紫、无法平卧等一系列较为典型的支气管哮喘症状。

病因分析

哮喘经常由外来因素作用于内在因素而发病，该病的外来因素有花粉、灰尘、鱼虾、药物、寄生虫及发霉的玩具等，内在因素是宝宝的过敏体质。当饮食不当、环境污染等外来因素侵害具有过敏体质的宝宝时，很容易引起哮喘的发作。

预防措施

◎注意宝宝的个人卫生，勤给宝宝洗澡，让宝宝有专用的毛巾、洗漱器具等。让宝宝使用合成材料制成的枕头填充物，不要用羽毛制品。

◎注意居室环境卫生，由于一般情况下，春、夏季节螨虫感染高发，因此在春、夏季节时更应该注意卫生。要经常打开窗户，保持通风、透光、干燥。另外，由于螨虫容易在地毯中滋生，所以家中最好不要铺地毯。床单、窗帘要定期用热水清洗。还要注意给居室内除尘，并要在宝宝不在家时打扫卫生、保持居室卫生。

◎经常清洁、暴晒宝宝的毛绒玩具等。

◎注意查找过敏原，并尽量避免可能接触的过敏原。

◎注意加强宝宝的体格锻炼，并避免感染等诱发小儿哮喘的因素。

护理方法

◎宝宝咳嗽有痰时，应遵医嘱服用止咳化痰药，或进行雾化治疗，以湿化呼吸道，稀释痰液。在雾化吸入时，可在医生的指导下，加入一些抗生素及支气管解痉药，这样有助于减轻炎症、扩张支气管，使痰液容易咳出。但不可使用镇咳药，因为镇咳药会影响痰液的排出而使病情加重。

◎注意室内空气的流通。保持室内空气清新，不要在室内吸烟。室内温度最好控制在 20 ~ 24℃，湿度也应适宜。如果太过干燥，可在室内放一个加湿器进行调节。

◎对于哮喘不太严重的宝宝，家人应试着找找哮喘发作的诱因。在哮喘发作时记录日记，日记内容如下：宝宝做了什么，吃了什么，在什么地方停留过，什么时候哮喘症状重了等。这些记录可以帮助你找到过敏原。

◎注意给宝宝补充足够的水分，以利于痰液的咳出。

◎宝宝患病期间饮食宜清淡，不要吃油腻、过咸的食物，应忌食冷、酸、辣食物；花生、瓜子、巧克力等含油脂较多且容易生痰的食品也应慎吃。

◎哮喘发作会导致宝宝憋气、缺氧，这时家长首先要安抚宝宝，让宝宝坐在凳子上或床上，能让呼吸顺畅起来，同时给宝宝服用平喘药物。

按摩疗法

1. **按揉膻中穴**。按摩者用拇指指腹上下推擦宝宝的膻中穴，持续 2 分钟，后轻轻按揉 2 分钟。

2. **推膀胱经**。让宝宝俯卧，按摩者双手搓热，用大鱼际沿经脉循行线由上向下推 2 分钟，再换拇指腹依次点按宝宝的肺俞、脾俞、三焦俞、肾俞、大肠俞等穴位，并持续 1 分钟。

3. **拍刷肺经**。让宝宝仰卧，按摩者将食指、中指并拢，沿肺经由上到下轻拍 5 遍，也可改用毛刷轻刷宝宝的肺经，注意在按摩之前最好给宝宝擦一些爽身粉。

宝宝食物中毒怎么办

食物中毒是指宝宝食用了被有毒物质污染的食品，或食用了含有毒物质的食品后出现的一系列不适症状，有时会危及生命。宝宝的饮食安全是大事，家人在照看时一定要谨防食物中毒的发生，一旦发生应立即采取科学的应对措施。

食物中毒的症状

如果宝宝吃了被细菌或毒素污染的食物，会出现恶心、呕吐、腹痛、腹泻等症状，有时还伴有发热；如果吃了带肉毒杆菌的食物，除胃肠症状外，宝宝还可能出现眼睑下垂、瞳孔散大的症状；重症食物中毒在短期内会出现四肢发冷、面色苍白、出汗、抽筋、青紫等，如果治疗不及时，可能危及生命安全。

如何预防食物中毒

◎禁止给宝宝食用毒蕈、河豚等有毒物。

◎不给宝宝吃发芽的土豆，也不要给宝宝吃过量的白果。

◎制作食物时，注意处理生熟食物的案板、刀、容器要分开。

◎给宝宝做水果或蔬菜沙拉时，一定要把食材清洗干净，以防农药残留。

家庭护理方法

发生了食物中毒，在没来得及送往医院之前，要尽早进行催吐。催吐的方法是，利用手边方便的东西（如勺把、筷子、笔杆），刺激咽后壁，使宝宝恶心引起呕吐。

有时由于食物过稠，不易吐出、吐净，最好让宝宝先饮大量温水，然后再令其呕吐，并反复进行，直到呕吐物中没有食物为止。经过一般急救处理后要及时送往医院进行抢救。

亲子游戏时间

蝴蝶飞啊飞

1 益智目标： 锻炼宝宝身体的协调能力；培养宝宝对节奏的认知。

2 游戏准备： 蝴蝶头饰 2 个。

3 游戏步骤： ①妈妈和宝宝分别都戴上蝴蝶头饰，然后妈妈一面念自编的童谣，一面给宝宝做示范动作。

“花蝴蝶，飞啊飞，”两手在身体两侧平行举着，上下摆动。（图①）“飞到西来飞到东，”身体先向左倾，然后向右倾。（图②）“突然宝宝来追我，”两手握拳在身体两侧，做原地跑步动作。（图③）“我努力向前飞啊飞，”拳头改成手掌，做上下摆动的动作。“宝宝看着咯咯笑。”两手握拳，双手食指放在脸颊上，

①

②

③

④

脸上露出笑容，头左右摆动。（图④）

②引导宝宝跟着自己做动作，多次重复后，由妈妈念童谣，宝宝做动作。

③宝宝熟练掌握这些动作后，妈妈灵活变换动作的顺序，看宝宝是否能正确地根据歌谣做出相应的动作。

4 注意事项： ● 选择的童谣要与宝宝的生活接近，适合宝宝的年龄特点。

● 妈妈做示范动作时，要尽量慢一些，让宝宝都能看到。如果宝宝无法很快掌握动作，妈妈要耐心地多示范几遍。

● 每周更换一次歌谣和动作，尽可能让宝宝多接触新事物、多活动身体，还可避免宝宝因为重复动作而产生厌倦感。

● 所选用的动作不要太复杂，要易于模仿，如果动作太复杂，宝宝记不住或者不会做，自信心会受到打击，从而失去游戏的兴趣。

5 专家指点： 宝宝根据音乐节奏活动身体，可以促进宝宝大脑运动能力和身体反应能力的综合提高，同时还能增加宝宝对节奏感的认知，激发宝宝对音乐的兴趣，为宝宝音乐才能的开发打下基础。

因此，在这个阶段，家长对宝宝训练时，不要单纯地让宝宝进行身体上的运动，要多结合童谣、儿歌等，让宝宝各方面的能力都得到锻炼。

这里推荐的游戏，将童谣和具体的事物、相应的动作相结合，不仅能让宝宝在游戏中感受到音乐的魅力，体会节奏带来的感觉，还能训练宝宝动作的灵活性和协调性，让宝宝将具体的事物与动作联系起来，从而在一定程度上促进宝宝思维能力的发展。

培养宝宝关心他人的良好品质

1 益智目标： 训练宝宝手部精细动作和生活自理能力。

2 游戏准备： 香蕉几根、纸篓 1 个。在宝宝心情好的时候进行。

3 游戏步骤： ①妈妈拿出香蕉，对宝宝说：“宝宝，你想吃香蕉吗？如果你想吃，要自己剥皮。”宝宝成功剥香蕉皮后，妈妈要及时夸奖宝宝：“哇，宝宝真能干！”（图①）

②妈妈告诉宝宝：“妈妈也想吃香蕉，请妈妈吃，好吗？”然后引导宝宝请妈妈吃刚才剥好的香蕉，妈妈要真吃，同时表示感谢和做出香蕉很好吃的样子：“谢谢宝宝，香蕉真好吃。”（图②）

③妈妈吃完之后，把香蕉皮给宝宝，指着纸篓告诉宝宝：“香蕉皮要扔到纸篓里。”然后引导宝宝自己把香蕉皮扔到纸篓里。（图③）

4 注意事项： 刚开始时，妈妈先把香蕉顶部硬蒂剥开，以使宝宝剥时不太吃力。如果香蕉太难剥开，宝宝很可能会放弃。

5 专家指点： 2岁左右的宝宝，自我意识不断发展，宝宝不仅逐渐意识到自己与他人不同，而且开始喜欢自主做一些事情。而这里推荐的游戏，目的在于让宝宝自己动手，以锻炼小手肌肉和手指的灵活性，同时让宝宝体验自我服务和为他人服务的乐趣。这个游戏还能让宝宝掌握简单的生活技能，帮助宝宝独立。

我是明明，我是明明

1 益智目标： 训练宝宝的语言记忆能力；培养宝宝的自我意识。

2 游戏准备： 在宝宝心情好的时候进行。

3 游戏步骤： ①妈妈一面拍手，一面有节奏地说："宝贝、宝贝，你是谁？"然后指着自己说："我是明明，我是明明（换为宝宝自己的名字）。"

②让宝宝按照妈妈的动作和节奏，指着自己回答："我是明明，我是明明。"

4 注意事项： 要经常对宝宝进行训练，刚开始时宝宝可能不会按照节奏回答，妈妈要耐心地引导。

5 专家指点： 19～21个月大的宝宝能逐渐地说出一些短句，这时家长要有意识地多和宝宝进行语言交谈，多问宝宝一些问题，让宝宝用短句回答，如"宝贝，你叫什么名字？""爸爸去哪里了？"宝宝在一问一答中，既能使语言能力得到发展，又能加深记忆。这里推荐的游戏，家长使用有节奏感的动作和问题，让宝宝根据节奏回答，除了训练宝宝的语言能力外，还能训练宝宝的节奏感。

爸爸，您辛苦了

1 益智目标： 培养宝宝尊重、关爱他人的良好品质；锻炼宝宝的学习能力。

2 游戏准备： 在爸爸下班时进行。

3 游戏步骤： ①爸爸打开门，朝宝宝喊："宝宝，我回来啦！"

②妈妈让宝宝牵着爸爸的手赶紧坐在沙发上，帮助宝宝将盛有少许水的塑料杯子递给爸爸，并教宝宝说："爸爸辛苦了。"

4 注意事项： 妈妈要长期对宝宝进行训练，除了爸爸之外，还可以邀请爷爷、奶奶等其他家人加入游戏。

5 专家指点： 这个时期，除了关注宝宝自主意识的发展之外，家长还要注意培养宝宝关心他人的好习惯。这里推荐的游戏，不仅帮助宝宝锻炼模仿学习能力，还让宝宝学会关爱和自己关系最亲密的人，学会体会家人的情绪，这对宝宝日后形成良好的人际关系有着积极的影响。

爱运动的小小外交家

宝宝生长发育月月查

本月宝宝体格发育状况

这个时期的宝宝自立能力增强，开始喜欢与大人说话，但是时常与父母“顶嘴”；也喜欢与其他小朋友一块玩，但是协作能力还没有具备，所以，玩一会儿，就会打起架来。

所以，这个时期父母要对宝宝展开协作性教育，尽量多创造些宝宝与同龄小朋友一块玩的机会，而不是待在家里看成人电视，学成人语言。

2 ~ 2.5 岁

体重	男宝宝平均体重 13.2 千克，女宝宝平均体重 12.6 千克。
身高	男宝宝平均身高 91.2 厘米，女宝宝平均身高 89.9 厘米。

2.5 ~ 3 岁

体重	男宝宝平均体重 14.3 千克，女宝宝平均体重 13.7 千克。
身高	男宝宝平均身高 95.4 厘米，女宝宝平均身高 94.3 厘米。

本月宝宝智力发育状况

大动作能力

● 喜欢玩挑战平衡能力的动作，如在圆木上或比较狭小的台阶上行走，即使有时不成功。

● 双脚可以原地跳跃 15 次左右，能向前连续跳 3 ～ 4 米远，还能从 20 厘米高的地方跳下来而不跌倒。

精细动作能力

● 握笔的姿势正确，而且在画画时会用左手扶纸，能模仿画出一些事物和场景。

● 可以用积木搭一些简单的滑梯、汽车等。

● 能折一些比较简单的图案，如正方形、小扇子等。

认知能力

● 知道自己的性别，并学会区分身边的人的性别。

● 能够想办法记住一些信息，如用重复的方法记住某些物体的名称。

语言能力

● 词汇进一步丰富，能使用更多的语言和别人交流交谈。

● 在大人的引导下，能复述大人讲过的或熟悉的故事。

● 能用简单的语言表达自己的意思，还会使用“和”、“但是”等词连接句子。

社交能力

● 当别的小朋友不高兴时，会主动安慰对方。

● 开始主动与除家人外的其他人交往。

● 能够遵从家里的规矩，发脾气的次数逐渐减少。

自理能力

● 白天的时候，宝宝基本上可以做到大小便自知。

● 会自己穿脱衣服、鞋、袜，会穿前开口的衣服，能自己扣一些比较大的扣子。

● 经过训练后，能使用筷子夹菜吃，虽然动作还不是很熟练。

喂养也要讲科学

进餐氛围影响宝宝的健康

现代科学研究证明，进餐气氛直接影响着宝宝的健康。情绪影响食欲，也影响消化功能。

因此，爸爸妈妈要照顾好宝宝的“吃”，不仅要注意膳食结构，还要注意进餐氛围。为宝宝营造一个良好的进餐氛围是每一位家长的义务和责任。家长们可以从以下几点来努力。

让宝宝和爸爸妈妈一起进餐

现代生活节奏加快，一些爸爸妈妈忙于工作，往往忽视了和宝宝共同进餐。冷清的家庭气氛很难使宝宝有较好的食欲，时间长了，宝宝极易产生孤独感，这对宝宝的行为和性格的发展会不利。

让批评远离饭桌

有不少爸爸妈妈平时对宝宝很少管教，但到吃饭时便想起了教育宝宝，于是爸爸妈妈你一言我一语，没完没了地对宝宝进行批评训斥，这会严重影响宝宝的进餐情绪，使宝宝食不知味、食欲锐减，久而久之，还有可能使宝宝对进餐产生厌烦心理。

严禁进食时玩闹嬉笑

有许多宝宝喜欢边吃饭边玩或边吃边看电视，爸爸妈妈要及时纠正宝宝这些不良的进餐习惯。还有的爸爸妈妈在宝宝进餐时会有意引逗宝宝，这会导致宝宝消化液的分泌受到抑制，进而影响了宝宝的食欲。此外，餐桌上的玩闹嬉笑还易发生食物哽在咽喉或呛入气管等严重意外事故，因此要严禁在餐桌上玩闹嬉笑。

餐桌上不能有奖惩

在生活中不乏这样的爸爸妈妈，见宝宝吃饭又慢又少，便采取物质刺激的办法，以奖钱奖物许诺，引诱宝宝进餐。这样虽可一时奏效，但会对宝宝以后饮食进餐会产生负性效应，一旦离开奖励就赌气不拿碗筷。也有的爸爸妈妈则采取强迫的手段逼迫宝宝进餐，而宝宝精神紧张，心情焦躁，会更吃不下饭菜，而且这样做会伤害宝宝的自尊心，影响宝宝心理健康。

警惕饮食中丢失钙的坏习惯

不少爸爸妈妈会注意到给宝宝补钙，如让宝宝多吃富含钙的食品，还有的给宝宝补充钙剂。然而，爸爸妈妈往往会忽视令宝宝在生活中流失钙的一些坏习惯。下面的这些习惯会造成宝宝体内钙的流失，家长在日常生活中要多加注意。

◎牛奶过度加热，破坏了其中的酶，妨碍钙的吸收。

◎贪吃快餐食品，如给宝宝吃加工食品(如香肠、火腿)，这类食品通常会添加磷酸盐，而过量的磷会影响钙质的吸收。

◎饮食太咸，如过量摄取钠盐，会使钙通过尿液流失。

◎含钙丰富的食物与菠菜、竹笋等含草酸较多的蔬菜同时食用，一旦蔬菜中的草酸与钙合成草酸钙，钙就很难被吸收。

吃水果时不容忽视的注意事项

大部分的宝宝都很爱吃水果，水果味道甜酸、汁液多、口感好，能提供大量有机酸和酶，能促进消化液分泌，有利于食物的消化，作为一种膳食补充是很好的。但是，给宝宝吃水果时，有些事项是需要特别注意的，否则对宝宝的成长会造成不利的影响。

吃水果要适量

宝宝到了 2 岁以后，家长往往认为宝宝长大了，在宝宝要求吃某种水果时，常常会把整个水果递给宝宝吃。个头小的水果无所谓，可是一个较大的苹果或桃子给胃容量较小的宝宝吃下后，必定会影响他进食正餐。久而久之，会使得宝宝热量和营养素摄入不足，影响其生长发育。

一定要清洗干净水果

在生长过程中使用农药，在采集、运输、销售过程中又极易沾染微生物，特别是致病菌和寄生虫卵或其他有害物质。因此，水果在食用前必须清洗干净，尤其是要注意一些皮很薄的小水果，如葡萄、草莓、杨梅、杏、李子等。

正确的清洗方法如下：

1. 在水中清洗掉水果表面的灰尘杂物，最好是用流动水清洗。

2. 在清水中浸泡几分钟可除去 30% 的农药，再用 1.5‰的洗涤剂浸泡 15 分钟可除去 30% ~ 60% 的农药。

3. 最后用流动水把水果再次清洗干净。

不要吃变质的水果

水果变质腐烂后，会引起微生物大量繁殖，有时甚至会产生毒素，食用后会危害健康。因此，水果必须吃新鲜的，即便是没有腐烂，只是变软、变酸了，也最好不要给宝宝吃。因为宝宝的抵抗力较弱，吃变质的水果易引起宝宝腹泻。

重视宝宝的早餐

在有的家庭中，由于生活习惯的缘故，父母不仅自己不重视吃早餐，对宝宝的早餐也往往不重视，供给宝宝的早餐品种单一，口味单调。这种习惯对宝宝的健康生长和发育肯定是有害的，因为早餐的质量关系到宝宝上午活动的能量，也直接影响到宝宝的生长发育。

早餐不仅要吃饱，更要吃好

早餐在宝宝的营养素中应该占所需全部营养物质的 1/3 以上，不仅应当有碳水化合物——馒头、面条、粥等，还应该有牛奶或鸡蛋等高蛋白质的食物，具有足够热量和蛋白质的早餐才是宝宝最需要的早餐。通常情况下，宝宝的早餐应该具备如下特色：

足够的热量

一般，宝宝早餐的热量应占一日总热量的 20%。因为上午宝宝活动消耗较大，需要的能量也较多，此外，还需要大量营养素供给生长发育。所以，爸爸妈妈及时为宝宝提供充足热量的早餐，对宝宝来说极为重要。安排宝宝的早餐必须由淀粉类的食品，如馒头、粥、蛋糕、蒸饺等主食构成，这样更利于其他营养素的利用和吸收，也有利于促进宝宝的生长发育。

适量的蛋白质

蛋白质是生命的物质基础，更是宝宝生长发育中最重要的营养物质之一。但是人的机体内不能储存过多的蛋白质，需要及时地补充。因此，家长要有选择地为宝宝增加含优质蛋白质的动物性材料，每天早餐中可安排蛋类或肉类，也可安排含优质植物性蛋白质的豆类和豆制品，从而满足宝宝健康成长的基本要求。

注重搭配，避免单一

◎**在配制宝宝早餐时更应注重各种食物的搭配**。为宝宝补充水分也很重要，干稀搭配有利于食物中各种营养素的吸纳，如牛奶加水果小蛋糕、白粥加肉松和枣香莲芸包、红豆米仁粥加洋葱心牛肉小蒸饺、菜丝肉糜烂面加白煮鹌鹑蛋等组合，有利于宝宝的消化和吸收。

◎**早餐的品种是影响宝宝食欲的因素之一**。品种单一、口味单调的早餐，营养价值再高，也激发不了宝宝的食欲，只有调配出口味丰富、品种多样的早餐才能吸引宝宝，从而激发宝宝的食欲。比如，通过甜咸搭配丰富宝宝早餐的口味，形态各异的点心，引起宝宝的兴趣，安排宝宝食用甜粥、甜羹时，不妨加上咸的点心。

为宝宝准备的早餐一定要搭配丰富。

本月宝宝的日常照顾

宝宝磕到牙怎么办

2 岁多的宝宝，除了爱和爸爸妈妈作对外，还很爱跑、爱跳、爱攀爬，有时难免会碰到脸，磕到牙齿。乳牙对宝宝很重要，乳牙不仅能帮助宝宝吃东西，还会影响宝宝说话。如果宝宝摔跤后磕到牙齿，家长该怎么护理呢？在日常生活中又该怎样预防宝宝乳牙受伤呢?

宝宝牙齿受伤的护理

◎如果宝宝的牙齿和牙龈看起来还好，他自己似乎也不感到疼，爸爸妈妈应该就不用带宝宝去牙科检查和处理了。

◎如果宝宝的牙龈开始出血，可用一块湿纱布按压几分钟或一直按到血止住。如果在接下来的 1 周内，爸爸妈妈发现宝宝的牙龈或牙齿有任何不正常的情况出现，或者注意到有感染的迹象，如发热、肿胀和触痛等，要立即去医院就诊。

◎如果宝宝的牙齿有缺口，但他似乎没有受到什么影响，爸爸妈妈不妨到牙医那里看看是否牙齿下部有裂缝或其他看不到的损伤。如果宝宝的牙齿有缺口或破裂，并且他看起来很疼，爸爸妈妈就应该立即带宝宝去看牙，因为可能有部分神经暴露出来了。

◎如果爸爸妈妈感觉宝宝的牙齿好像错位了，也要带宝宝去医院看一下，医生会决定是否需要复位。

防止宝宝的牙齿受伤

虽然爸爸妈妈无法完全避免宝宝牙齿受伤的发生，但可以尽量把家里布置得让宝宝活动起来更安全，把宝宝摔倒的次数和严重性降到最低，这样才能降低宝宝牙齿的受伤率。

◎地毯下面要有防滑垫，楼梯上要装安全门等。

◎乘车出行时要让宝宝坐在汽车安全座椅里时，并记得每次都要给他正确地系上安全带。

◎要告诉宝宝不要在嘴里含着硬东西（如棒棒糖或牙刷）走或跑。

宝宝擦伤怎么办

这个年龄段的宝宝因跑得过快或攀爬而摔倒是常有的事。在宝宝摔倒后擦伤时，爸爸妈妈应该怎么办呢？

◎首先要将自己的手洗干净，然后再检查宝宝的伤口。

◎如果宝宝的伤口在流血，爸爸或妈妈可以用干净的绷带或毛巾直接按压伤口，直到伤口不再流血。如果直接按压 10 分钟后还没有止血，爸爸妈妈就要赶快带宝宝去医院看急诊。

◎血止住后，要查看伤口里有没有玻璃、尘土或其他异物。如果看到有东西，尽量用自来水冲出来。如果没有冲掉，也可以用消过毒的镊子轻轻地取出来，然后再用肥皂和温水轻轻地清洗伤口，小心地用干净的毛巾轻轻拍干。

◎一般的擦伤或割伤在止血和清创后贴上创可贴就可以了，不需要往伤口上抹任何药物；如果伤口过大，在做完紧急处理后最好带宝宝到医院。

◎如果只是小伤口的话，暴露在空气里，愈合得会更快。因此，除非容易弄脏或容易被宝宝的衣服磨到，否则不用给宝宝包扎。

禁止胡乱拍打宝宝

宝宝淘气时，有些爸爸妈妈总是在宝宝的后脑、后背、耳部和屁股等地方乱拧或拍打一气，以示惩罚。然而，他们不知道，这样会对宝宝造成不可估测的伤害。

身体上的伤害

爸爸妈妈胡乱拍打宝宝，对宝宝身体上的伤害是显而易见的，因为盛怒之下往往掌握不好分寸，非常容易给宝宝带来生理方面的损伤。

◎人的神经系统主要分布在后背的脊柱骨中间，家长拍打宝宝的后脑或后背时，会造成很大的震动和压强，容易使宝宝的神经受到损害。

◎有的家长以为宝宝屁股上肉多打不坏，其实这个部位有坐骨神经，用力打会造成坐骨神经损伤。

◎宝宝的耳神经末梢非常敏锐，肌肉又很嫩，拧宝宝耳朵时容易损坏“听会”和“听宫”等穴位，导致耳膜受损，造成耳功能障碍，损害宝宝的听觉系统。宝宝的身体是非常娇嫩的，有时不慎用力推一把，说不定撞到什么硬物上就很可能导致悲剧的发生。因此，家长一定不要对宝宝的身体进行任何的伤害。

心理上的伤害

家长打宝宝，更加严重的伤害则是心理方面的，打宝宝不仅伤害宝宝的身心，更伤害宝宝和父母之间的亲子关系。

◎**打宝宝会给宝宝带来恐惧感**。父母是宝宝最亲密的人，如果父母打宝宝，会使得宝宝丧失对父母的信任，继而丧失对整个环境和他人的信任。

◎**打宝宝会使宝宝心中产生极大的愤慨**。父母打宝宝，很容易使宝宝的心理产生愤慨，如果得不到良好的心理辅导，这种愤慨就会伴随他们的一生，并且在每一个适当的关口都跳出来侵扰他们的生活。宝宝小，爸爸妈妈打他，他只是畏于你的强大而屈服了，但并不理解为什么。可是，爸爸妈妈和他之间互通有无的交流渠道从此却被堵死了。因此，打不是好的教育形式，也不会起到教育的效果。

如何应对宝宝的恋物心理

宝宝早在婴儿时期，就会通过各种感官来满足探索的需求或安抚情绪。例如，为满足口腔吸吮欲望，就有了吸奶嘴、吸手指等动作出现；进入幼儿期后，为满足触觉舒适的感觉，就出现了抚摸棉被角，或是借覆盖熟悉柔软的毛巾、毛毯、棉质纱布及抱玩偶、枕头等来安抚情绪。家长要对宝宝的恋物情结有正确的认识。

只要情绪、行为等方面发育正常，宝宝对物品的依恋就不是异常的。一般说来，多数宝宝只是在特定的时候才需要依恋物，如必须抱着枕头或玩偶、手捻被面才可入睡，等等。对于这种情形，妈妈一般无需干涉，更不应生硬地制止，甚至强行夺走宝宝的依恋物。妈妈唯一需要做的就是保证宝宝依恋物的卫生，其他的顺

宝宝突然与玩具整天腻在一起不分离，可能就是恋物了。

其自然就可以了。

大多数恋物心理会自然消失

从发育的观点来看，宝宝对物品依赖的现象是自然过程。当宝宝因为想睡觉、肚子饿而有兴奋、愤怒等情绪出现时，爸爸妈妈可能会随手拿些替代物来安抚宝宝的情绪，这些经常被随手拿来使用的物品有纱布、柔软的毛巾、被子、枕头、娃娃等，只要不过度使用或不当使用，随着宝宝年龄的增长，人际关系的拓展与生活作息正常化，多数的宝宝是不会对这些替代慰藉物产生依恋情形的，长大后自然对以前所依附的人及物品不再有强烈需求。

宝宝恋物其实是缺乏安全感

宝宝的恋物依赖习惯可能与爸爸妈妈的育儿方法有关联。人类的成长就是一连串由依赖到独立的发展过程，从依赖母亲的子宫孕育胚胎，到成熟了就独立脱离母体出生了。

婴儿期，宝宝同样也从依赖喝奶吸收营养以维持生命成长，到成熟了就自然会跟母乳或奶粉告别了。“恋物”本身危害并不大，但折射的是宝宝深层的心理需要。如果爸爸妈妈完全不在乎，可能会发展成宝宝对某些特定物品产生强烈的依赖，因而影响独立健康人格的发展。宝宝恋物的源头是安全感的缺失，这是爸爸妈妈必须时刻关注的。

当宝宝突然对一件物品产生了特别的兴趣，甚至一刻也不可分离，这个时候，爸爸妈妈不要刻意纠正宝宝的恋物习惯，一方面要把对宝宝恋物的烦恼转化为生活的乐趣，并以此为亲近了解宝宝习性的契机，让宝宝与家庭成员之间建立稳定的依恋关系；另一方面，重新审视自己和宝宝的关系，寻找安全感缺失的原因，问题自然会迎刃而解。如果宝宝的恋物习惯一直戒不掉，爸爸妈妈可能会很担心。

其实，不用刻意禁止已经养成的习惯，因为戒不戒掉这些习惯对于多数宝宝的日常生活完全没有影响，有的只是外观上的不好看。如果这些习惯是宝宝自信心的来源，或许等过段时间，宝宝自然会不喜欢。因为对宝宝来说，这些东西是他所能掌控的。如果宝宝一直戒不掉这些习惯，或许该回溯原因，是不是在婴儿期时宝宝得不到应有的满足，或者是爸爸妈妈没有给他足够的安全感，然后再来想想该如何戒除这些习惯。

专家医生来帮忙

小儿厌食的原因和预防措施

病因分析

造成宝宝厌食的原因主要有以下几种：

1. **宝宝吃零食过多、饮食无度**。到了吃正餐的时候根本就没有食欲，过后又以点心充饥，造成恶性循环，于是就形成了厌食。

2. **缺锌**。缺锌的宝宝可以多吃一些含锌丰富的食物，如动物肝脏、瘦肉、鱼子鱼白、核桃等。如果缺锌严重，就应根据医生的诊断通过药物来补锌。

3. **体质弱，经常患病**。有的宝宝经常反复感冒、腹泻或患有其他慢性病，这会使宝宝的脾胃功能变差，影响了宝宝的食欲。碰到这种情况，需要请教医生进行综合调理，必要时可以服用一些中药来帮宝宝调理脾胃。

4. **感染寄生虫**。宝宝脾胃的抵抗力较差，如果不注意卫生，很容易感染寄生虫。如果寄生虫在宝宝体内繁殖过多，就会损害宝宝的脾胃，从而扰乱正常的消化与吸收功能，令宝宝厌食。

5. **家长强迫进食**。这会影响宝宝的情绪，形成条件反射性拒食，而后发展为厌食。

预防措施

◎给宝宝一个良好的进餐环境，使宝宝能轻松愉快地进餐。宝宝的消化系统极易受情绪的影响，一旦出现精神紧张，就会导致食欲减退。所以，在宝宝进食时，不要逗引宝宝做其他无关的事。

◎宝宝的食物要营养均衡、丰富多样和容易消化。宝宝吃的食物要尽量多样化，并保证每天让宝宝吃一定数量的蔬菜和水果。饭不要煮得太干，以便于咀嚼。

◎平时应定时、适量地给宝宝进食，注意不要使宝宝吃得过饱。

◎少给宝宝吃零食、甜食、肥腻食物，油煎食品也应少吃。饭前半小时最好不要给宝宝吃任何东西，以免抑制食欲和冲淡胃酸。

◎不要在宝宝面前议论其饭量，也不要谈论宝宝爱吃什么不爱吃什么。

◎在宝宝进食前，一定要将所有玩具收起来，不能让宝宝边吃边玩。

◎要认真找出宝宝食欲差的原因。如伴有其他慢性病，要对症治疗，这样才能使厌食症得到有效缓解。

小儿厌食的按摩疗法和对症食疗

按摩疗法

1. **揉摩中脘穴**。可用指端或掌根在穴位上揉，揉 2 ~ 5 分钟；也可用掌心或四指摩中脘 5 ~ 10 分钟。再以手指点按 50 ~ 100 次。

2. **推揉涌泉穴**。用拇指指腹自足跟推向足尖，推 100 ~ 500 次；再用拇指指端在穴位上按揉 30 ~ 50 次。食指、中指两指反复搓擦至微热。

3. **捏拿脊柱**。让宝宝俯卧，先用食指、中指两指腹或掌根自上向下直推脊柱 100 ~ 300 次。然后用捏脊法，从长强至大椎捏 5 ~ 9 次，手法依次由轻渐重。

对症食疗

西红柿鱼泥

材料 新鲜鱼（最好选鱼刺少的鱼）块 30 克。

调料 鱼汤适量，淀粉、番茄酱、盐各少许。

做法 将鱼块清洗干净，放入热水中煮熟，加少许盐；去鱼骨刺和鱼皮，放入碗内，研碎； 锅置火上，放入鱼肉和鱼汤开始煮；淀粉加水，并加入番茄酱调匀，倒入锅中搅拌，煮至黏稠状，关火即可。

苹果沙拉

材料 苹果 20 克，橘子、葡萄干各 10 克。

调料 奶酪、蜂蜜各适量。

做法 苹果洗净，去皮，去核，切碎；橘瓣去皮，去核，切碎；葡萄干用温水泡软，切碎；将切碎的三者一起放入碗内，加入奶酪和蜂蜜，拌匀即可。

亲子游戏时间

我是谁

1 益智目标：训练宝宝的语言表达能力。

2 游戏准备：布娃娃 1 个。

3 游戏步骤：①妈妈拿起布娃娃，跟宝宝说："我是一个布娃娃，叫妞妞，我有长长的小辫子，还有漂亮的大眼睛，我喜欢交朋友。"

②让宝宝向布娃娃介绍自己，如果宝宝不会，妈妈可以设置问题进行引导，如宝宝的名字、年龄、长相和喜欢做什么等。

③反复引导后，让宝宝自己介绍自己，并把宝宝的声音录下来播放，让宝宝自己听。

4 注意事项：刚开始时，如果宝宝说错了，妈妈不要打断，更不要责备，要等宝宝说完后，和宝宝一起复述一遍，告诉宝宝哪里说错了、应该怎么说。

5 专家指点：25 ~ 30 个月宝宝的语言能力主要表现在喜欢听各种声音、喜欢模仿他人的声音和语言、喜欢听故事和儿歌、喜欢讲话、喜欢表达自己的愿望和要求等。

在这个阶段，家长要根据宝宝的这一特性，让宝宝多发掘自身的特点，了解自己，帮助宝宝用语言表达自己，锻炼宝宝的语言表达能力。

小牙刷，牙齿白白

1 益智目标：训练宝宝的生活自理能力。

2 游戏准备：儿童牙刷 1 把，儿童牙膏 1 管，成人牙刷 1 把，成人牙膏 1 管，大小刷牙杯各 1 个。

3 游戏步骤：①妈妈一面唱歌谣，一面让宝宝跟着自己做动作。"水杯接水半杯满，牙刷入杯要浸湿。"用杯子接水，然后将牙刷放入杯中蘸水。

②"挤出牙膏黄豆大，再给牙膏戴帽子。"把杯子放在洗漱台上，打开牙膏往牙刷上挤少许，然后给牙膏盖上盖子。（图①）

③"喝口水来漱漱口，小小牙刷手中拿。"拿起杯子漱口，将手中的牙刷伸入嘴中。

④“上牙从上向下刷，下牙从下向上刷。”上下刷牙。（图②）

⑤“咬合面来回刷， 内侧里面也要刷。”用牙刷来回刷牙，斜着牙刷刷牙齿内侧。

⑥“刷完牙，漱漱口，牙膏沫沫吐出来。”拿起杯子漱口。

⑦“牙刷牙杯洗一洗，轻轻摆来放整齐。”将牙刷、刷牙杯洗干净，轻轻放在洗漱台上。

⑧“刷完牙，擦擦嘴，牙齿白净人人夸。”将嘴巴上的牙膏沫擦干净，对着镜子咧嘴笑。（图③）

4 注意事项： ● 刚开始时， 妈妈可以先做示范动作，让宝宝模仿，并让宝宝对着镜子练习。

● 游戏结束后，要教宝宝彻底洗干净牙刷，并教宝宝如何存放牙刷。

● 刷牙的时间不宜过长，每次刷 2 ~ 3 分钟，每天早晚各 1 次即可。

5 专家指点： 这个时期的宝宝，独立意识越来越强烈。家长要充分抓住这个关键时期，将生活技能训练融入到游戏当中，让宝宝在游戏中学会基本的生活技能，以培养宝宝独立自主的能力和良好的生活习惯。

①

②

③

帮妈妈洗手帕

1 益智目标： 培养宝宝的生活自理意识，提高宝宝的自理能力。

2 游戏准备： 水盆 1 个，肥皂 1 块，脏手帕 1 块。

3 游戏步骤： ①妈妈拿出脏手帕，对宝宝说：“宝宝，手帕脏了，来和妈妈一起洗吧。”

②妈妈往盆中倒入半盆水，让宝宝把肥皂拿过来，然后两人一起围在盆边。

③妈妈首先手把手教宝宝洗手帕，然后鼓励宝宝自己再洗一遍，同时告诉宝宝洗手帕的步骤：把手帕弄湿→打肥皂→搓手帕→把手帕放入水中洗掉肥皂泡→换水再清洗一遍→将手帕拧干→晾手帕。

4 注意事项： 游戏时，妈妈注意不要让宝宝把肥皂水弄到眼睛里。

5 专家指点： 这个阶段的宝宝很乐于模仿成人的动作和行为，因此家长可以利用日常生活中成人的行为，创设一些与生活经验相关的场景，让宝宝积极参与。如家长洗手帕、袜子时，不妨让宝宝参与到其中，并引导宝宝模仿大人的行为；家长还可以让宝宝观察自己吃饭的样子，同时引导宝宝自己吃饭等。

让宝宝模仿这些行为，可以帮助宝宝掌握一定的生活技巧，对宝宝生活自理能力的提高有积极影响。

自己穿衣服

1 益智目标： 训练宝宝的生活自理能力。

2 游戏准备： 宝宝的衣服 1 套，鞋子 1 双。

3 游戏步骤： ①妈妈把宝宝的衣服拿到宝宝床前，跟宝宝说：“今天宝宝自己穿衣服，是先穿上衣呢，还是先穿裤子？”当宝宝选择先穿某一样，如裤子时，妈妈就说：“穿裤子的时候，宝宝要把自己的两条小腿穿进裤筒里。”同时指导宝宝穿裤子。（图①）

②当宝宝穿上衣时，妈妈跟宝宝说：“穿上衣时，先将衣服披

在身上，将一只手伸进袖子里，然后再将另一只手伸进另一个袖子里，最后扣扣子。”同时指导宝宝穿上衣（图②）。

③将鞋子摆放到宝宝床前，跟宝宝说：“我们现在要穿鞋子了。”然后让宝宝自己套上鞋子，把魔术扣扣上。

4 注意事项： ● 妈妈要耐心地教宝宝如何穿衣，不要凡事都包办，否则会让宝宝形成依赖性，对宝宝的自立有不良影响。

● 如果宝宝对自己穿衣服和鞋子不感兴趣，妈妈要想办法激励宝宝。

● 夜间可以训练宝宝如何自己脱衣服。

● 妈妈要每天都对宝宝进行训练，并长期，直到宝宝学会为止（图③）。

5 专家指点： 31 ~ 36 个月的宝宝不仅乐于模仿成人，而且希望自己的行为能得到大人的肯定。家长在这个时期要创造机会多让宝宝动手做事，并不断地鼓励和赞扬宝宝，让宝宝体验到自己做事的乐趣，以锻炼宝宝的动手能力，并且帮助宝宝掌握生活自理技巧。

常言道，“授之以鱼不如授之以渔”。与其什么都替宝宝包办，不如从思想和行为上培养宝宝的独立性，在日常生活中从穿衣服开始培养宝宝的自理能力，让宝宝掌握生活技巧，让宝宝在任何环境中都能良好地生存和发展。

①

②

③

附录1 宝宝断奶食物宜忌速查表

注：早期：断奶早期，中期：断奶中期，晚期：断奶晚期，完成期：断奶完成期。△适合宝宝食用 ○可以酌情食用 ◆不适合宝宝食用

1. 断奶期准备期（3 ~ 4 个月）：开始试着添加一些辅食（水果汁、菜水）。
2. 断奶初期（4 ~ 6 个月）：可少量吃专门的断奶食品（菜汤、烂粥、菜泥）。
3. 断奶中期（6 ~ 8 个月）：可渐渐增加辅食的次数和量。
4. 断奶后期（8 ~ 10 个月）：要渐渐减少母乳、配方奶的量。
5. 断奶终期（10 ~ 12 个月）：开始吃幼儿食品。

食物	宜忌	说明
面条	早期◆ 中期△ 晚期△ 完成期△	面条煮烂磨碎，从中期就能喂食。面条虽含盐分，但水煮后即能去除。
豆腐	早期△ 中期△ 晚期△ 完成期△	豆腐是不可或缺的万能辅食，富含优质蛋白质。食用前先用沸水氽烫一下。
水果	早期◆ 中期△ 晚期△ 完成期△	除了柑橘类，几乎所有的水果都能从准备期开始喂食宝宝。但是，家长们一定要注意，在选购水果时，一定要选购新鲜水果，并将其处理成可食用的状态。
蔬菜	早期△ 中期△ 晚期△ 完成期△	将蔬菜加热以后充分磨碎。这类食品从准备期开始就能给宝宝喂食。有些蔬菜在加工的过程中要十分仔细，比如豌豆的薄皮要剥除，豆芽质嫩鲜美，但吃时一定要炒熟。
薯条	早期◆ 中期◆ 晚期◆ 完成期△	市售薯条中含有大量的油脂和盐分，且油的质量也不能保证，最好不要食用。如果是家里自制的，可从断奶完成期开始少量食用。
奶酪	早期○ 中期△ 晚期△ 完成期△	奶酪是具有极高营养价值的乳制品，而且比牛奶还略胜一筹。实践证明，宝宝最好食用不添加白糖或水果的纯奶酪。不要直接喂食奶酪，建议用来调拌其他食品。

（续表）

食材	适用时期	说明
白 糖	早期○ 中 期○ 晚期○ 完成期○	水果及一些蔬菜中就有自然的甜味，所以要尽量控制白糖的用量。在宝宝的断奶食物中尽量少放。
麦 片	早期◆ 中 期△ 晚期△ 完成期△	麦片是非常好的辅食，含丰富的铁质和钙质，易于消化。因含丰富的膳食纤维，适合从断奶初期喂食。
海 苔	早期△ 中 期△ 晚期△ 完成期△	如果是烧海苔，从早期就能开始喂食，只需泡水就会变得黏糊。调味海苔因含盐和糖分等，要尽量少食用。
白肉鱼	早期○ 中 期△ 晚期△ 完成期△	白肉鱼如鳕鱼、比目鱼。其脂肪含量少，从中期就能开始喂食。一定要仔细剔除鱼皮和鱼刺，并捣成泥状，以利于宝宝吞咽。
玉米片	早期◆ 中 期△ 晚期△ 完成期△	无糖玉米片可从断奶中期开始喂食。它不但好消化，还能长期保存。另外，一定要选择没有添加水果或白糖的产品。
油	早期◆ 中 期○ 晚期○ 完成期○	对于宝宝来说，食用植物性油脂比动物性油脂好。因此，建议家长给宝宝食用胆固醇含量较低的橄榄油。
牛 肉	早期◆ 中 期◆ 晚期○ 完成期△	等宝宝逐渐习惯鸡肉后，再开始喂食牛肉。但是，一定要选择脂肪少的瘦肉，而且要煮至软烂得像快要散掉一样时再喂食。
火 腿	早期◆ 中 期◆ 晚期○ 完成期△	如果是脂肪含量少、无添加剂的火腿，可从断奶中期后半期开始少量喂食。可用水煮的方式加热再喂食，但不宜吃太多。
鸡 蛋	早期○ 中 期○ 晚期△ 完成期△	蛋清易引起过敏，所以刚开始先从少许蛋黄开始喂起。全蛋从断奶中期后半期开始喂食。

（续表）

蜂蜜	早期◆ 中期◆ 晚期◆ 完成期○	蜂蜜含有较多的碳水化合物和脂肪，不可多食。蜂蜜易含有肉毒杆菌和可能引起宝宝食物中毒的细菌，一定要慎食。等宝宝到了1岁后，才可以饮用。
醋	早期○ 中期○ 晚期○ 完成期○	不需特别禁止食用醋，但宝宝可能不太喜欢那种味道。如果宝宝能接受，从断奶准备期开始就可少量食用。
盐	早期◆ 中期◆ 晚期◆ 完成期○	宝宝的辅食应以清淡为宜，所以开始添加辅食时不需要加盐。即使要加也要很少量，以免增加宝宝的肾脏负担。
酱油	早期◆ 中期○ 晚期○ 完成期○	含盐分较多，所以要尽量限制食用量。如果要食用，只加少许就可以了，以免增加宝宝的肾脏负担。
市售果汁	早期◆ 中期◆ 晚期◆ 完成期△	多数果汁含糖分和香料等添加剂，宝宝1岁前最好不要喝。可让宝宝喝婴幼儿食品的果汁，或自己榨取并稀释后的新鲜果汁。

附录2 宝宝的预防接种时间表

计划内疫苗

计划免疫的第一部分又称为计划内疫苗或一类疫苗，是国家规定的计划免疫，属于免费疫苗，是从宝宝出生后必须进行接种的。

年龄	疫苗名称	次数	可防的疾病
出生时	乙肝疫苗	第一次	乙型肝炎
	卡介苗	第一次	结核病
1月龄	乙肝疫苗	第二次	乙型肝炎
2月龄	脊髓灰质类三价混合疫苗	第一次	脊髓灰质炎（小儿麻痹）
3月龄	脊髓灰质类三价混合疫苗	第二次	脊髓灰质炎（小儿麻痹）
	百白破混合制剂	第一次	百日咳、白喉、破伤风
4月龄	脊髓灰质类三价混合疫苗	第三次	脊髓灰质炎（小儿麻痹）
	百白破混合制剂	第一次	百日咳、白喉、破伤风
5月龄	百白破混合制剂	第二次	百日咳、白喉、破伤风
6月龄	乙肝疫苗	第三次	乙型肝炎
8月龄	麻疹疫苗	第一次	麻疹
1.5岁	百白破混合制剂	第四次	百日咳、白喉、破伤风
4岁	脊髓灰质类三价混合疫复种	第四次	脊髓灰质炎（小儿麻痹）
6岁	麻疹疫苗复种	–	麻疹
	百白破混合制剂复种	–	百日咳、白喉、破伤风

计划外疫苗

全国统一规定的免疫程序有卡介苗、脊髓灰质炎三价混合疫苗（糖丸）、百白破混合制剂及麻疹疫苗。但各地区还会根据当地流行的疾病注射有其他疫苗。

体质虚弱的宝宝可考虑接种的疫苗

◎**流感疫苗**。对于 7 个月以上、患有哮喘、先天性心脏病、慢性肾炎、糖尿病等抗病能力较差的宝宝，在流感肆虐的季节，则非常容易患病并诱发旧病发作或加重，家长应考虑让宝宝接种。

◎**肺炎疫苗**。肺炎一般是由多种病菌引起的，如果只靠某种疫苗来预防，其效果是非常有限的。因此，不主张健康的宝宝接种疫苗，但体弱多病的宝宝则要考虑选用。

流行高发区应接种的疫苗

◎**流脑疫苗**。注射流脑疫苗是为了预防流行性脑脊髓膜炎（简称“流脑”）。此病是由脑膜炎双球菌引起的急性传染病，在冬春季发病和流行，主要是 15 岁以下的孩子发病，表现为高热、剧烈头痛、喷射性呕吐、皮肤上有小出血点、颈项强直、昏迷、惊厥、休克等症状，死亡率比较高。

宝宝在出生满 6 个月时就要注射流脑疫苗第一次，在流脑流行地区的宝宝在距离接种第一次的 3 个月后要复种一次。3 岁时必须加强一次，才能使抗体维持在有效的免疫水平上。

◎**流行性乙型脑炎疫苗**。流行性乙型脑炎疫苗是从白鼠脑组织培养出来的活性病毒疫苗，接种乙脑灭活疫苗后，至少要经过 1 个月的时间，抗体的产生与活性才能在血清中达到高峰。因为各省在每年 7 月份开始流行乙型脑炎，所以为了预防所进行的接种多在春末夏初季节，即 5 月份完成。

宝宝满 12 个月时注射流行性乙型脑炎疫苗第一针，1 周后再注射一次，这两针为基础疫苗注射，一年以后加强一次，能预防乙型脑炎的发生。入学以后还需要有加强注射。

附录3 1 ~ 3 岁宝宝的安全清单

你的宝宝能够直立后，他的周围就成为了一个全新的可以探索的世界——桌面、书架、抽屉和其他从前够不到的地方，现在都触手可及了。这个时候你就不能再趴下查看周围的安全了，而应该往上看，对一些小攀爬家来说，高处的碗橱相当于“珠穆朗玛峰”，你的宝宝可能仅仅因为它高才想去够，因此，需要为宝宝列出一张安全清单啦。

洗澡

◎永远不要让宝宝在无人看管的情况下自己待在澡盆里，哪怕只有几秒钟。

◎在澡盆里放一个防滑的垫子。

◎用软套包好浴缸龙头，以免磕伤宝宝。

◎包上浴缸把手。

睡觉

◎等你的宝宝长到 87 厘米左右时，可以考虑把他从小床移到大床上了。

◎用床栏防止宝宝从新床跌落，或在床边的地板上铺上垫子。

◎宝宝睡觉时，不要把玩具（或任何其他能帮助宝宝攀爬的物品）留在宝宝的小床上。

◎如果先不给宝宝换床，可以把小床的床垫放到地板上作为过渡。

卫生间

卫生间是宝宝非常喜欢的探险地，然而这里却隐藏着许多危险，爸爸妈妈们一定要提高警惕。

危险 1——触电

卫生间的潮湿环境，对于各种电力设施是个考验，用不好可能有短路、触电的危险。有宝宝的家庭一定要要确保每样设施的安全。

◎保证卫生间电线布局合理，以免潮湿而引起短路。

◎选用带有安全防护功能的灯具和开关，接头和插座也不能暴露在外。

◎开关如为跷板式的，最好设在卫生间门外，否则应采用防潮防水型面板或使用绝缘绳操作的拉线开关，防止因潮湿漏电导致意外事故。

◎电源开关和插座必须要保持一定的高度，尤其是明装插座，建议要在1.2米的高度以上，最好是有防水保护装置的。

◎卫生间的电器，如电热水器、暖风机或电暖器等，一定要做到即用即插，用完及时切断电源，并摆放在宝宝够不着的地方。

◎如果洗衣机放置在卫生间内，不用时务必要拔掉电源线，避免好动的宝宝拨弄开关而闯祸。

危险2——烧伤、中毒

厕所清洁剂里面含有次氯酸钠、漂白剂等化学成分；霉菌清除剂的主要成分是氯化氨和杀真菌剂，具有极强的腐蚀性，对呼吸道有强烈的刺激作用，这两种物质都可能烧伤皮肤，如溅入眼睛甚至可能导致失明。

安全对策

◎清洁物品一定要妥善保管，放置在宝宝够不着的位置。

◎爸爸妈妈在清洁卫生间时一定要注意通风，以免扩散在空气中给宝宝的呼吸道带来刺激。

◎日用品，如柔顺剂、洗衣粉、化妆用品、护肤用品等，也都应该锁在柜子里，橱柜最好安装在宝宝够不着的位置，或者加装安全锁。

◎不要当着宝宝的面刷洗马桶，防止溅出的液体进入宝宝眼睛，同时要避免善于模仿的宝宝学着做。

一旦宝宝皮肤、眼睛不慎接触了厕所清洁液、消毒液，要采取以下方法：

1. 立即用清水冲洗皮肤至少15分钟；衣服污染时要立即脱去衣服，并直接用水冲洗衣服污染的部位。

2. 溅入眼睛后要及时用流动水冲洗宝宝的眼部至少15分钟。

危险3——溺水

澡盆中的水，浴缸中的水，都可能成为宝宝的探索之地，在玩耍时很容易失去平衡而跌入水中发生危险。

安全对策

◎当宝宝在浴盆中洗澡时，一定要全程陪伴。一旦有什么事情需要离开，记得把宝宝抱走，以免溺水。

◎宝宝最好在自己专用的浴盆中洗澡，浴缸对于宝宝来说是有危险性的。

◎在不洗澡的时候，一定要保证浴缸里没有水，最好随手关上浴室的门，以免宝宝自己进去。

预防跌落

◎不要让宝宝自己待在餐椅上，或者不要让他爬到可能会摔下来的家具或高台子上。

◎使用窗护栏或把窗户关好。

◎如果护栏间宽大于 10 厘米，就要用塑料花围栏、树脂玻璃或其他材料填补空隙。

◎在超市让宝宝坐购物手推车时，使用手推车上的安全带（或自己带一个）缚住宝宝。

防止烫伤

◎不要在抱着宝宝的时候，同时拿热的食物和饮料。

◎不要把热的食物和饮料放在宝宝可以够到的桌子和台面的边缘处。

◎在厨房做饭时不要带着宝宝。

◎把锅把手转到灶台里面。

◎使用多用安全扣把烤箱门锁住，以防烫到宝宝。

乘坐汽车

◎到宝宝 1 岁大、体重达 9 千克时，把宝宝的汽车安全座椅移到面朝前的方向。

◎正确安装汽车安全座椅，最好安在后座中间的位置。

◎如果你的车门和车窗都是上锁的，在开车时要确保它们都已锁好。

衣物

◎不要给宝宝穿带有拉绳的衣服。

◎不要给宝宝穿鞋底较滑的鞋子。

防火

◎每月检查家中烟雾探测器中的电池。

◎考虑规划一个火灾逃生通道，并开始和你的宝宝谈论这些。

宝宝禁区

◎刀具、易碎物品、重器皿和其他危险物品，都要锁起来，或放在宝宝够不到的地方。

◎用安全门、门锁防止宝宝进入不安全区域。

◎锁上宝宝能够到的装有不安全物品的碗柜和抽屉。

◎把垃圾筒放在宝宝够不到的橱柜里，或用一个宝宝打不开的盖子盖上。

◎将暖气片或散热器罩起来或挡住。

◎用安全锁扣锁住冰箱门。

◎不要使用桌布或餐垫，以防宝宝会拉拽，使上面的东西掉下去。

◎在一个不上锁的橱柜里面放上重量轻、不会对宝宝造成伤害的东西，用来把宝宝的注意力从危险的地方吸引开。

游乐场所

◎确保游乐设备下面的表面是橡胶、纤维制品、木屑、覆盖层、沙子或细砾，而不是沥青、水泥或草。

◎不可让宝宝玩危险性较大的项目。

家具

◎家具要摆放整齐，尽量搬走宝宝可能会撞到的边角突出的家具。

◎在对宝宝走路、爬行和长高后有威胁的家具上贴上防撞角和边缘防护装置。

◎为安全起见，把可能倾倒的家具（如书架、抽屉柜等）靠墙放置。

◎把电视放在低的家具上面，尽量往里推。

◎使用门挡和安全门卡防止宝宝夹到手指。

◎把细高的、不稳固的灯具靠在家具后面。

附录4 居家必备的医疗器具及药品

居家必备的医疗器具

◎体温计 1 支，用来测量体温是否正常。

◎长柄不锈钢小匙 1 个，检查口腔时使用。

◎小电筒 1 个，在照明不好的情况下查看伤口。

◎小号或中号热水袋 1 个，热敷用。

◎消毒干棉球，置于消毒大口有盖小瓶内，或准备消毒棉花 1 包。

◎消毒纱布 5 ~ 10 块，绷带 2 卷，胶布 1 小卷。

◎止血带 1 根（相当于手指粗的橡胶管）。

宝宝家庭常备的非处方药

退热类药		
药品名称	适用症状	温馨提示
冰爽贴	属于物理治疗，在低热时（体温在 38.5℃左右）使用效果比较好。该贴可以和退热药一起使用，以防宝宝出现高热惊厥	此药为外用药，撕开包装直接贴于额头或太阳穴。对于皮肤容易过敏的宝宝，使用时要时刻注意皮肤变化，一旦出现红疹，立即停用
美林儿童退热口服液	适用于感冒引起的发热、身体酸痛等症状	它的主要成分是布洛芬，药效可持续 6 ~ 8 个小时
小儿苯巴比妥	具有解热镇惊的作用，可预防宝宝高热惊厥	此药尤其适用于婴幼儿，价格便宜、疗效好，可根据发热程度增减药量
健儿清解液	针对体温没超过 38.5℃的低热。除此之外，还适用于低热伴咳嗽痰多、食欲不振的宝宝	它是中成药，可以按照说明书上的疗程使用，但要注意和西药的退热药分开使用，相隔 2 小时。宝宝服药期间应忌食生冷辛辣食物
对乙酰氨基酚	轻度发热体温在 38℃以下用较小剂量，38℃以上用中度剂量，39℃以上用大剂量	服用此药后若出现红斑或水肿症状应立即停药。对阿司匹林过敏患儿一般对本品不发生过敏反应

（续表）

小儿退热栓	用于普通感冒或流行性感冒引起的发热、头痛	直肠给药。用于解热不能超过3天；不能同时服用其他含有解热镇痛药的药品（如某些复方抗感药）

感冒类药		
药品名称	适用症状	温馨提示
泰诺儿童感冒口服液	适用于2岁以上的宝宝因普通感冒，花粉及其他过敏物质引起的鼻塞、咳嗽、眼部瘙痒、流涕、打喷嚏、头痛、低热等	本品为复方制剂，其成分、作用与泰诺感冒片相同，偶有胃肠不适、嗜睡、头晕的不良反应
双黄连口服液	主要用于风热感冒引起的咳嗽、发热、咽痛等	有抑菌、抗病毒、增强免疫力的作用，服药期间忌烟酒及辛辣、生冷、油腻的食物；风寒感冒的宝宝不适用
艾畅	适用于婴幼儿由于感冒或其他上呼吸道过敏引起的鼻塞、流涕、咳嗽等症状的治疗	偶见皮疹、烦躁、焦虑、兴奋、头痛、头晕、心悸、失眠、口干、食欲不振、恶心、上腹不适等
板蓝根冲剂	适用于咽喉肿痛、口咽干燥、急性扁桃体炎宝宝	清热解毒，小儿剂量遵医嘱，白开水冲服；服药期间忌辛辣、鱼腥食物
同仁堂感冒清热颗粒	属于中成药，用于风寒感冒，头痛发热，恶寒身痛，鼻流清涕，咳嗽咽干	在感冒初起时及时服用，效果尤佳。不过这类药物一般含麻黄（退热作用），要和西药中有退热作用的药物分开使用，至少相隔2小时
惠菲宁儿童抗感冒止咳药	适用于普通感冒、流行性感冒及过敏引起的咳嗽、打喷嚏、流鼻涕、鼻塞、咽痛等	没有退热的功效
得益	适用于感冒引起的咽喉疼痛	此药是含片，不适合太小的宝宝食用，只适合3岁以上的宝宝服用

（续表）

胃肠类药		
药品名称	适用症状	温馨提示
小儿泻速停颗粒	清热利湿，健脾止泻，解痉止痛。用于治疗小儿泄泻、腹痛，尤适用秋季腹泻	开水冲服，剂量按说明书或遵医嘱服用
十六角蒙脱石	针对病毒感染引起的腹泻，宝宝的大便达到 4 ~ 5 次 / 天且量很大时，可以使用给宝宝喂药时，应将其倒入 50 毫升的温水中，摇匀后再服用。	此药为成人药，小儿剂量需遵医嘱
妈咪爱	是一种益生菌，适用于消化不良、食欲不振、营养不良，肠道菌群紊乱引起的腹泻、便秘、腹胀、肠道内异常发酵、肠炎。它可以和十六角蒙脱石或抗生素一起使用，保护宝宝的胃肠道，但两药同用时中间必须间隔 2 小时以上，切不可连续服用，以免引起不良反应	小于 3 岁的宝宝不宜直接服用。服用时最好用低于 40℃的温开水冲服，水温太高会破坏药物中的益生菌
艾普米森	它的作用是吸附宝宝腹中多余的气体，治疗胀气。尤其适用于哺乳期婴儿。宝宝吃奶前往往哭闹，或吃奶的姿势不正确等都可引起胀气、绞痛	可以滴在配方奶中一起使用
杜蜜克	它含有乳果糖，适用于婴幼儿便秘症状。但宝宝刚一出现便秘不可使用，适用于宝宝便秘超过 3 天以上	每天 1 次，只要宝宝大便变软，就要停止使用

（续表）

口服补液盐	宝宝的大便或呕吐物里含大量水分时，最好按照一定的比例冲调口服补液盐给他喝，以防宝宝脱水	腹泻停止，应立即停止服用，以防止宝宝因用药过量而出现高钠血症等，反而起到相反的效果
猴枣散	具有帮助消化、健脾消食的作用。适用于食欲不振、偏食挑食、消化不良的宝宝。	使用 6 ～ 7 天后可见效

止咳祛痰平喘类药

药品名称	适用症状	温馨提示
急支糖浆	具有清热化痰、宣肺止咳的功效。用于治疗感冒后咳嗽、支气管炎咳嗽	小儿剂量需遵医嘱
沐舒坦糖浆	具有促进黏液排除作用及溶解分泌物的特性，使病人黏液分泌可恢复正常状况，改善呼吸状况。适用于咳嗽痰多，痰液黏稠，且排痰有困难者	应餐后服用，小儿剂量需遵医嘱
祛痰灵口服液	消热，化痰，止咳。用于痰热咳嗽宝宝	小儿剂量需遵医嘱
蜜炼川贝枇杷膏	适用于伤风咳嗽、痰稠、痰多气喘、咽喉干痒等。本品在咳嗽后期使用，可以促进化痰，帮助宝宝恢复元气	宝宝应在成人的监护下服用药物，小儿剂量需遵医嘱
小儿肺热咳喘口服液	此药具有清热解毒、宣肺化痰的作用，用于热邪犯于肺卫所致发热汗出，微恶风寒，咳嗽，痰黄，或兼喘息，口干而渴等症	剂量按说明书或遵医嘱